普通高等教育“十二五”规划教材

PUTONG GAODENG JIAOYU SHIERWU GUIHUA JIAOCAI

工程制图与计算机绘图

主　编　何培斌

副主编　闵　智　吴立楷

编　写　姚　纪

主　审　吕道馨

中国电力出版社

CHINA ELECTRIC POWER PRESS

内 容 提 要

本书为普通高等教育“十二五”规划教材。本书共分8章，主要内容为制图基础、组合体、图样画法、建筑施工图、结构施工图、设备施工图、计算机绘图基础、用AutoCAD绘制房屋建筑图。为适应目前高等院校系科和专业设置调整的需求，本书在拓宽专业面，优化课程结构，精选教学内容方面进行尝试。全书采用循序渐进，由浅入深的方法，突出科学性、时代性、工程实践性，注重使用现代化的绘图技术，吸取工程技术界的最新成果；在内容的选择和组织上主次分明、图文并茂、言简意赅，特别是注重了用计算机绘制建筑工程图的实际案例，理论性和实践性都很强，是本科学生掌握尺规和计算机绘制建筑施工图的必备教材。

本书可作为普通高等院校土木工程、建筑学、城市规划、给排水工程、测绘工程、建筑设备工程、环境工程、建筑工程管理、国土及房地产管理、建筑财务管理、建筑材料、建筑装饰工程、环境科学等专业的教材，也可作为职工大学、函授大学、电视大学、高职高专等学校相关专业的教材，还可供土建工程技术人员参考。

图书在版编目（CIP）数据

工程制图与计算机绘图/何培斌主编. —北京：中国电力出版社，2011.1（2014.2重印）

普通高等教育“十二五”规划教材

ISBN 978-7-5123-1248-7

Ⅰ.①工… Ⅱ.①何… Ⅲ.①工程制图-高等学校-教材②计算机制图-高等学校-教材 Ⅳ.①TB23②TP391.72

中国版本图书馆CIP数据核字（2010）第254877号

中国电力出版社出版、发行

（北京市东城区北京站西街19号 100005 http://www.cepp.sgcc.com.cn）

航远印刷有限公司印刷

各地新华书店经售

*

2011年1月第一版 2014年2月北京第二次印刷

787毫米×1092毫米 16开本 14.5印张 349千字

定价 **24.00** 元

前　言

本书是普通高等教育"十二五"规划教材。土木建筑类专业的"工程制图与计算机绘图"是该专业群必修的专业基础课。

本书是按照中华人民共和国教育部对高等院校土建类专业新的培养目标而编写的。它是编者根据多年的教学实践和重点课程、精品课程的建设经验，以及三次带队参加全国大学生先进成图技术、产品信息建模创新大赛的实战经验编写而成的；是当前建筑制图大类课程教改项目"建筑制图系列课程改革"的重要内容。为适应目前高等院校合理调整系科和专业设置，本书拓宽专业面，优化课程结构，精选教学内容；全书内容循序渐进，由浅入深，突出科学性、时代性、工程实践性；注重使用现代化的绘图技术，吸取工程技术界的最新成果；在内容的选择和组织上主次分明、图文并茂、言简意赅，采用了用计算机绘制建筑工程图的实际案例，理论性和实践性都很强，是本科学生掌握尺规和计算机绘制建筑施工图的必备教材。

本书由重庆大学何培斌主编，闵智、吴立楷副主编，全书由闵智统稿。具体编写分工为：何培斌（1、4、5、6 章）、吴立楷（2、3 章）、闵智（7 章）、姚纪（8 章）。吕道馨教授审阅了全书，提出了建设性的意见。此外，在本书的编写过程中，莫章金、朱建国、钱燕、甘民等老师提出了宝贵意见，编者在此表示衷心感谢！本书在编写过程中参考了相关书籍，在此向这些书的作者表示衷心感谢！

由于编写时间仓促，书中不妥之处在所难免，恳请读者不吝指正。联系 E-mail：minzhi@cqu. edu. cn

编者

2010 年 11 月

目　录

第1章 制 图 基 础

本 章 要 点

本章主要介绍制图工具及使用方法、中华人民共和国国家标准《房屋建筑制图统一标准》(GB/T 50001—2001) 规定的绘制建筑施工图的图幅、图框、线型、字体及尺寸标注的基本要求。重点应掌握线型、字体及尺寸标注的基本要求。

1.1 制图工具及使用方法

建筑图样是建筑设计人员用来表达设计意图、交流设计思想的技术文件，是建筑物施工的重要依据。所有的建筑图，都是运用建筑制图的基本理论和基本方法绘制的，都必须符合中华人民共和国国家标准《房屋建筑制图统一标准》(GB/T 50001—2001)。本章将介绍制图工具的使用、常用的几何作图方法、《房屋建筑制图统一标准》(GB/T 50001—2001) 的一些基本规定，以及建筑制图的一般步骤等。

1.1.1 图板

图板是画图时的垫板。要求板面平坦、光洁。左边是导边，必须保持平整（图 1-1）。图板的大小有各种不同规格，可根据需要而选定。0 号图板适用于画 A0 号图纸，1 号图板适用于画 A1 号图纸，四周还略有宽余。图板放在桌面上，板身宜与水平桌面成 10°～15°倾斜。

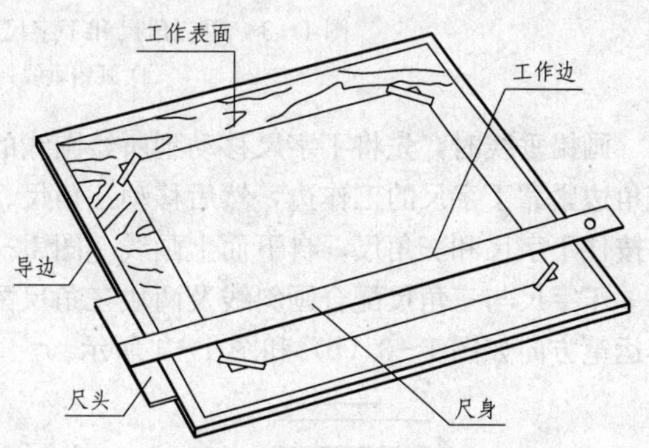

图 1-1 图板和丁字尺

图板不可用水刷洗和在日光下曝晒。

1.1.2 丁字尺

丁字尺由相互垂直的尺头和尺身组成（图 1-1）。尺身要牢固地连接在尺头上，尺头的内侧面必须平直，用时应紧靠图板的左侧——导边。在画同一张图纸时，尺头不可以在图板的其他边滑动，以避免图板各边不成直角时，画出的线不准确。丁字尺的尺身工作边必须平直光滑，不可用丁字尺击物和用刀片沿尺身工作边裁纸。丁字尺用完后，宜竖直挂起来，以避免尺身弯曲变形或折断。

丁字尺主要用作画水平线，并且只能沿尺身上侧画线。作图时，左手把住尺头，使它始终紧靠图板左侧，然后上下移动丁字尺，直至工作边对准要画线的地方，再从左向右画水平线。画较长的水平线时，可把左手滑过来按住尺身，以防止尺尾翘起和尺身摆动（图 1-2）。

1.1.3 三角尺

一副三角尺有 30°、60°、90°和 45°、45°、90°两块，且后者的斜边等于前者的长直角边。三角尺除了直接用来画直线外，还可以配合丁字尺画铅垂线和画 30°、45°、60°及 15°×n 的各种斜线（图 1-3）。

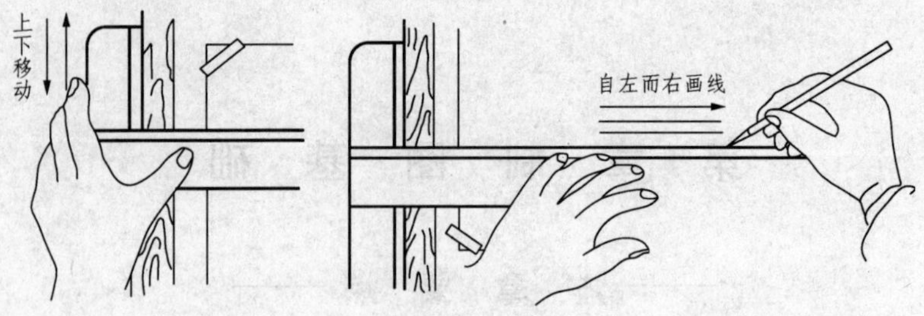

图 1-2 上下移动丁字尺及画水平线的手势

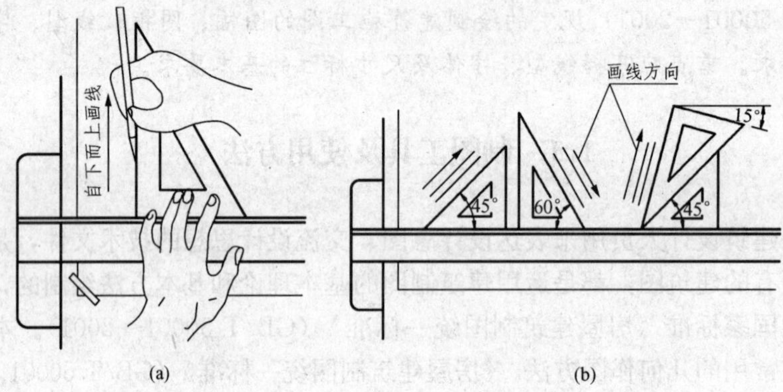

图 1-3 用三角尺和丁字尺配合画垂直线和各种斜线

(a) 画铅垂线；(b) 画斜线

画铅垂线时，先将丁字尺移动到所绘图线的下方，把三角尺放在应画线的右方，并使一直角边紧靠丁字尺的工作边，然后移动三角尺，直到另一直角边对准要画线的地方，再用左手按住丁字尺和三角尺，自下而上画线［图 1-3（a）］。

丁字尺与三角尺配合画斜线及两块三角尺配合画各种斜度的相互平行或垂直的直线时，其运笔方向如图 1-3（b）和图 1-4 所示。

图 1-4 用三角尺画平行线及垂直线

1.1.4　铅笔

绘图铅笔有各种不同的硬度。标号 B、2B、…、6B，B 表示软铅芯，数字越大，表示铅芯越软。标号 H、2H、…、6H，H 表示硬铅芯，数字越大，表示铅芯越硬。标号 HB 表示中软。画底稿宜用 H 或 2H，徒手作图可用 HB 或 B，加重直线用 H、HB（细线）、HB（中粗线）、B 或 2B（粗线）。铅笔尖应削成锥形，芯露出 6～8mm。削铅笔时要注意保留有标号的一端，以便始终能识别其软硬度（图 1－5）。使用铅笔绘图时，用力要均匀，用力过大会划破图纸或在纸上留下凹痕，甚至折断铅芯。画长线时要边画边转动铅笔，使线条粗细一致。画线时，从正面看笔身应倾斜约 60°，从侧面看笔身应铅直（图 1－5）。持笔的姿势要自然，笔尖与尺边距离始终保持一致，线条才能画得平直准确。

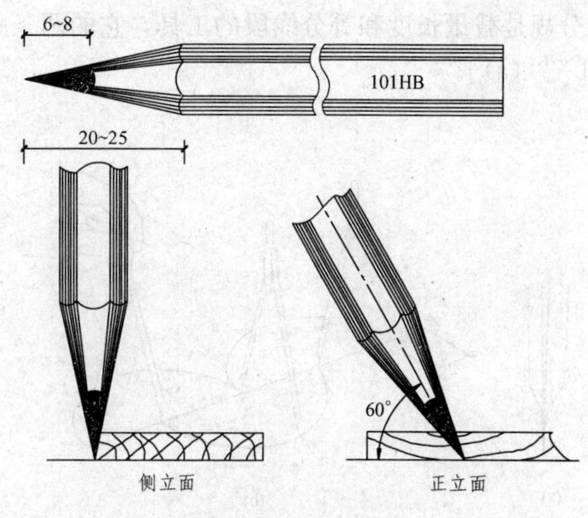

图 1－5　铅笔及其应用

1.1.5　圆规、分规

1. 圆规

圆规是用来画圆及圆弧的工具（图 1－6）。圆规的一腿为可固定紧的活动钢针，其中有台阶状的一端多用来加深图线时用。另一腿上附有插脚，根据不同用途可换上铅芯插脚、鸭嘴笔插脚、针管笔插脚、接笔杆（供画大圆用）。画图时应先检查两脚是否等长，当针尖插入图板后，留在外面的部分应与铅芯尖端平（画墨线时，应与鸭嘴笔脚平），如图 1－6（a）所示。铅芯可磨成约 65°的斜截圆柱状，斜面向外，也可磨成圆锥状。

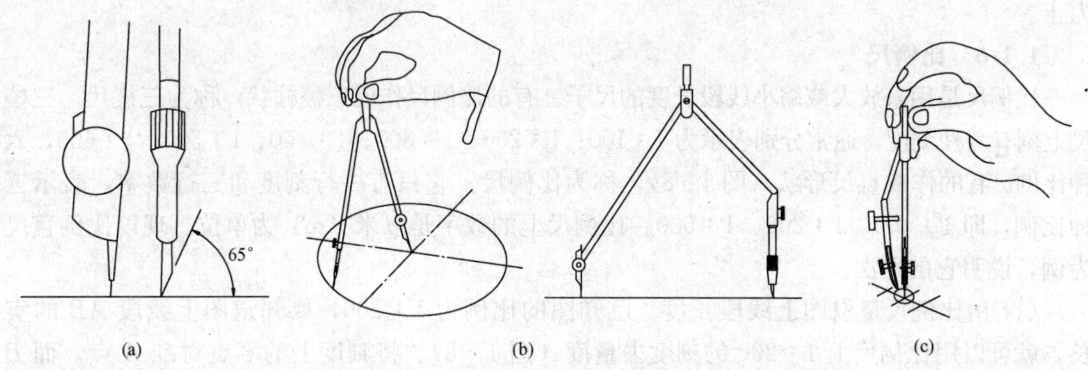

图 1－6　圆规的针尖和画圆的姿势

画圆时，首先调整铅芯与针尖的距离等于所画圆 z 的半径，再用左手食指将针尖送到圆心上轻轻插住，尽量不使圆心扩大，并使笔尖与纸面的角度接近垂直；然后右手转动圆规手柄，转动时，圆规应向画线方向略为倾斜，速度要均匀，沿顺时针方向画圆，整个圆一笔画完。在绘制较大的圆时，可将圆规两插杆弯曲，使它们仍然保持与纸面垂直［图 1－6

(b)]。直径在10mm以下的圆，一般用点圆规来画。使用时，右手食指按顶部。大拇指和中指按顺时针方向迅速地旋动套管，画出小圆，见图1-6（c）。需要注意的是，画圆时必须保持针尖垂直于纸面，圆画出后，要先提起套管，然后拿开点圆规。

2. 分规

分规是截量长度和等分线段的工具，它的两条腿必须等长，两针尖合拢时应汇合成一点[图1-7（a)]。

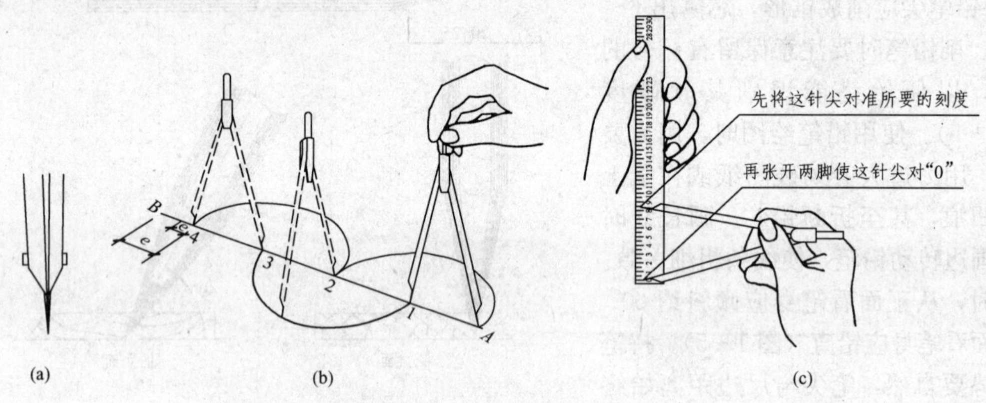

图1-7 分规的用法

(a) 针尖应对齐；(b) 用分规等分线段；(c) 用分规截取长度

用分规等分线段的方法见图1-7（b）。例如，分线段AB为4等分，先凭目测估计，将分规两脚张开，使两针尖的距离大致等于$\frac{1}{4}AB$，然后交替两针尖划弧，在该线段上截取1、2、3、4等分点；假设点4落在B点以内，距差为e，这时可将分规再开$\frac{1}{4}e$，再行试分，若仍有差额（也可能超出AB线外），则照样再调整两针尖距离（或加或减），直到恰好等分为止。

1.1.6 比例尺

比例尺是用来放大或缩小线段长度的尺子。有的比例尺作成三棱柱状，称为三棱尺。三棱尺上刻有六种刻度，通常分别表示为1∶100、1∶200、1∶300、1∶400、1∶500、1∶600，六种比例。有的作成直尺形状（图1-8)，称为比例尺。它只有一行刻度和三行数字，表示三种比例，即1∶100、1∶200、1∶500。比例尺上的数字是以米（m）为单位。现以比例直尺为例，说明它的用法。

(1) 用比例尺量取图上线段长度。已知图的比例为1∶200，要知道图上线段AB的实长，就可以用比例尺上1∶200的刻度去量度（图1-8）。将刻度上的零点对准A点，而B点恰好在刻度15.2m处，则线段AB的长度可直接读得15.2m，即15 200mm。

(2) 用比例尺上的1∶200的刻度量读比例是1∶2、1∶20和1∶2000的线段长度。例如，在图1-8中，AB线段的比例如果改为1∶2，由于比例尺1∶200刻度的单位长度比1∶2缩小了100倍，则AB线段的长度应读为$15.2\times\frac{1}{10}=1.52$m，同样，比例改为1∶2000，则应读为$15.2\times10=152$m。

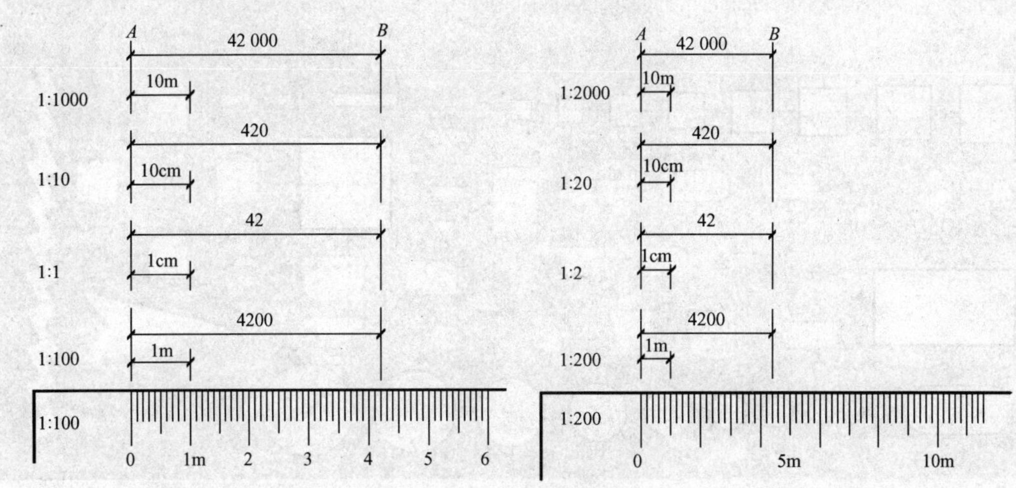

图 1－8　比例尺及其用法

上述量读方法可归结为表 1－1。

表 1－1　　量 读 方 法

比　例		读　数
比例尺刻度	1∶200	15.2m
图中线段比例	1∶2（分母后少两位零）	0.152m（小数点前移两位）
	1∶2（分母后少一位零）	0.152m（小数点前移一位）
	1∶2000（分母后多一位零）	152m（小数点后移一位）

(3) 用 1∶500 的刻度量读 1∶250 的线段长度。由于 1∶500 刻度的单位长度比 1∶250 缩小 2 倍，所以把 1∶500 的刻度作为 1∶250 用时，应把刻度上的单位长度放大 2 倍，即 10m 当作 5m 用。

比例尺是用来量取尺寸的，不可用来画线。

1.1.7　绘图墨水笔

绘图墨水笔的笔尖是一支细的针管，又称为针管笔（图 1－9）。绘图墨水笔能像普通钢笔一样吸取墨水。笔尖的管径从 0.1mm～1.2mm，有多种规格，可视线型粗细而选用。使用时应注意保持笔尖清洁。

图 1－9　绘图墨水笔

1.1.8　建筑模板

建筑模板主要用来画各种建筑标准图例和常用符号，如柱、墙、门开启线、大便器、污水盆、详图索引符号、轴线圆圈等。模板上刻有可以画出各种不同图例或符号的孔（图 1－10），其大小已符合一定的比例，只要用笔沿孔内画一周，图例就画出来了。

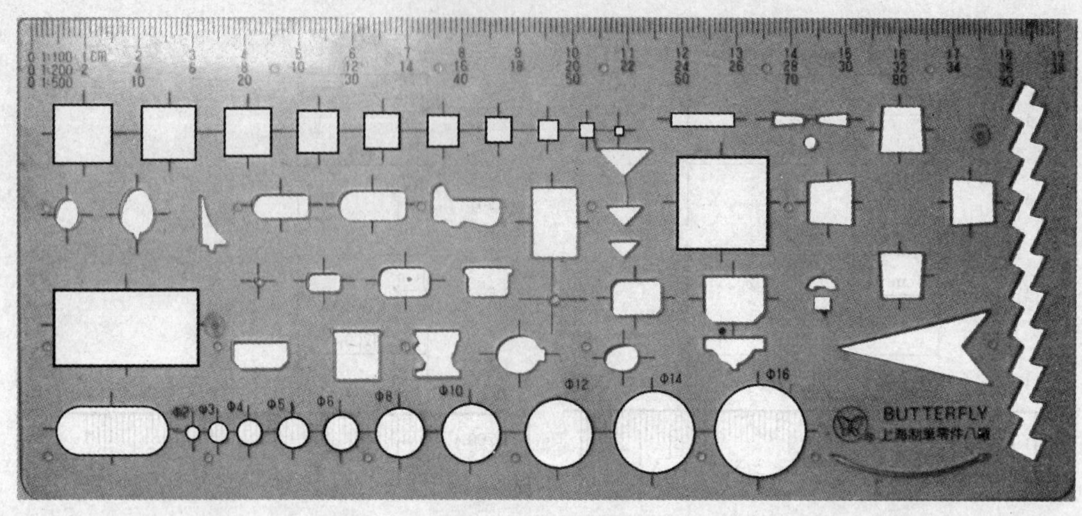

图 1－10 建筑模板

1.2 图幅、线型、字体及尺寸标注

1.2.1 图幅、图标及会签栏

图幅即图纸幅面，指图纸的大小规格。为了便于图纸的装订、查阅和保存，满足图纸现代化管理要求，图纸的大小规格应力求统一。建筑工程图纸的幅面及图框尺寸应符合表 1－2 的规定。表中数字是裁边以后的尺寸，尺寸代号的意义如图 1－11 所示。

表 1－2 **幅面及图框尺寸**

<table>
<tr><th>幅面代号
尺寸代号</th><th>A0</th><th>A1</th><th>A2</th><th>A3</th><th>A4</th></tr>
<tr><td>b (mm)×l (mm)</td><td>841×1189</td><td>594×841</td><td>420×594</td><td>297×420</td><td>210×297</td></tr>
<tr><td>c (mm)</td><td colspan="3">10</td><td colspan="2">5</td></tr>
<tr><td>a (mm)</td><td colspan="5">25</td></tr>
</table>

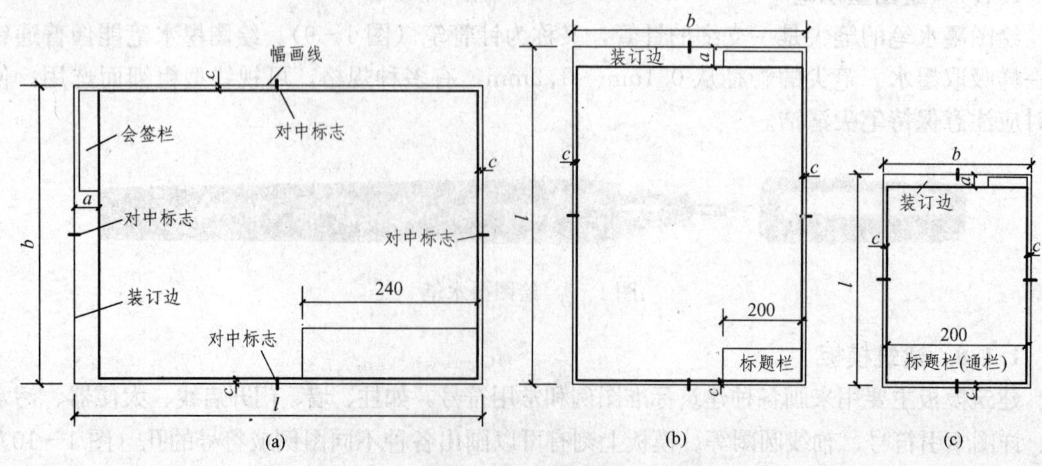

图 1－11 图幅格式

图幅分横式和立式两种。从表 1-2 中可以看出 A1 号图幅是 A0 号图幅的对折，A2 号图幅是 A1 号图幅的对折，其余类推，上一号图幅的短边，即是下一号图幅的长边。

建筑工程一个专业所用的图纸应整齐统一，选用图幅时宜以一种规格为主，尽量避免大小图幅掺杂使用。一般不宜多于两种幅面，目录及表格所采用的 A4 幅面，可不在此限。

在特殊情况下，允许 A0～A3 号图幅按表 1-3 的规定加长图纸的长边。但图纸的短边不得加长。有特殊需要的图纸，可采用 $b\times l$ 为 840mm×392mm 与 1189mm×1261mm 的幅面。

表 1-3　　图纸长边加长尺寸

幅面代号	长边尺寸（mm）	长边加长后尺寸（mm）
A0	1189	1338　1487　1635　1784　1932　2081　2230　2387
A1	841	1051　1261　1472　1682　1892　2102
A2	594	743　892　1041　1189　1338　1487　1635　1784　1932　2081
A3	420	631　841　1051　1261　1472　1682　1892

图纸的标题栏（简称图标）、会签栏及装订边的位置应按图 1-11 布置。

图标的大小及格式如图 1-12 所示。

会签栏应按图 1-13 的格式绘制，栏内应填写会签人员所代表的专业、姓名、日期（年、月、日）；一个会签栏不够用时可另加一个，两个会签栏应并列；不需会签的图纸可不设此栏。

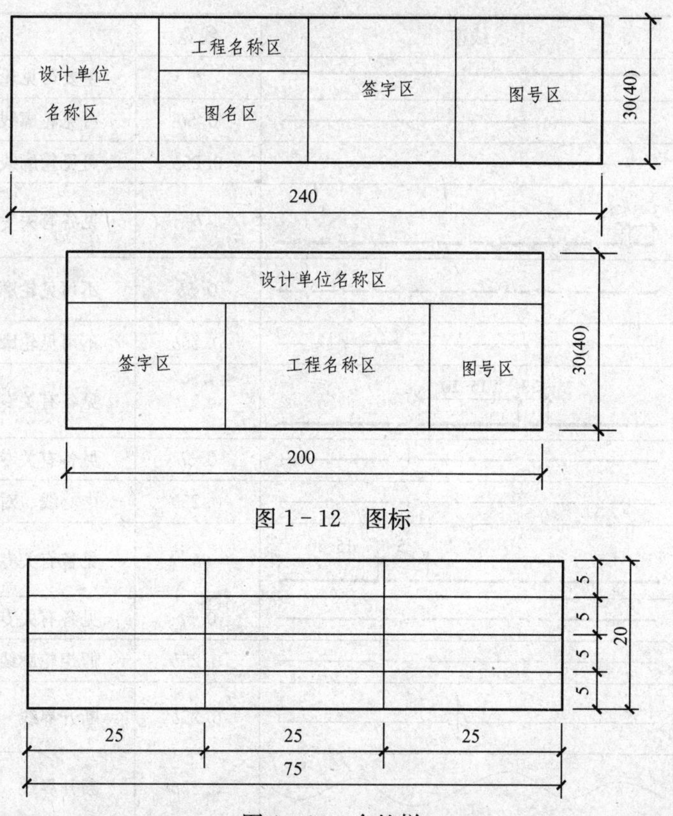

图 1-12　图标

图 1-13　会签栏

学生制图作业用标题栏推荐图 1－14 的格式。

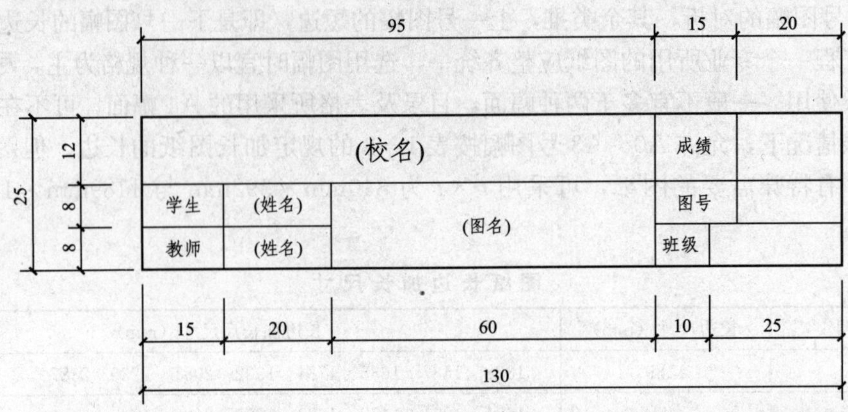

图 1－14　学生制图作业用标题栏推荐格式

1.2.2　线型

任何建筑图样都是用图线绘制成的，因此，熟悉图线的类型及用途，掌握各类图线的画法是建筑制图最本的技能。

为了使图样清楚、明确，建筑制图采用的图线分为实线、虚线、单点长画线、双点长画线、折断线和波浪线六类，其中前四类线型按宽度不同又分为粗、中细三种，后两类线型一般均为细线。各类线型的规格及用途见表 1－4。

表 1－4　　线　　型

名称		线型	线宽	一般用途
实线	粗		b	主要可见轮廓线
	中		0.5b	可见轮廓线
	细		0.25b	可见轮廓线、图例线等
虚线	粗	3~6 ≤1	b	见各有关专业制图标准
	中		0.5b	不可见轮廓线
	细		0.25b	不可见轮廓线、图例线等
单点长画线	粗	≤3 15~20	b	见各有关专业制图标准
	中		0.5b	见各有关专业制图标准
	细		0.25b	中心线、对称线等
双点长画线	粗	5 15~20	b	见各有关专业制图标准
	中		0.5b	见各有关专业制图标准
	细		0.25b	假想轮廓线、成型前原始轮廓线
折断线			0.25b	断开界线
波浪线			0.25b	断开界线

图线的宽度 b，应从下列线宽系列中选取：0.35mm、0.5mm、0.7mm、1.0mm、1.4mm、2.0mm。

每个图样，应根据复杂程度与比例大小，先确定基本线宽 b，再按表 1-5 确定适当的线宽组。在同一张图纸中，相同比例的各图样，应选用相同的线宽组。虚线、单点长画线及双点长画线的线段长度和间隔，应根据图样的复杂程度和图线的长短来确定，但宜各自相等，表 1-5 中所示线段的长度和间隔尺寸可作参考。当图样较小，用单点长画线和双点长画线绘图有困难时，可用实线代替。

表 1-5　　线　宽　组

线宽比	线宽组（mm）					
b	2.0	1.4	1.0	0.7	0.5	0.35
$0.5b$	1.0	0.7	0.5	0.35	0.25	0.18
$0.25b$	0.5	0.35	0.25	0.18		

在同一张图纸内，各不同线宽组中的细线，可统一采用较细的线宽组的细线。

需要缩微的图纸，不宜采用 0.18mm 线宽。

图纸的图框线和标题栏线，可采用表 1-6 中所示的线宽。

表 1-6　　图框线、标题栏线的宽度

幅面代号	图框线宽度（mm）	标题栏外框线宽度（mm）	标题栏分格线、会签栏线宽度（mm）
A0、A1	1.4	0.7	0.35
A2、A3、A4	1.0	0.7	0.35

此外在绘制图线时还应注意以下几点：

(1) 单点长画线和双点长画线的首末两端应是线段，而不是点。单点长画线（双点长画线）与单点长画线（双点长画线）交接或单点长画线（双点长画线）与其他图线交接时，应是线段交接。

(2) 虚线与虚线交接或虚线与其他图线交接时，都应是线段交接。虚线为实线的延长线时，不得与实线连接。虚线的正确画法和错误画法，如图 1-15 所示。

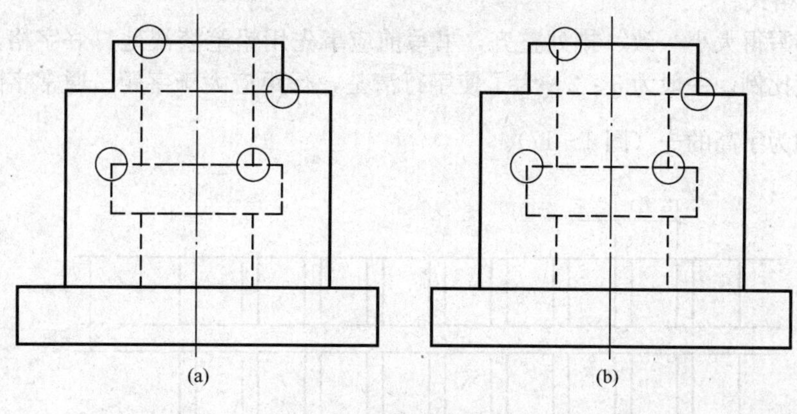

图 1-15　虚线交接的画法

(a) 正确画法；(b) 错误画法

(3) 相互平行的图线，其间距不宜小于其中粗线宽度，且不宜小于0.7mm。

(4) 图线不得与文字、数字或符号重叠、混淆，不可避免时，应首先保证文字等的清晰。

1.2.3 字体

图纸上所需书写的文字、数字或符号等，均应笔划清晰、字体端正、排列整齐；标点符号应清楚正确；如果字迹潦草，难于辨认，则容易发生误解，甚至造成工程事故。

图及说明的汉字应写成长仿宋体，大标题、图册封面、地形图等的汉字，也可以写成其他字体，但应易于辨认。汉字的简化写法，必须遵照国务院公布的《汉字简化方案》和有关规定。

1. 长仿宋字体

长仿宋字是由宋体字演变而来的长方形字体，它的笔划匀称明快，书写方便，因而是工程图纸最常用字体。写仿宋字（长仿宋体）的基本要求，可概括为“行款整齐、结构匀称、横平竖直、粗细一致、起落顿笔、转折勾棱”。

长仿宋体字样如图1-16所示。

建筑设计结构施工设备水电暖风平立侧断剖切面总详标准草略正反迎背新旧大中小上下内外纵横垂直完整比例年月日说明共编号寸分吨斤厘毫甲乙丙丁戊己表庚辛红橙黄绿青蓝紫黑白方粗细硬软镇郊区域规划截道桥梁房屋绿化工业农业民用居住共厂址车间仓库无线电人民公社农机粮畜舍晒谷厂商业服务修理交通运输行政办宅宿舍公寓卧室厨房厕所贮藏浴室食堂饭厅冷饮公从餐馆百货店菜场邮局旅客站航空海港口码头长途汽车行李候机船检票学校实验室图书馆文化宫运动场体育比赛博物馆走廊过道盥洗楼梯层数壁橱基础底层墙踢脚阳台门散水沟窗格

图1-16 长仿宋字样

(1) 字体格式。

为了使字写得大小一致、排列整齐，书写前应事先用铅笔淡淡地打好字格，再进行书写。字格高宽比例，一般为3∶2。为了使字行清楚，行距应大于字距。通常字距约为字高的$\frac{1}{4}$，行距约为字高的$\frac{1}{3}$（图1-17）。

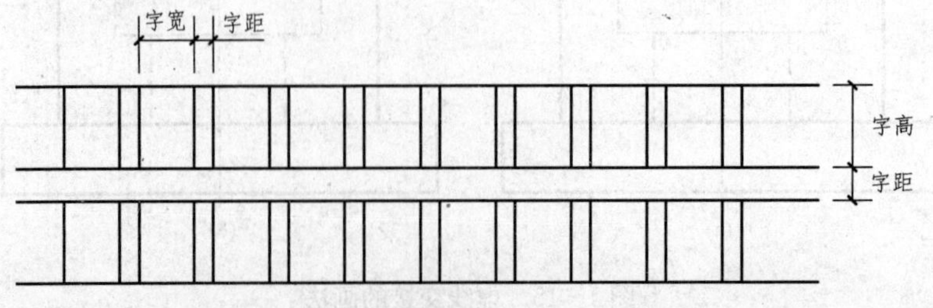

图1-17 字格

字的大小用字号来表示，字的号数即字的高度，各号字的高度与宽度的关系如表1-7所示。

表1-7 **字 号**

字号	20	14	10	7	5	3.5
字高	20	14	10	7	5	3.5
字宽	14	10	7	5	3.5	2.5

图纸中常用的为10、7、5三号。如需书写更大的字，其高度应按$\sqrt{2}$的比值递增。汉字的字高应不小于3.5mm。

(2) 字体的笔划。

仿宋字的笔划要横平竖直，注意起落，现介绍常用笔划的写法及特征：

1) 横划基本要平，可略向上自然倾斜，运笔起落略顿一下笔，使尽端形成小三角，但应一笔完成。

2) 竖划要铅直，笔划要刚劲有力，运笔同横划。

3) 撇的起笔同竖，但是随斜向逐渐变细，运笔由重到轻。

4) 捺的运笔与撇笔相反，起笔轻而落笔重，终端稍顿笔再向右尖挑。

5) 挑划是起笔重，落笔尖细如针。

6) 点的位置不同，其写法亦不同，多数的点是起笔轻而落笔重，形成上尖下圆的光滑形象。

7) 竖钩的竖同竖划，但要挺直，稍顿后向左上尖挑。

8) 横钩由两笔组成，横同横划，末笔应起重轻落，钩尖如针。

9) 弯钩有竖弯钩、斜弯钩和包钩，竖弯钩起笔同竖划，由直转弯过渡要圆滑，斜弯钩的运笔由轻到重再到轻，转变要圆滑，包钩由横划和竖钩组成，转折要勾棱，竖钩的竖划有时可向左略斜。

(3) 字体结构。

形成一个完善结构的字的关键是各个笔划的相互位置要正确，各部分的大小、长短、间隔要符合比例，上下左右要匀称，笔划疏密要合适。为此，书写时应注意如下几点：

1) 撑格、满格和缩格。每个字最长笔划的棱角要顶到字格的边线。绝大多数的字，都应写满字格，这样可使单个的字显得大方，使成行的字显得均匀整齐。然而，有一些字写满字格，就会感到肥硕，它们置身于均匀整齐的字列当中，将有损于行款的美观，这些字就必须缩格。如“口、日”两字四周都要缩格，“工、四”两字上下要缩格，“目、月”两字左右要略为缩格等等。同时，须注意“口、日、内、同、曲、图”等带框的字下方应略为收分。

2) 长短和间隔。字的笔划有繁简，如“翻”字和“山”字。字的笔划又有长短，像“非、曲、作、业”等字的两竖划左短右长，“土、于、夫”等字的两横划上短下长。又如“三”、“川”字第一笔长，第二笔短，第三笔最长。因此，必须熟悉其长短变化，匀称地安排其间隔，字态才能清秀。

3) 缀合比例。缀合字在汉字中所占比重甚大，对其缀合比例的分析研究，也是写好仿宋字的重要一环。缀合部分有对称或三等分的，如横向缀合的“明、林、辨、衍”等字，如纵缀合的“辈、昌、意、器”等字；偏旁、部首与其缀合部分约为一与二之比的如“制、程、筑、堡”等字。

横、竖是仿宋字的中的骨干笔划，书写时必须挺直不弯。否则，就失去仿宋字挺拔刚劲的特征。横划要平直，但并非完全水平，而是沿运笔方向稍许上斜，这样字形不显死板，而且也适于手写的笔势。

仿宋字横、竖粗细一致，字形爽目。它区别于宋体的横划细、竖划粗，与楷体字笔划的粗细变化有致亦不同。

横划与竖划的起笔和收笔、撇的起笔、钩的转角等都要顿一下笔，形成小三角形，给人以锋颖挺劲的感觉。

2. 拉丁字母、阿拉伯数字及罗马数字

拉丁字母、阿拉伯数字及罗马数字的书写与排列等，应符合表 1-8 的规定。

表 1-8　拉丁字母、阿拉伯数字、罗马数字书写规则

		一般字体	窄字体
字母高	大写字母	h	h
	小写字母（上下均无延伸）	$7/10h$	$10/14h$
小写字母向上或向下延伸部分		$3/10h$	$4/14h$
笔画宽度		$1/10h$	$1/14h$
间隔	字母间	$2/10h$	$2/14h$
	上下行底线间最小间隔	$14/10h$	$20/14h$
	文字间最小间隔	$6/10h$	$6/14h$

注　1. 小写拉丁字母 a、c、m、n 等上下均无延伸，j 上下均有延伸；
2. 字母的间隔，如需排列紧凑，可按表中字母的最小间隔减少一半。

拉丁字母、阿拉伯数字可以直写，也可以斜写。斜体字的斜度是从字的底线逆时针向上倾斜 75°，字的高度与宽度应与相应的直体字相等。当数字与汉字同行书写时，其大小应比汉字小一号，并宜写直体。拉丁字母、阿拉伯数字及罗马数字的字高，应不小于 2.5mm。拉丁字母、阿拉伯数字及罗马数字分一般字体的窄体字，其运笔顺序和字例如图 1-18 所示。

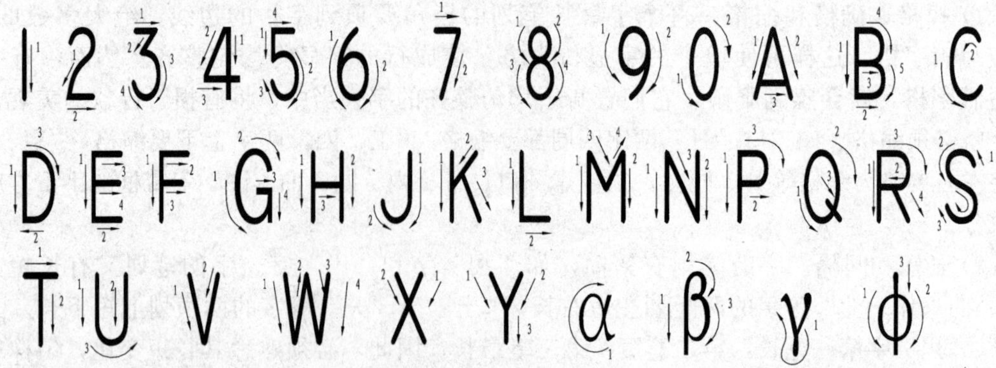

图 1-18　运笔顺序和字例

字体书写练习要持之以恒，多看、多摹、多写，严格认真、反复刻苦地练习，自然熟能生巧。

1.2.4　尺寸标注

在建筑施工图中，图形只能表达建筑物的形状，建筑物各部分的大小还必须通过标注尺寸才能确定。房屋施工和构件制作都必须根据尺寸进行，因此尺寸标注是制图的一项重要工作，必须认真细致，准确无误，如果尺寸有遗漏或错误，必将给施工造成困难和损失。

注写尺寸时，应力求做到正确、完整、清晰、合理。

本节将介绍建筑制图国家标准中有关尺寸标注的一些基本规定。

1. 尺寸的组成

建筑图样上的尺寸一般应由尺寸界线、尺寸线、尺寸起止符号和尺寸数字四部分组成，如图1-19所示。

(1) 尺寸界线是控制所注尺寸范围的线，应用细实线绘制，一般应与被注长度垂直；其一端应离开图样轮廓线不小于2mm，另一端宜超出尺寸线2～3mm。必要时，图样的轮廓线、轴线或中心线可用作尺寸界线（图1-20）。

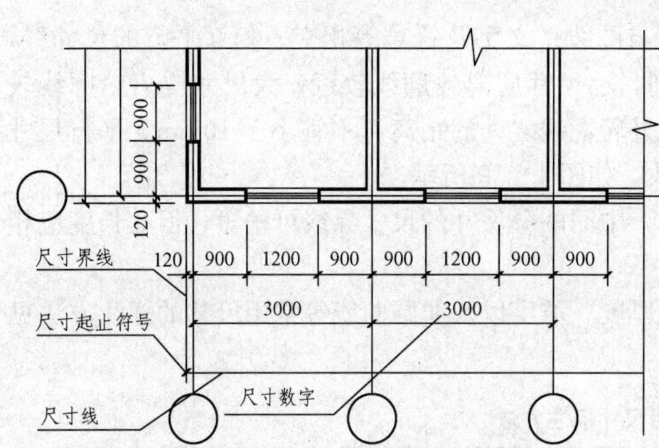

图1-19　尺寸的组成和平行排列的尺寸

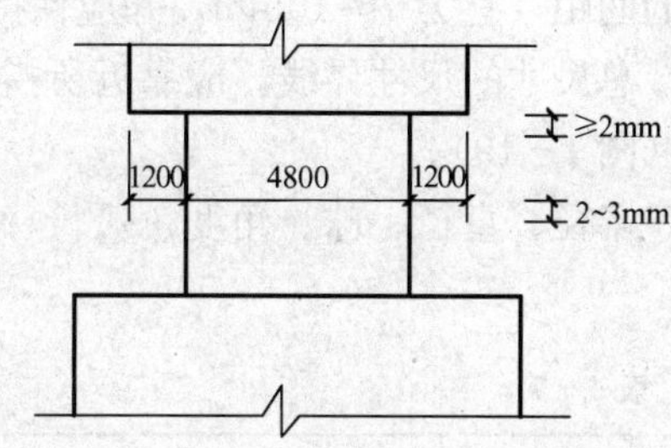

图1-20　轮廓线用作尺寸界线

(2) 尺寸线是用来注写尺寸的，必须用细实线单独绘制，应与被注长度平行，且不宜超出尺寸界线。任何图线或其延长线均不得用作尺寸线。

(3) 尺寸起止符号一般应用中粗斜短线绘制，其倾斜方向应与尺寸界线成顺时针45°角，长度宜为2～3mm。半径、直径、角度和弧长的尺寸起止符号，宜用箭头表示（图1-21）。

(4) 建筑图样上的尺寸数字是建筑施工的主要依据，建筑物各部分的真实大小应以图样上所注写的尺寸数字为准，不得从图上直接量取。图样上的尺寸单位，除标高及总平面图以米为单位外，均必须以毫米为单位，图中不需注写计量单位的代号或名称。本书正文和图中的尺寸数字以及习题集中的尺寸数字，除有特别注明外，均按上述规定。

尺寸数字的读数方向，应按图1-22(a)规定的方向注写，尽量避免在图中所示的30°范围内标注尺寸，当实在无法避免时，宜按图1-22(b)的形式注写。

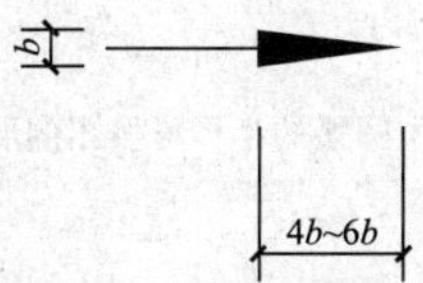

图1-21　箭头的画法

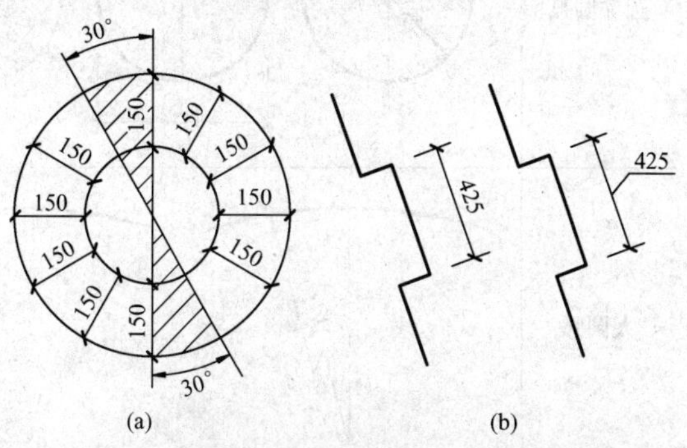

图1-22　尺寸数字读数方向

尺寸数字应依据其读数方向注写在靠近尺寸线的上方中部，如没有足够的注写位置，最外边的尺寸数字可注写在尺寸界线外侧，中间相邻的尺寸数字可错开注写，也可引出注写，如图 1－23 所示。

图线不得穿过尺寸数字，不可避免时，应将尺寸数字处的图线断开（图 1－24）。

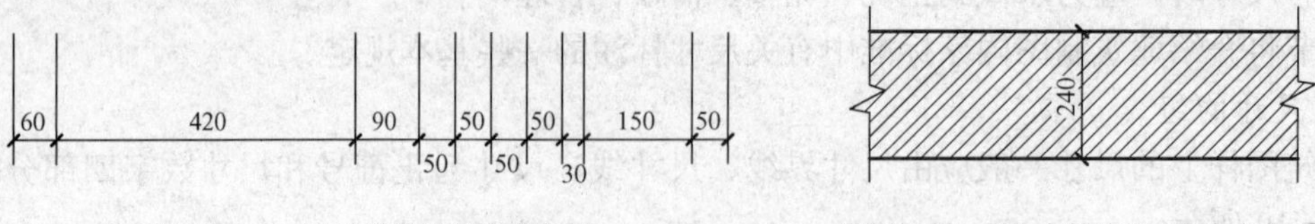

图 1－23　尺寸数字的注写位置　　图 1－24　尺寸数字处图线应断开

2．常用尺寸的排列、布置及注写方法

尺寸宜标注在图样轮廓线以外，不宜与图线、文字及符号等相交。相互平行的尺寸线，应从被注的图样轮廓线由近向远整齐排列，小尺寸应离轮廓线较近，大尺寸应离轮廓线较远。图样轮廓线以外的尺寸线，距图样最外轮廓线之间的距离，不宜小于 10mm。平行尺寸线的间距，宜为 7～10mm，并应保持一致，如图 1－19 所示。

总尺寸的尺寸界线，应靠近所指部位，中间的分尺寸的尺寸界线可稍短，但其长度应相等（图 1－19）。

半径、直径、球、角度、弧长、薄板厚度、坡度以及非圆曲线等常用尺寸的标注方法见表 1－9。

表 1－9　　常用尺寸标注方法

标注内容	图　例	说　明
角度	90°　75°20′　6°09′56″　60°	尺寸线应画成圆弧，圆心是角的顶点，角的两边为尺寸界线。角度的起止符号应以箭头表示，如没有足够的位置画箭头，可以用圆点代替。角度数字应水平方向书写
圆和圆弧	ϕ600　ϕ600　R20	标注圆或圆弧直径、半径时，尺寸数字前应分别加符号“ϕ”、“R”尺寸线及尺寸界线应按图例绘制
大圆弧	R150　R150	较大圆弧的半径可按图例形式标注

续表

标注内容	图例	说明
球面		标注球的直径、半径时，应分别在尺寸数字前加注符号“Sϕ”、“SR”注写方法与圆和圆弧的直径、半径的尺寸标注方法相同
薄板厚度		在薄板板面标注板厚尺寸时，应在厚度数字前加厚度符号“δ”
正方形		在正方形的侧面标注该正方形的尺寸，除可用“边长×边长”外，也可在边长数字前加正方形符号“□”
坡		标注坡度时，在坡度数字下，应加注坡度符号，坡度符号的箭头，一般应指向下坡方向，坡度也可用直角三角形的形式标注
小圆和小圆弧		小圆的直径和小圆弧的半径可按图例形式标注
弧长和弦长		尺寸界线应垂直于该圆弧的弦。标注弧长时，尺寸线应以与该圆弧同心的圆弧线表示，起止符号应用箭头表示，尺寸数字上方应加注圆弧符号。标注弦长时，尺寸线应以平行于该弦的直线表示，起止符号用中粗斜线表示

续表

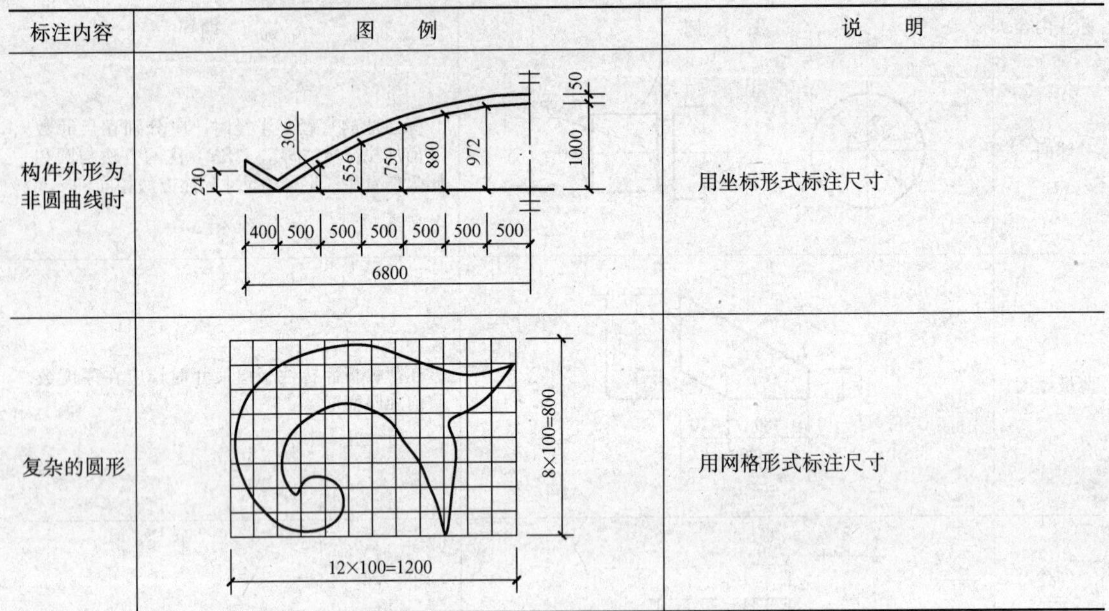

标注内容	图　　例	说　　明
构件外形为非圆曲线时		用坐标形式标注尺寸
复杂的圆形		用网格形式标注尺寸

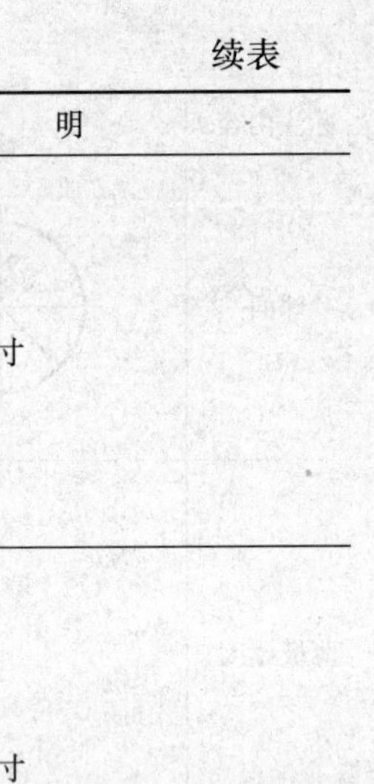

3. 尺寸的简化标注

(1) 杆件或管线的长度，在单线图（桁架简图、钢筋简图、管线图等）上，可直接将尺寸数字沿杆件或管线的一侧注写（图 1-25）。

(2) 连续排列的等长尺寸，可用“个数×等长尺寸=总长”的形式标注（图 1-26）。

(3) 构配件内的构造要素（如孔、槽等）如相同，可仅标注其中一个要素的尺寸（图 1-27）。

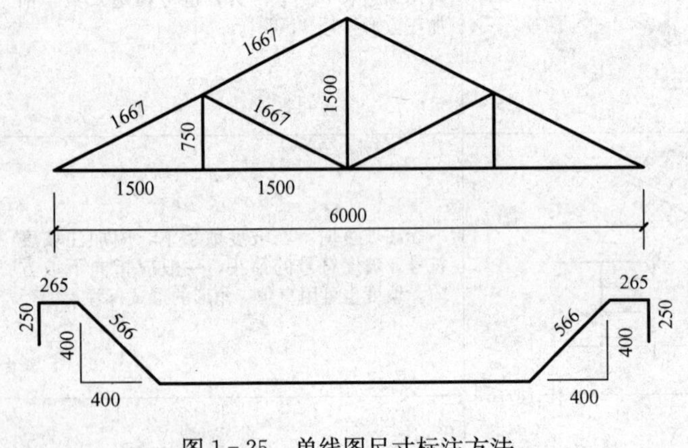

图 1-25　单线图尺寸标注方法

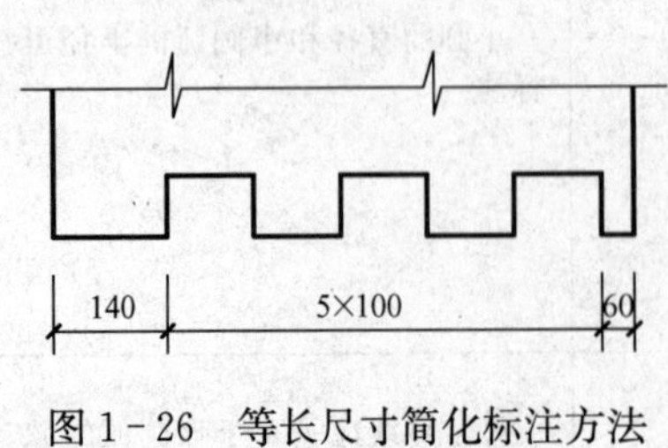

图 1-26　等长尺寸简化标注方法

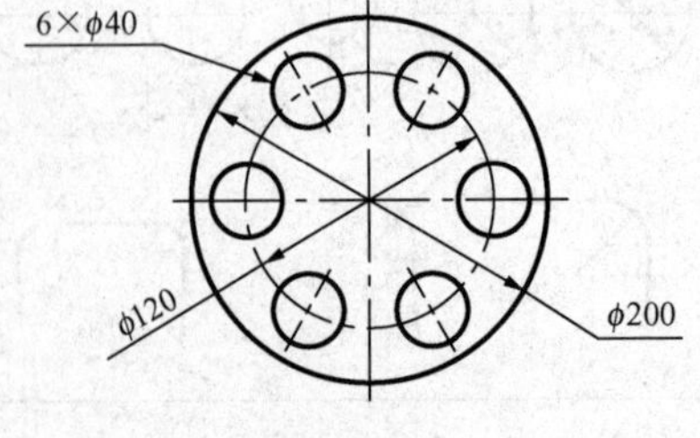

图 1-27　相同要素尺寸标注方法

(4) 对称构配件采用对称省略画法时，该对称构配件的尺寸线应略超过对称符号，仅在尺寸线的一端画尺寸起止符号，尺寸数字应按整体全尺寸注写，其注写位置宜与对称符号对直（图 1-28）。

(5) 两个构配件，如仅个别尺寸数字不同，可在同一图样中，将其中一个构配件的不同尺寸数字注写在括号内，该构配件的名称也应注写在相应的括号内（图 1－29）。

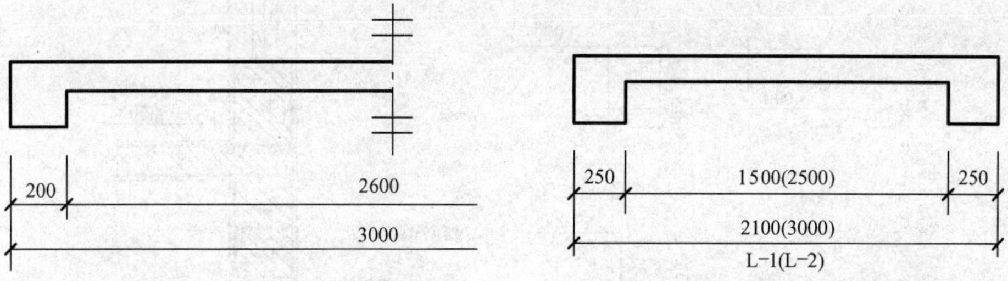

图 1－28 对称构件尺寸数字标注方法　　　　图 1－29 相似构件尺寸数字标注方法

（6）数个构配件，如仅某些尺寸不同，这些有变化的尺寸数字，可用拉丁字母注写在同一图样中；另列表格写明其具体尺寸（图 1－30）。

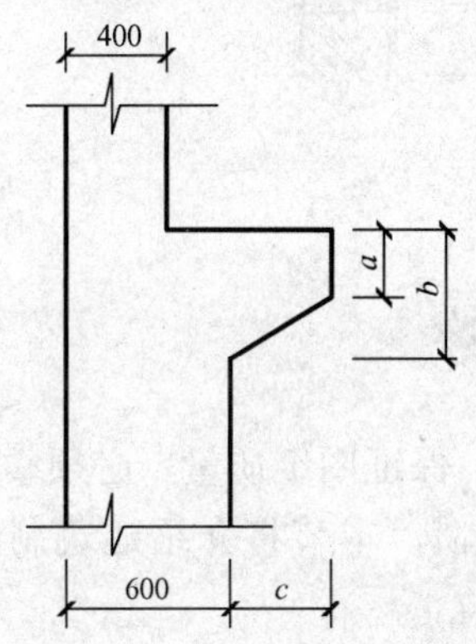

构件编号	*a*	*b*	*c*
Z－1	200	400	200
Z－2	250	450	200
Z－3	200	450	250

图 1－30 相似构配件尺寸表格式标注方法

4. 标高的注法

标高分绝对标高和相对标高。以我国青岛市外黄海海面为±0.000 的标高称为绝对标高，如世界最高峰珠穆朗玛峰高度为 8848.13m 即为绝对标高。而以某一建筑底层室内地坪为±0.000 的标高称为相对标高，如上海浦东 88 层的金茂大厦高 420m 即为相对标高。

建筑图样中，除总平面图上标注绝对标高外，其余图样上的标高都为相对标高。

标高符号，除用于总平面图上室外整平标高采用全部涂黑的三角形外，其他图面上的标高符号用法如图 1－31 所示。

标高符号其图形为三角形或倒三角形，高约 3mm 左右，三角形尖部所指位置即为标高位置，其水平线的长度，根据标高数字长短定。标高数字以米为单位，总平面图上注至小数点后 2 位数，如：8848.13 而其他任何图上注至小数点后 3 位数，即毫米为止。如零点标高注成±0.000，正标高数字前一律不加正号，如 3.000、2.700、0.900，负数标高数字前必须加注负号，如－0.020、－0.450。

在剖面图及立面图中，标高符号的尖端，根据所指位置，可向上指，也可向下指，如同时表示几个不同的标高时，可在同一位置重叠标注，标高符号及其标注如图 1－31 所示。

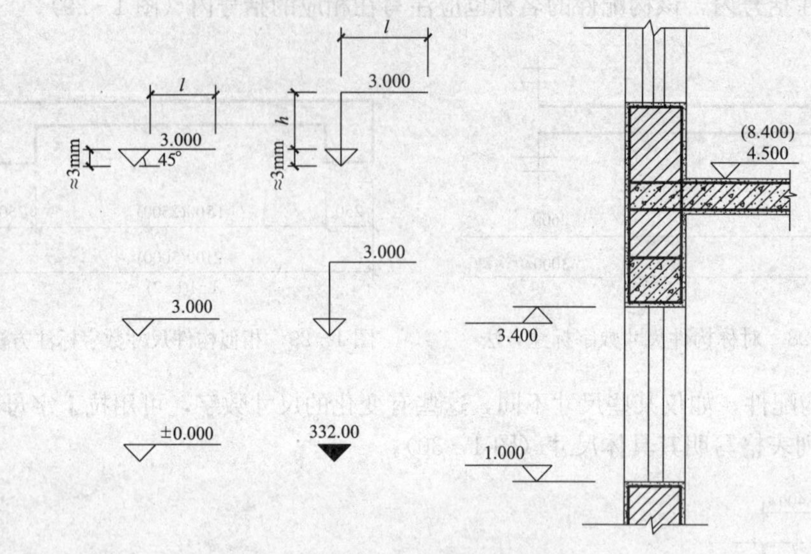

图 1-31 标高符号及其标注

1.3 建筑制图的一般步骤

制图工作应当有步骤地循序进行。为了提高绘图效率，保证图纸质量，必须掌握正确的绘图程序和方法，并养成认真负责、仔细、耐心的良好习惯。本节将介绍建筑制图的一般步骤。

1.3.1 制图前的准备工作

(1) 安放绘图桌或绘图板时，应使光线从图板的左前方射入；不宜对窗安置绘图桌，以免纸面反光而影响视力。将需用的工具放在方便之处，以免妨碍制图工作。

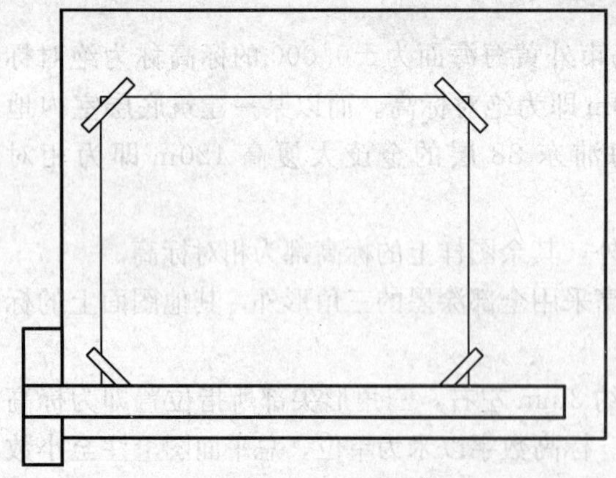

图 1-32 贴图纸

(2) 擦干净全部绘图工具和仪器，削磨好铅笔及圆规上的铅芯。

(3) 固定图纸：将图纸的正面（有网状纹路的是反面）向上贴于图板上，并用丁字尺略对齐，使图纸平整和绷紧。当图纸较小时，应将图纸布置在图板的左下方，但要使图纸的底边与图板下边的距离略大于丁字尺的宽度（图 1-32）。

(4) 为保持图面整洁，画图前应洗手。

1.3.2 绘铅笔底稿图

铅笔细线底稿是一张图的基础，要认真、细心、准确地绘制。绘制时应注意以下几点：

(1) 铅笔底稿图宜用削磨尖的 H 或 HB 铅笔绘制，底稿线要细而淡，绘图者自己能看得出便可，故要经常磨尖铅芯。

(2) 画图框、图标：首先画出水平和垂直基准线，在水平和垂直基准线上分别量取图框和图标的宽度和长度，再用丁字尺画图框、图标的水平线，然后用三角板配合丁字尺画图框、图标的垂直线。

(3) 布图：预先估计各图形的大小及预留尺寸线的位置，将图形均匀、整齐地安排在图纸上，避免某部分太紧凑或某部分过于宽松。

(4) 画图形：一般先画轴线或中心线，其次画图形的主要轮廓线，然后画细部；图形完成后，再画尺寸线、尺寸界线等。材料符号在底稿中只需画出一部分或不画，待加深或上墨线时再全部画出。对于需上墨的底稿，在线条的交接处可画出头一些，以便清楚地辨别上墨的起止位置。

1.3.3 铅笔加深的方法和步骤

在加深前，要认真校对底稿，修正错误和填补遗漏；底稿经查对无误后，擦去多余的线条和污垢。一般用2B铅笔加深粗线，用B铅笔加深中粗线，用HB铅笔加深细线、写字和画箭头。加深圆时，圆规的铅芯应比画直线的铅芯软一级。用铅笔加深图线用力要均匀，边画边转动铅笔，使粗线均匀地分布在底稿线的两侧，如图1-33所示。加深时还应做到线型正确、粗细分明，图线与图线的连接要光滑、准确，图面要整洁。

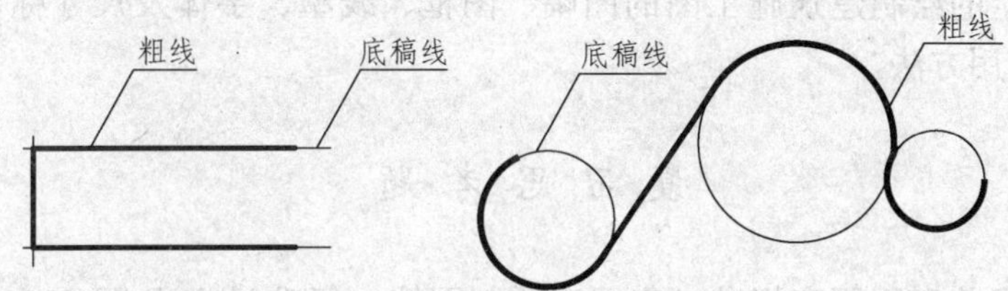

图1-33 加深的粗线与底稿线的关系

加深图线的一般步骤如下：

(1) 加深所有的点画线。

(2) 加深所有粗实线的曲线、圆及圆弧。

(3) 用丁字尺从图的上方开始，依次向下加深所有水平方向的粗实直线。

(4) 用三角板配合丁字尺从图的左方开始，依次向右加深所有的铅垂方向的粗实直线。

(5) 从图的左上方开始，依次加深所有倾斜的粗实线。

(6) 按照加深粗实线同样的步骤加深所有的虚线曲线、圆和圆弧，然后加深水平的、铅垂的和倾斜的虚线。

(7) 按照加深粗线的同样步骤加深所有的中实线。

(8) 加深所有的细实线、折断线、波浪线等。

(9) 画尺寸起止符号或箭头。

(10) 加深图框、图标。

(11) 注写尺寸数字、文字说明，并填写标题栏。

1.3.4 上墨线的方法和步骤

画墨线时，首先应根据线型的宽度调节直线笔的螺母（或选择好针管笔的号数），并在与图纸相同的纸片上试画，待满意后再在图纸上描线。如果改变线型宽度重新调整螺母，都必须经过试画，才能在图纸上描线。

上墨时相同形式的图线宜一次画完。这样，可以避免由于经常调整螺母而使相同形式的图线粗细不一致。

如果需要修改墨线时，可待墨线干透后，在图纸下垫一块三角板，用锋利的薄型刀片轻轻修刮，再用橡皮擦净余下的污垢，待错误线或墨污全部去净后，以指甲或者钢笔头磨实，然后再画正确的图线。但需注意，在用橡皮时要配合擦线板，并且宜向一个方向擦，以免撕破图纸。

上墨线的步骤与铅笔加深基本相同，但还需注意以下几点：

(1) 一条墨线画完后，应将笔立即提起，同时用左手将尺子移开。

(2) 画不同方向的线条必须等到干了再画。

(3) 加墨水要在图板外进行。

最后需要指出，每次制图时间，最好连续进行三四小时，这样效率最高。

小　结

学习本章的目的在于了解中华人民共和国国家标准《房屋建筑制图统一标准》(GB/T 50001—2001) 规定的绘制建筑施工图的图幅、图框、线型、字体及尺寸标注的基本要求，掌握制图工具的使用方法。

复 习 思 考 题

1.1 中华人民共和国国家标准《房屋建筑制图统一标准》(GB/T 50001—2001) 规定的绘制建筑施工图的图幅有几种？

1.2 A2 图幅的长边和短边分别为多少？

1.3 虚线的线段长是多少？两虚线线段之间的空隙留多少？

1.4 单点长画线的线段长是多少？两单点长画线线段之间的空隙和点共计留多少？

1.5 尺寸由哪几部分组成？

1.6 什么是绝对标高？什么是相对标高？

第2章 组 合 体

本 章 要 点

本章主要包括组合体的基本表达方法、组合体的尺寸标注及组合体视图的阅读。其中所涉及的形体分析法与线面分析法是本章的难点，也是学习工程制图的主要难点之一，学习中应加以充分重视。

2.1 组合体视图画法

组合体是由基本几何形体（包括基本平面立体，如棱柱、棱锥，以及基本曲面立体，如圆柱、圆锥、圆环、球体等）经组合而成的立体。

2.1.1 组合体的组合方式

1. 叠加

组合体由基本形体简单叠加而成，如图 2-1（a）所示。

2. 切割

组合体由基本形体经切割而成，如图 2-1（b）所示。

3. 综合

综合利用叠加与切割的方式可以组合成千变万化的组合体，如图 2-1（c）所示。

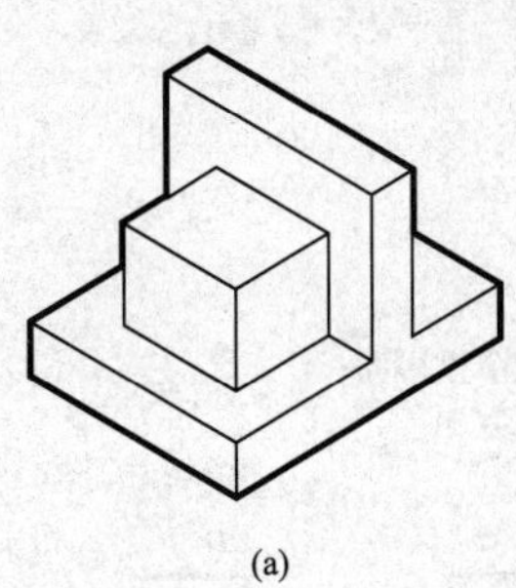
(a)

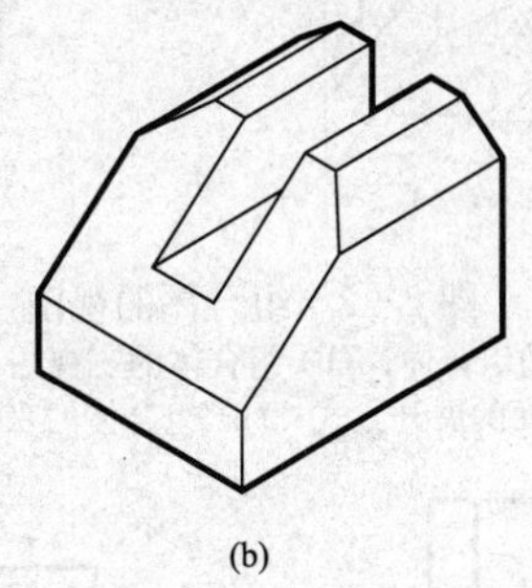
(b)

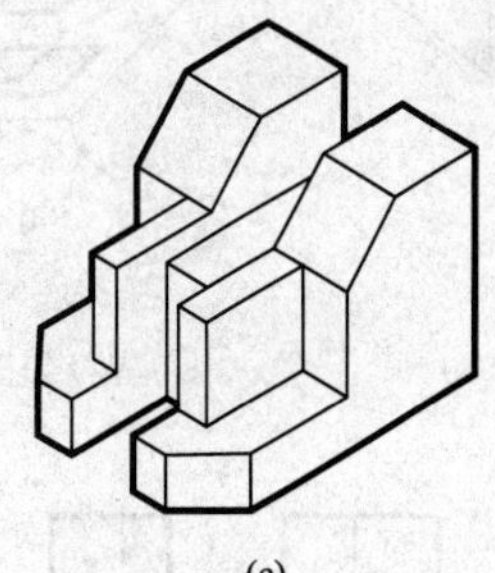
(c)

图 2-1 组合体的组合方式

2.1.2 组合体的视图

1. 基本视图

组合体的投影同基本形体以及几何点、线、面的投影一样，都是将对象置于三投影面体系中进行正投影。所不同的是，以前把点、线、面、体正投影所得到的图形称为投影，而现在把组合体投影以后的图形称为"视图"。把组合体的 V 面投影称为"主视图"（A）；H 面投影称为"俯视图"（B）；W 面投影则称为"左侧视图"（简称左视图）（C）。这三个视图，就是工程界使用最多的"三视图"。

在三投影面体系的基础上，再加上三个分别平行于原有三投影面的投影面即可。这样，视图的数量就由原有的三个增加为六个，增加的分别是：右侧视图（简称右视图）D、仰视图 E 及后视图 F，如图 2-2 所示。显然，由图 2-2（e）所示的方式布置图形图面不够紧凑，为合理布图，可以在保持原三视图位置不变的前提下，重新安排新增三个视图的位置［图 2-3（a）］。

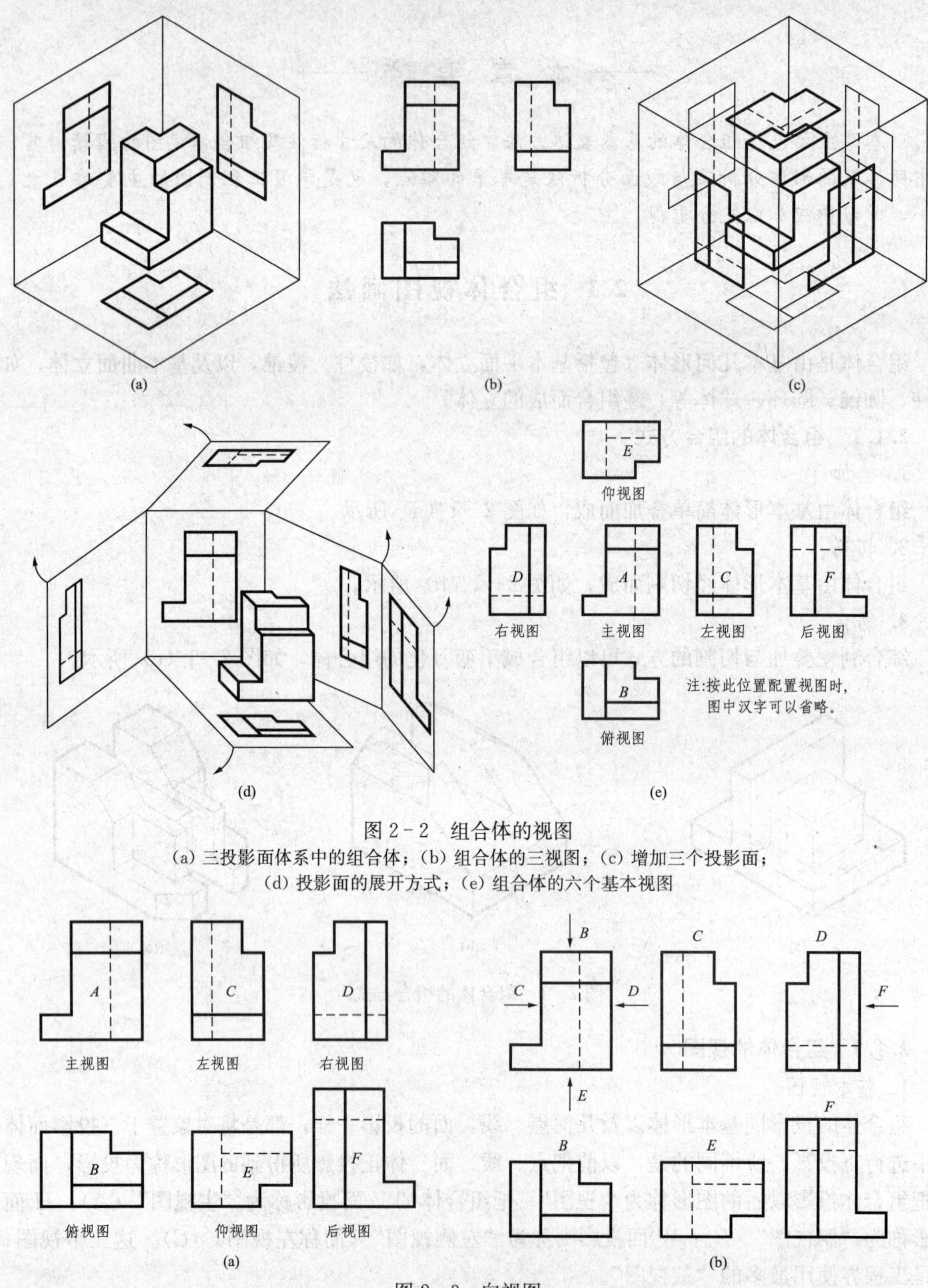

图 2-2 组合体的视图

(a) 三投影面体系中的组合体；(b) 组合体的三视图；(c) 增加三个投影面；(d) 投影面的展开方式；(e) 组合体的六个基本视图

图 2-3 向视图

(a) 基本视图合理布置方式之一；(b) 基本视图合理布置方式之二

2. 向视图

向视图是可以自由配置的视图。制图规范中规定，根据不同专业的需要，只允许从以下两种表达方式中选择一种：

(1) 在向视图的下方标注图名，标注图名的各视图的位置，可根据需要和可能，按相应规则布置。这种方式多用于建筑类的专业图中，如图 2-3 (a) 所示。

(2) 在向视图的上方标注大写拉丁字母，在相应的视图附近用箭头指明投射方向并标注相同的拉丁字母，如图 2-3 (b) 所示。这种表示方法，多见于机械等工程图中。

3. 局部视图

局部视图是将物体的局部向基本投影面投射所得的视图。局部视图既可按基本视图的形式配置，如图 2-4 (a) 所示，也可按“向视图”的配置形式配置，如图 2-4 (b) 所示。

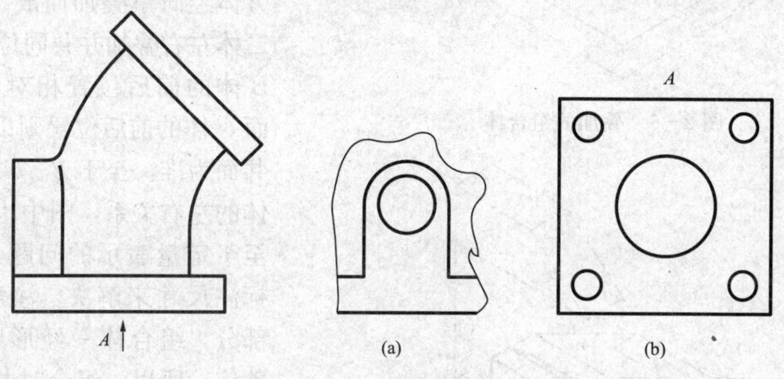

图 2-4 局部视图

4. 斜视图

斜视图是将组合体上局部不平行于基本投影面的部分，向该局部所平行的辅助投影面上投射所形成的投影。这个投影绕辅助投影面与原视图基本投影面的交线旋转展开后即形成斜视图 [成图原理同换面，如图 2-5 (a) 所示]。必要时允许将倾斜的斜视图旋转到正常状态 [图 2-5 (b)]，但应标注旋转符号。旋转符号的画法见图 2-5 (c)，表示该视图名称的大写拉丁字母应靠近旋转符号的箭头端，需要时，还可以把旋转的角度标注在字母之后。

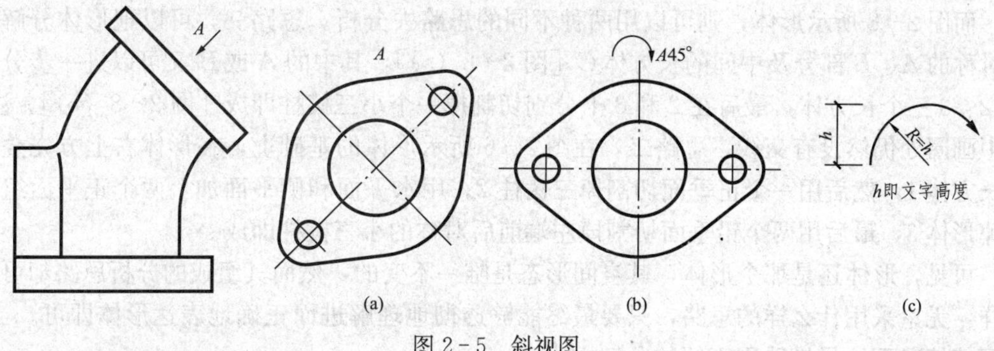

图 2-5 斜视图

2.1.3 组合体视图的画法

按照制图规范要求，在能够完整、清晰地表达组合体形状的前提下，各种图形的数量越少越好。组合体视图的画法步骤如下。

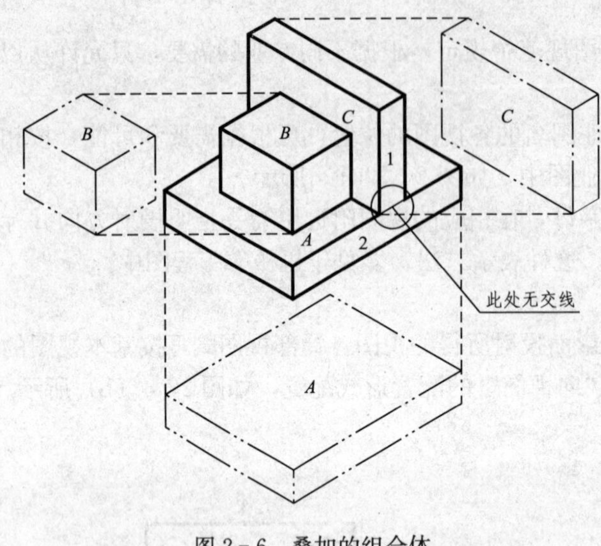

图 2-6　叠加的组合体

1. 形体分析

对一个组合体进行形体分析，主要从以下三方面着眼。首先，分析形体是由什么基本形体组成的；其次，看看具体的组成方式，也就是前面所说的叠加、切割或综合，究竟采用的是哪种方法；最后，分析各组成部分之间的相对位置关系及表面的交接关系。以图 2-6 为例，该组合体显然是由 A、B、C 三个长方体经简单叠加而成，其中，B、C 二体左右叠加并共同位于 A 体之上，B 体的前后位置相对于 A 体居中，而 C 体的前后位置则以 1、2 两表面共面为准。至于 B、C 二体相对于 A 体的左右关系，图中也已定性表示，至于定量表示的问题，则可以通过标注尺寸来解决。注意图中画圈的部分，组合体一经形成，便是一个整体，所以，组合时共面的 1、2 两表面，现在就融合成同一个表面，其间当然就没有交线了。

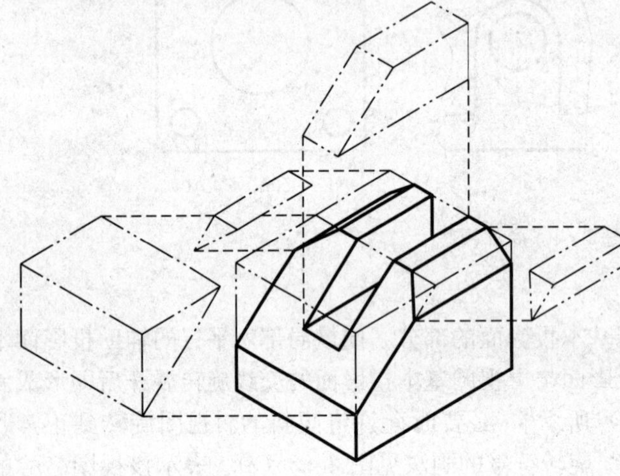

图 2-7　切割而成的组合体

再看图 2-7 所示形体，它是在一个完整的长方体的基础上，分别切割掉左上方的三棱柱、前上及后上方的两个小三棱柱、中间的梯形棱台而成。

而图 2-8 所示形体，则可以用两种不同的思路去分析。思路一，可以把形体分解成前后对称的 A、B 部分及中间的长方体 C［图 2-8 (a)］，其中的 A 或 B 又可以进一步分解成 1、2、3 三个长方体，最后在 2 和 3 上分别切割掉一个小三棱柱即成［图 2-8 (b)］。注意，图中画圈处仍然没有交线。思路二，在图 2-6 所示形体的基础上，在形体右上方先叠加一个长方体 1，然后用一个正垂面切割掉三棱柱 2；用水平面和侧平面加上两个正平面组合切割掉形体 3，最后用两个铅垂面切割掉左端前后对称的小三棱柱即成。

可见，形体还是那个形体，其空间形态是唯一不变的，然而其组成的分析思路却可以不一样，无论采用什么样的思路，只要最终能够透彻地理解进而正确地表达形体即可。当然，在可能情况下，尽量采用简便的分解方式。

形体分析只是在想象中把组合体分解成基本形体，其目的是为了把已经熟知的基本形体的投影结果利用起来从而形成组合体的投影，而实际上，组合体始终是一个整体。所以，其表面的各种交线，必须利用投影法的基本知识去正确判断（图 2-9）。

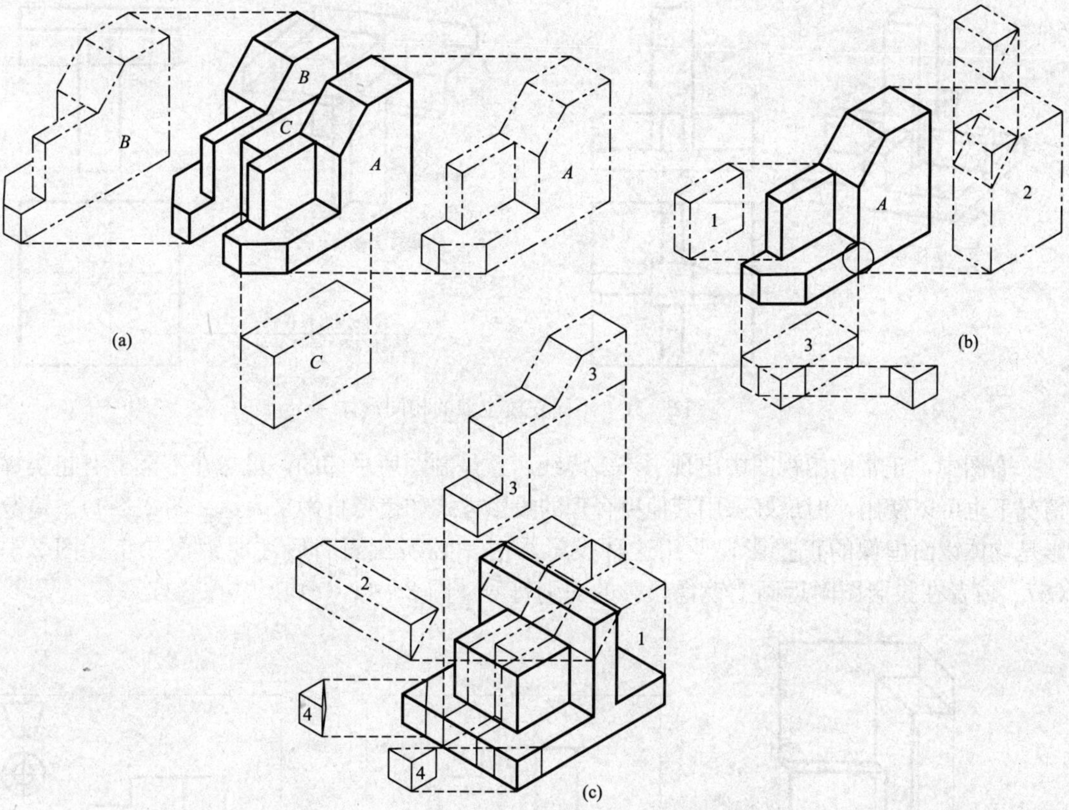

图 2-8 综合而成的组合体

2. 投影选择

按照国家制图规范规定，在考虑投影时，应兼顾以下几方面的问题：

(1) 尽量将包含物体几何信息量最多的视图作为主视图。

(2) 在正确、完整表达形体的前提下，图形数量越少越好。

(3) 尽量避免使用虚线。

(4) 避免不必要的细节重复。

结合规范和实际工作需要，在选择投影时，主要包括选择形体的安放位置，主视图的投射方向以及确定视图的数量等三方面的工作。

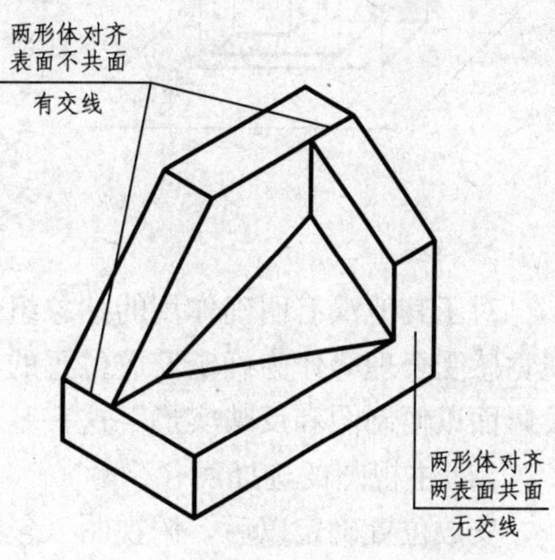

图 2-9 组合体表面的交线

(1) 确定安放位置。

所谓确定安放位置，主要指如何确定组合体的上下关系，或者说，组合体三个坐标表面中的哪一个放置成水平面更合理。一般思路是，对于有明确功能作用的工程对象，往往取它们的工作位置或加工位置或安装位置（图 2-10 所示，相同形体的不同安放位置，暗示着形体的用途不同）。

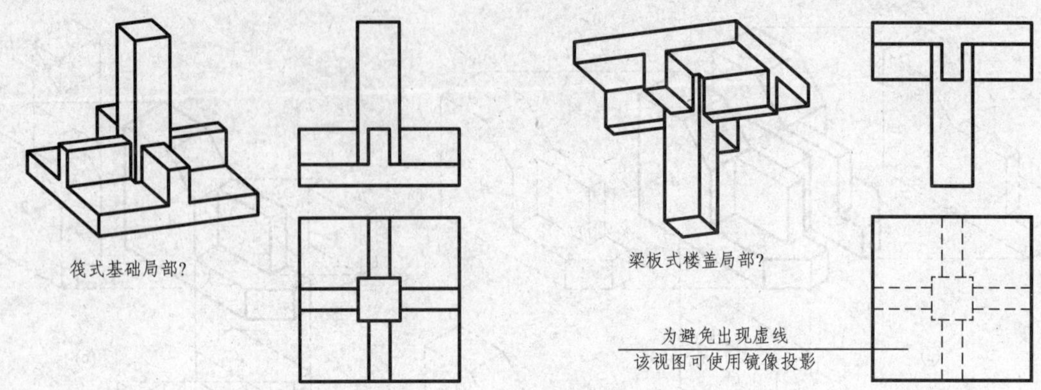

图 2-10 不同安放位置的相同形体

右图中，正常的俯视图中出现了许多虚线，这是制图所忌讳的，虽然在不至于引起误解的情况下也可以使用，但最好采用其他更合理的投影方式如镜像投影来表达（图 2-11）。镜像投影是物体镜面虚像的正投影，使用这种投影图时，必须在图名后注明镜像二字［图 2-11（b）］或者在投影图附近画上镜像投影的识别符号［图 2-11（c）］。

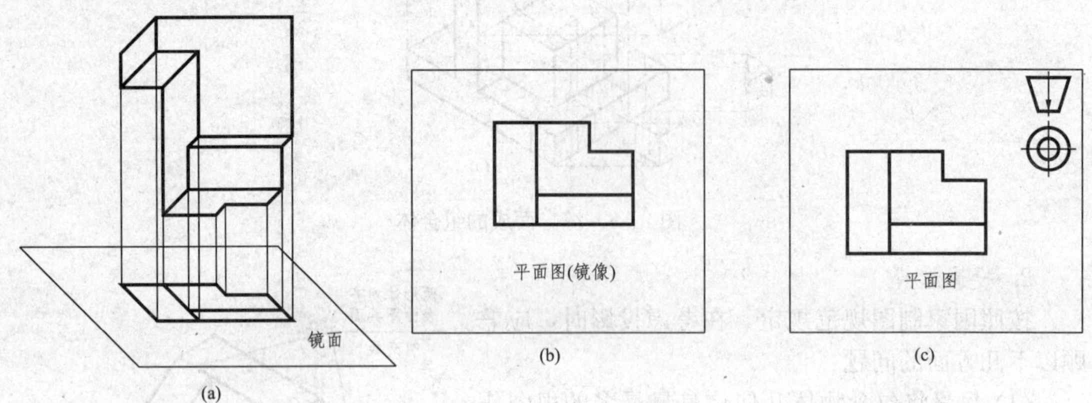

图 2-11 镜像投影

对于其他没有明确作用的抽象组合体，则可以考虑以安放稳定、图面紧凑、避免虚线、视觉感受合理等作为确定安放位置的考虑因素。此外，“组合体的各主要表面应尽量平行于投影面以便制图和反映实形”这一基本要求切不可忘。

（2）主视图的选择。

安放位置确定以后，俯视图（包括仰视图）也就基本确定了，如图 2-12 所示。一旦安放位置和主视图确定，也就等于物体的三个坐标面与三投影面体系中三个投影面的对应关系已经确定，其他所有视图自然相应确定，它们与主视图的对应投影关系是不会也不能改变的。在图 2-12（a）中，物体的安放位置已经确定，因此图中的上（E）下（F）两个投射方向，只能分别用作俯视图和仰视图的投射方向［图 2-12（b）］，其余四个投射方向投射所得视图，理论上都可以作为主视图，与每一个“主视图”对应的三视图如图 2-13 所示。比较之下不难发现，只有 C 投射方向的视图作为主视图才是最合理的（主视图信息量大、虚线最少、占用图纸少）。

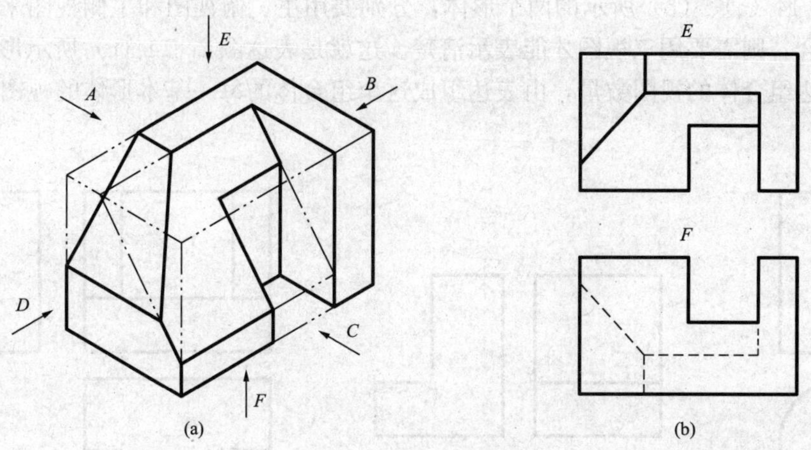

图 2-12 主视图的选择

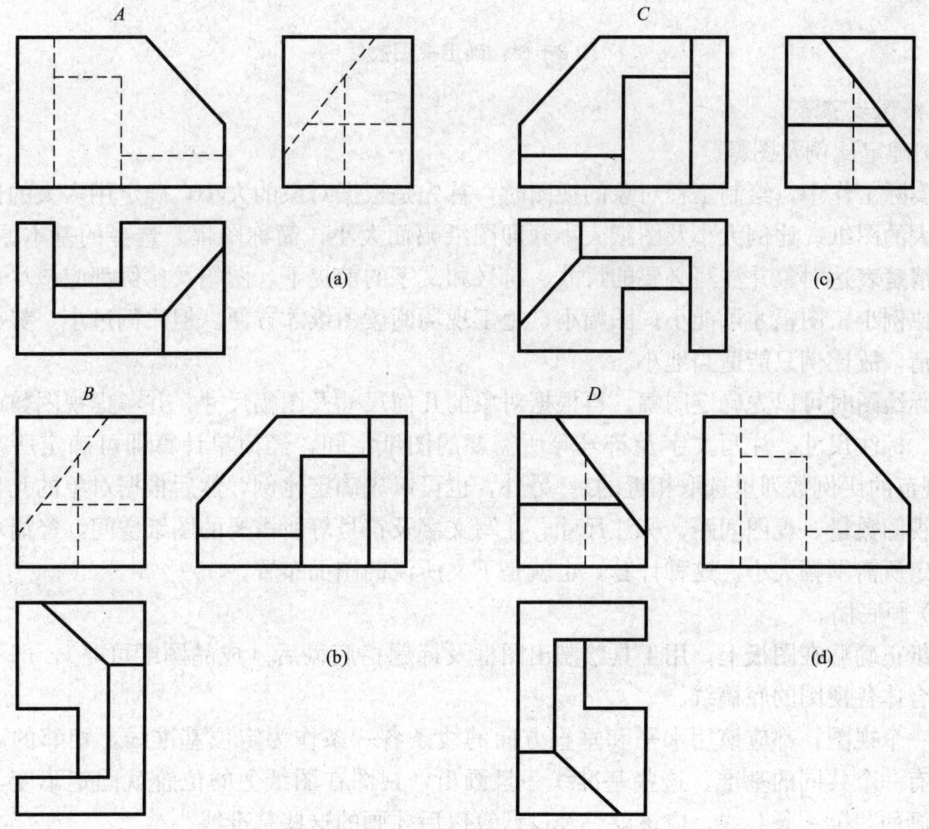

图 2-13 主视图的比较

(3) 确定视图数量。

一个形体的任意两个视图，通常可以表达清楚形体的形状。但对于某些特殊形体而言，必须要有“特征投影”才能明确所有构成要素的所有空间坐标信息以及形体的形状。因此，这样的视图就是必须的。

在图 2-14 (a)、(b) 所示的两个形体，分别要用主、俯视图和主侧视图来表示，而如果将二者组合，则需要用三视图才能表示清楚。这就是表达图 2-14 (c) 所示形体的最少视图数量。表达组合体的视图数量，由表达组成这个组合体的每一基本形体的视图数量的并集来确定。

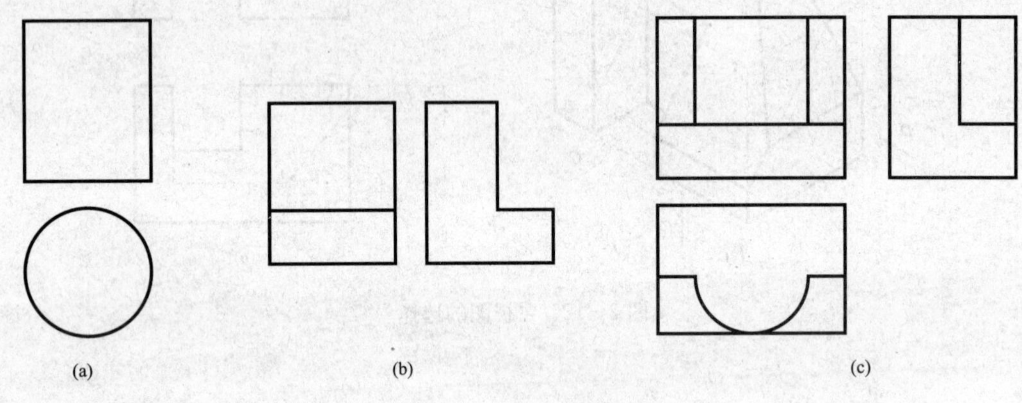

图 2-14 确定视图数量

3. 绘图步骤

(1) 确定比例及图幅。

在实际工作中，绘制工程对象的视图时，首先是根据对象的大小，确定用多大的比例和使用多大的图纸。比例大小及图纸大小（即图纸幅面大小，简称图幅）选择的基本原则是，在能够清楚表达对象并注写必要的尺寸、符号和文字的前提下，图幅及比例都应该尽量取偏小的。比例小，图幅才可能小；图幅小，施工现场阅读图纸才方便。但比例过小，势必导致表达不清，故比例只能适当地小。

实际绘图时可以先确定图幅，再根据对象的几何尺寸及图幅尺寸，并考虑视图数量、视图间距、标注尺寸、注写文字及符号等所需要的图纸空间，经简单计算即可确定所需比例(应在规范的比例数列里选取相近的)。另外，也可以先确定比例，然后根据对象的几何尺寸并考虑视图数量、视图间距、标注尺寸、注写文字及符号等所需要的图纸空间，经简单计算即可确定所需图幅大小。这种计算，也就是下文所说的图面布置。

(2) 画底稿。

图纸正确贴在图板上，用工具绘制出图框及标题栏底稿后（成品图纸可略），即可开始绘制组合体各视图的底稿线。

每一个视图，都应该用水平和垂直方向的线条各一条作为定位基准线，相邻的两个视图，则有一个共同的基准，这些基准线一旦画出，视图在图纸上的位置就固定不变了，所以，要画的“第一条”线，应该就是经过计算以后才画的这些基准线。

基准一经确定，接下去就可以正式画各个视图的底稿了。以图 2-15 为例，它由 A、B、C 三部分组成。在画 A 的视图时，可以同时将它的各视图都画出来，然后再把 B 的各视图也同步画出，最终是 C 的各视图，然后完成全图。

另外，也可以在画某一个视图的同时，把组成这个形体的所有对象都画出来，如图 2-16 所示。

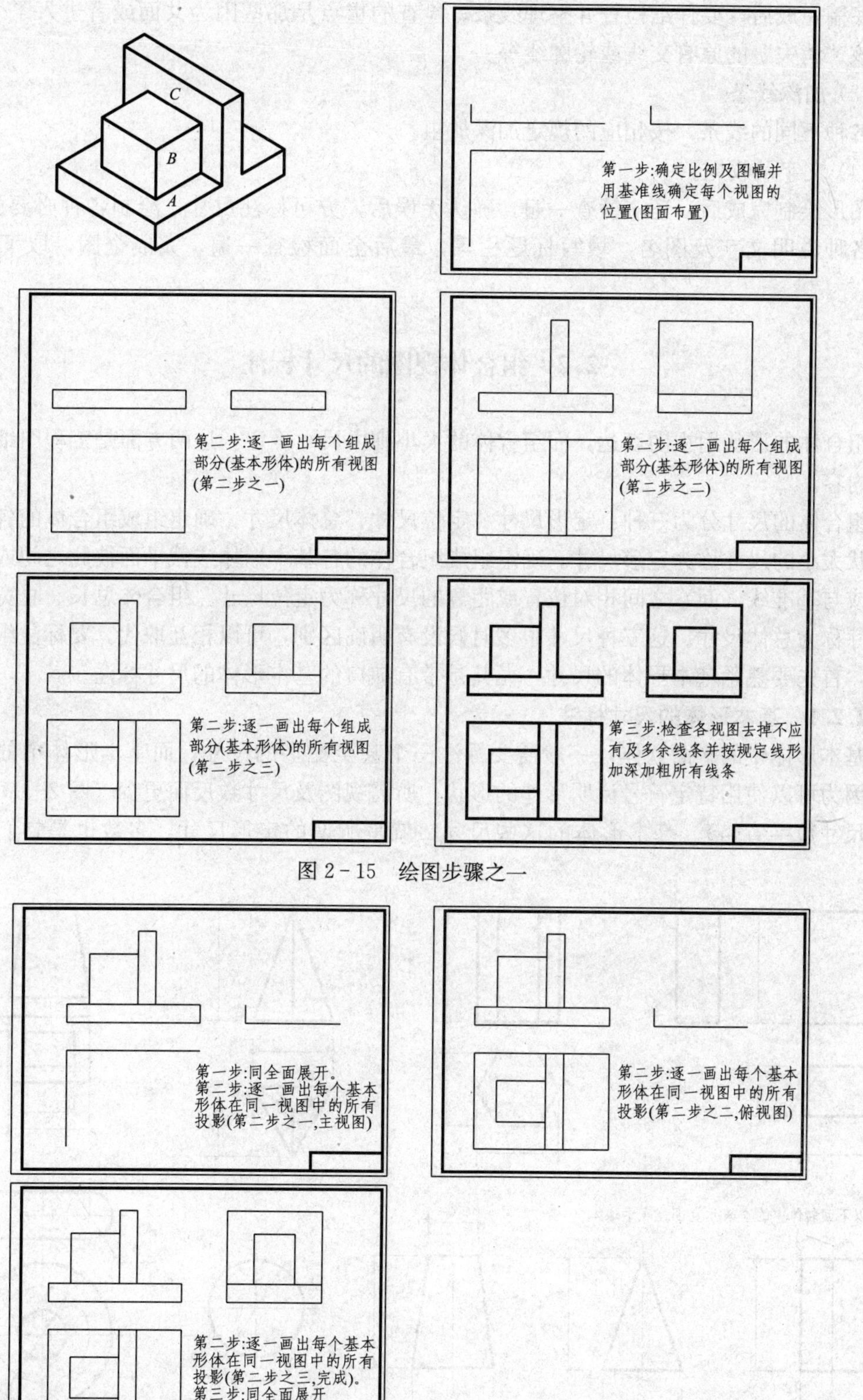
C
B
A
第一步:确定比例及图幅并用基准线确定每个视图的位置(图面布置)
第二步:逐一画出每个组成部分(基本形体)的所有视图(第二步之一)
第二步:逐一画出每个组成部分(基本形体)的所有视图(第二步之二)
第二步:逐一画出每个组成部分(基本形体)的所有视图(第二步之三)
第三步:检查各视图去掉不应有及多余线条并按规定线形加深加粗所有线条
图 2－15　绘图步骤之一
第一步:同全面展开。
第二步:逐一画出每个基本形体在同一视图中的所有投影(第二步之一,主视图)
第二步:逐一画出每个基本形体在同一视图中的所有投影(第二步之二,俯视图)
第二步:逐一画出每个基本形体在同一视图中的所有投影(第二步之三,完成)。
第三步:同全面展开

图 2－16　绘图步骤之二

底稿完成后，要仔细检查并整理线条。检查的重点是那些因为共面或者进入了“体内”而应该“消失”的原有交线或轮廓线等。

(3) 加深线条。

各种不同的线条，按相应的规定加深加粗。

(4) 文字及收尾。

图形绘制完成后，还应检查一遍，确认无误后，方可标注尺寸；绘制各种必要的符号；书写各种说明文字及图名，填写标题栏等，最后全面检查一遍，完成全图，取下或裁下图纸。

2.2 组合体视图的尺寸标注

组合体的形状用视图表达，而组合体的大小则由尺寸确定。这两方面是工程图纸中最基本的内容。

组合体的尺寸分为三种：定形尺寸、定位尺寸、总体尺寸。确定组成组合体的各基本形体形状大小的尺寸称为定形尺寸。确定组成组合体的各基本形体或截平面彼此之间或部分与整体或与基准线（面）之间相对位置或距离的尺寸称为定位尺寸。组合体总长、总宽、总高的尺寸称为总体尺寸。这三种尺寸很多时候没有明确区别，可以相互取代。要标注组合体的尺寸，首先要熟悉基本形体的尺寸，尤其是带有缺口的基本形体的尺寸标注。

2.2.1 基本形体的尺寸标注

基本形体中的平面立体，一般需要标注三个甚至更多的尺寸，而基本形体中的曲面立体，因为可以使用特定符号说明形体的形状，所需视图及尺寸数反而更少（图 2-17 中，具体的尺寸数字省略）。基本形体的这些尺寸，就是所谓的定形尺寸，多数也是它们的总体尺寸。

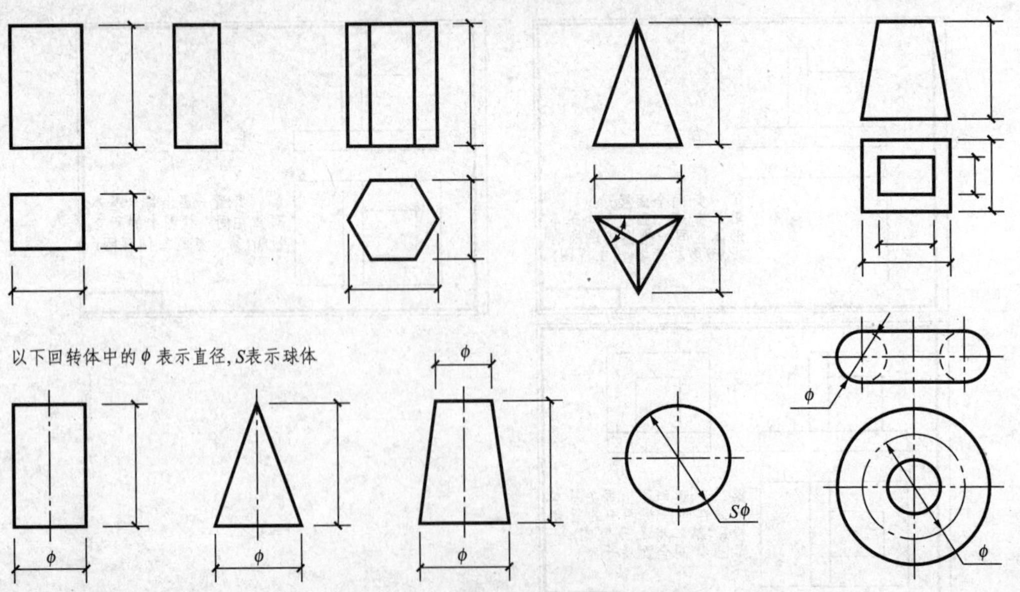

图 2-17 基本形体的尺寸标注

2.2.2 基本形体切割后的尺寸标注

当基本形体带有切口时，除了基本形体自身的定形尺寸外，还应标注出切口的定形及定位尺寸。标注时应注意，这些尺寸多数时候体现为截平面的定位问题，当形体一定时，只要标注出这些截平面的定位尺寸，则无论是截交线的形状还是位置都会自然形成，一般不应该再给这些截交线标注尺寸。（图 2-18 中带 * 号的尺寸，都是不应该标注的尺寸，而该图中哪些属于定形尺寸，哪些又是定位尺寸，读者可根据前面的定义并结合图形自己判断）

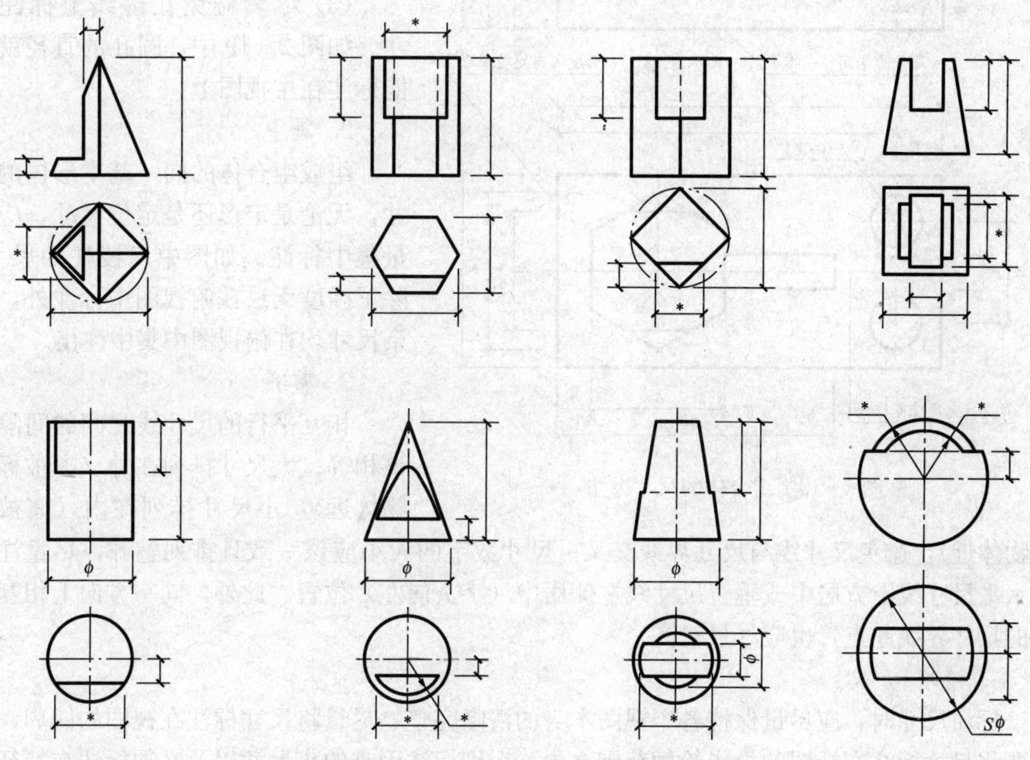

图 2-18 带切口基本形体的尺寸标注

2.2.3 组合体的尺寸标注

熟悉并理解了基本形体及带切口立体的尺寸标注，组合体的尺寸标注就容易理解并掌握了。基本思路是，把组成组合体的每个基本形体的定形尺寸标注完整，再把所有基本形体相互之间的位置关系用定位尺寸标注清楚，最后标注组合体的总体尺寸。而标注的具体步骤，还需要综合考虑各种尺寸的布置要求。图 2-19 中，X 代表定形尺寸；W 代表定位尺寸；Z 代表总体尺寸。

在标注定位尺寸时，首先需要在组合体不同的坐标方向或者长宽高方向分别选定基准，即确定标注组合体不同组成部分之间相对位置尺寸的参照点或起点，一般可选择物体上平行于投影面的主要坐标表面、对称面（线）或者回转体的中心轴线（图 2-18）作为相应方向的定位尺寸基准（图 2-19）。

实际标注尺寸时，还应遵循以下原则：

首要原则是完整，不能有任何遗漏；其次是方便读图，尺寸的布置要尽可能明显、集中、整齐、清晰。

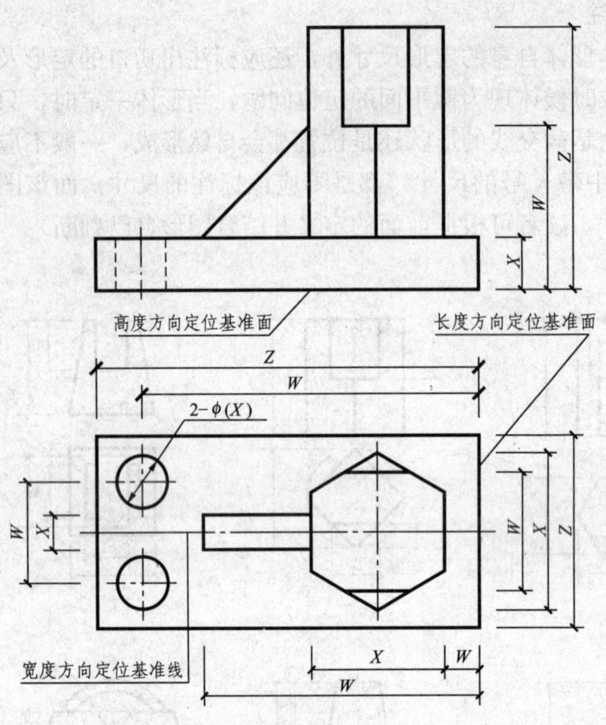

图 2-19 组合体的尺寸标注

1. 明显

(1) 尺寸应尽量标注在特征视图上或者标注在反映形体几何信息量较大的视图上，比如圆的尺寸。

(2) 与某两个视图有关的尺寸，尽量标注在两个视图之间。

(3) 尽量避免在虚线上标注尺寸。如图 2-19 中，圆孔的直径就不能标注在主视图上。

2. 集中

组成组合体的同一基本形体的尺寸，无论是定形还是定位尺寸，应尽量集中标注。如图中六棱柱的尺寸，除了高度无法在俯视图中标注外，其余尺寸均在俯视图中集中注出。

3. 整齐

相互平行的尺寸线之间的间隔应该相等；大尺寸排列在外（离被标注物体远），小尺寸排列在内（离被标注物体近），避免尺寸线与尺寸界线交叉；尺寸数字的大小应该一致且排列整齐，尽量注写在水平尺寸线上方居中或垂直尺寸线左侧居中（字头向左）位置。此外，同一方向上相互平行的尺寸界线起点，也应尽量对齐。

4. 清晰

标注尺寸时，应尽量保持各个视图本身的清晰完整，尽量将尺寸标注在视图的四周，而不要将尺寸标注在视图的投影轮廓范围之内。个别标注困难的小尺寸以及必须标注在特征视图上的尺寸可以例外。

除了以上标注原则外，尺寸标注时还应注意以下几点：

(1) 必须符合国家制图规范中关于尺寸标注的相关规定。

(2) 尺寸标注必须完整但不能多余或重复。

(3) 尺寸的数字必须是真实的，与画图时所采用的比例大小无关。

2.3 组合体视图的阅读

所谓读图（也称看图、识图），就是通过阅读已有组合体的二维视图，将该组合体真实的三维空间形状想象出来。

2.3.1 读图的预备知识

(1) 正投影的基本规律：构成组合体的任一元素乃至整体的三等规律：即“长对正，高平齐，宽相等”并熟练运用。

(2) 熟悉各种基本几何形体的投影特点及投影规律。

(3) 熟悉各种位置直线、平面、曲线、曲面的投影特点。

(4) 联系各视图读图。

除了特定情况（如文字或符号注明）之外，任何情况下，孤立地看一个视图是没有意义的。必须将同一个组合体的所有视图联系起来，才有可能得出正确的结论。由图 2-20 (a) 和图 2-20 (b) 可以看出，不仅一个视图不能说明问题，即便是两个视图，有时仍然没有唯一的结论。

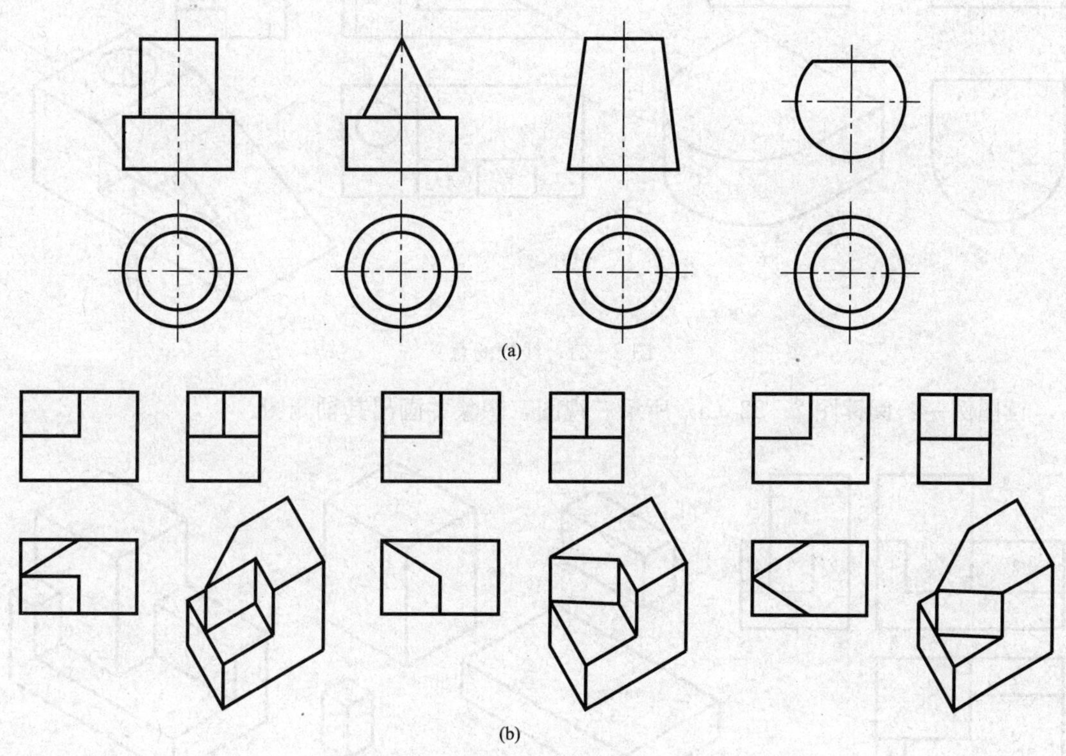

图 2-20 视图

(a) 完全相同的俯视图；(b) 完全相同的主、左视图

2.3.2 读图的基本方法

1. 形体分析法

形体分析的概念前已述及，主要包括三方面内容：由谁组成，怎样组成，相对位置如何。所有这些，都要通过具体的视图内容来体现。直观地说，任何一个视图，其内容都表现为具体的线条以及由线条围合而成的一个个线框，读图时，就以这些线条或线框为依据，以投影规律为准绳，结合基本形体的投影特点，逐一判读这些线条和线框。然后，如同搭积木那样，将这些零星的印象整合起来，形成对组合体的最终印象。

视图中的那些线条或线框，共有三种可能。就线条而言，要么是物体表面的积聚性投影；要么是两个表面的交线；否则就一定是回转体的转向轮廓线了。另外，视图中如果没有曲线，则不考虑曲面立体的存在；视图中若有曲线，则一定有曲面立体存在。就线框而言，或者是平面的投影 [图 2-21 (1) A]；或者是曲面的投影 [图 2-21 (1) B]；否则就一定是平曲相切表面的投影了 [图 2-21 (1) $F+C$]。此外，线框的投影还有一些特殊情况需要注意，如平行两表面完全重影［图 2－21（1）a，（1）e］；不平行两表面完全重影［图 2－21（2）B 与 F 的侧面投影（假设没有左前方的切口）］；两表面部分重影［图 2－21（2）G 与 J 的水平投影］；通孔或盲孔洞的投影［图 2－21（2）K］等。最后，相邻两线框之间的线条也要加以注意，因为这种线条的具体状态，决定了相邻两线框的相互关系。

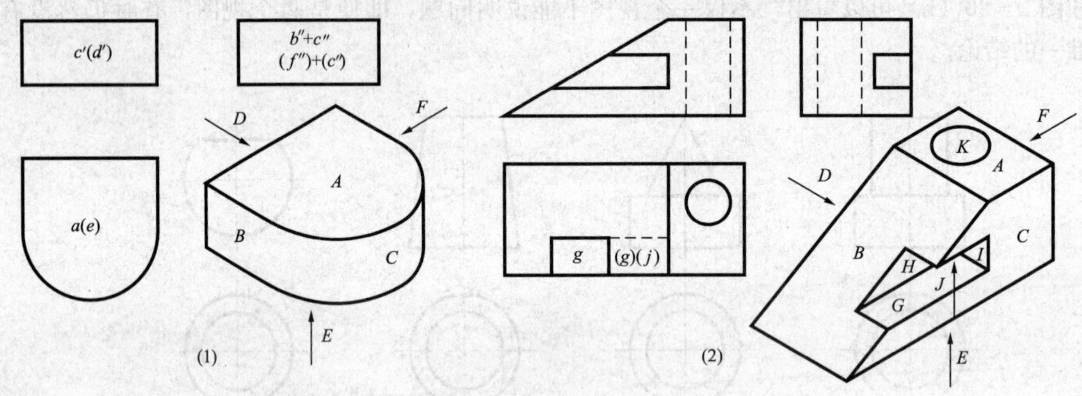

图 2－21 线框的意义

读图例一：阅读图 2－22（a）所示三视图，想象并画出其轴测图。

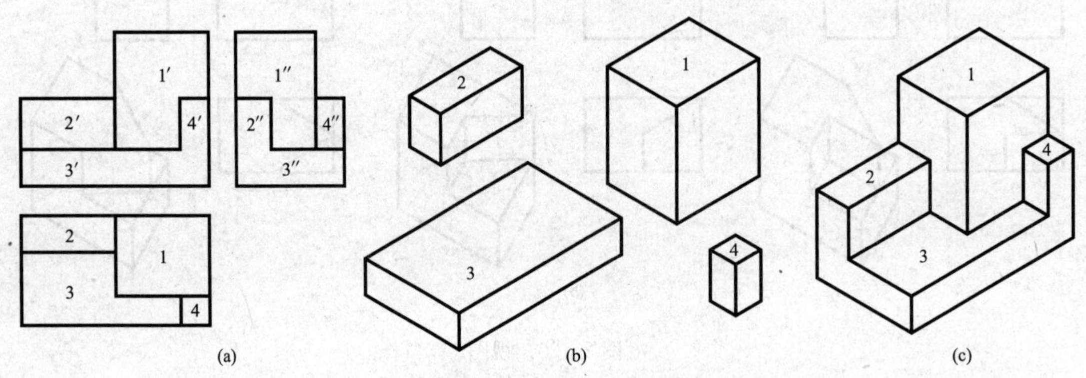

图 2－22 形体分析读图

（a）原图；（b）分解；（c）结论

如图 2－22 所示，首先大致了解一下基本情况，比如是否有曲面，是否有对称的情况，组合体的组合方式。可以认为这个组合体是通过切割的方式形成的，而通过叠加的方式，则很容易就可得出正确结论。读图时，先分出一个个封闭的线框（如俯视图所注）；然后根据每一个线框向其他视图投影的结果，判断这些线框的含义。如线框 1，根据三等规律，不难发现该线框的三面投影均为矩形（或接近矩形），搜索储存于大脑中关于基本形体的所有信息，可以做出这只能是一个长方体的正确结论。如此这般逐一对余下线框如法炮制，会发现原来这个组合体不过就是由四个大小不等的长方体组成［图 2－22（b）］。接下去，判定各基本形体的相对位置，依据同样是这个三视图。由俯视图及主视图可以看出，形体 1 在形体 3 的右后上方，其背面与右侧分别与 3 的背面与右侧对齐。最后，必须把想象出的这个组合体向原三视图的相应方向投射，所得的每一个视图都必须与原图完全一致。

2. 线面分析法

线面分析法既可以作为一种独立的读图方法，也可以作为一种辅助手段用在形体分析读图的过程中（当遇到一些特殊的斜线和曲线时）。如图 2-23（a）所示，倾斜的线条暗示，这个形体是通过切割长方体形成的；没有曲线，所以这只是一个平面立体，非对称。接下去，将注意力放在“线框”上，从相对较复杂的线框 1 开始，按投影规律，高平齐到侧视图中很容易就找到了它的类似形，而长对正到俯视图中，没有类似形。这说明该线框必然是一个铅垂面［在平面立体的任一视图中，任一线框的其他投影若无类似性则必有积聚性，如图 2-23（b）所示］。再看线框 2，长对正到俯视图中很容易就找到其类似形，高平齐到侧视图中，积聚为一条直线，所以，该线框是一个侧垂面［图 2-23（c）］。其余线框，都是投影面的平行面。注意，当把水平面 3、5 以及正平面 4 加上去以后，虽然立体的图形已经完成（其余不可见的线条无需再画），但立体尚未形成，还需要再加上下底面、右侧面和背面才行。

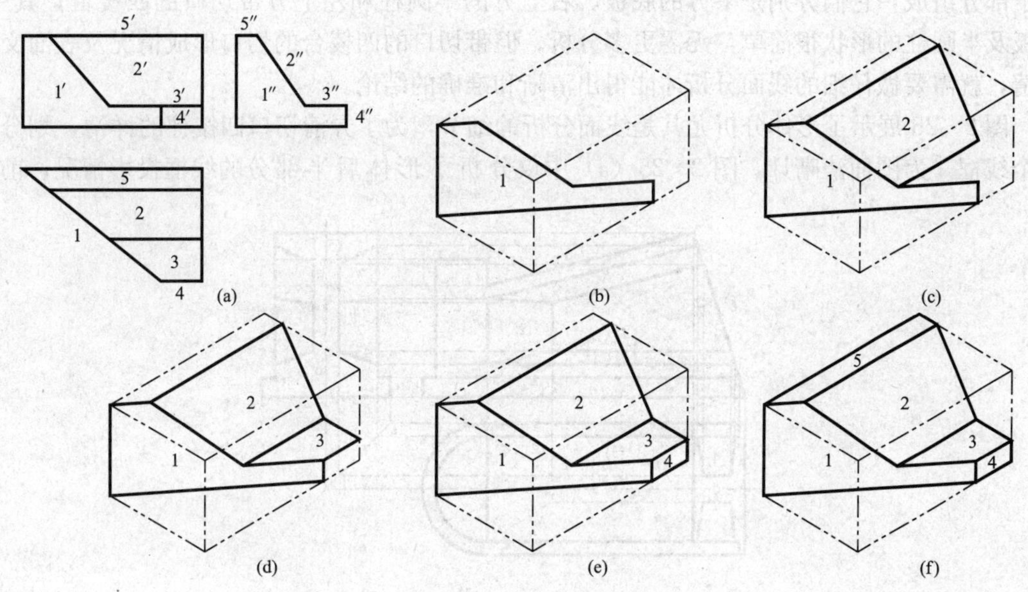

图 2-23 线面分析读图

2.3.3 读图的一般步骤

一般情况下，三视图的每一个视图的外轮廓相对简单或方正，而视图内部或轮廓中有斜线的，往往是采用切割方式形成的组合体；三视图中一个或以上的视图外轮廓线相对复杂，凹凸起伏明显，内部没有或少有斜线的，基本就是叠加形成的。当然，具体问题具体分析。

明确了组合体的组合方式，读图方法或步骤也就明确了，通常用形体分析获得形体的整体概略印象，进而对各组成部分深入分析，个别复杂的局部，也不妨辅以线面分析，最终整合零星形象形成整体形象，对照印证后得出正确的结论。初学者全凭想象无法把握或理清思绪时，不妨将轴测草图作为辅助思考的工具，一边分析、思考，一边画图并修改立体的草图。这有助于完成对组合体立体形象的想象。

综上，读图步骤可总结为：

(1) 浏览三视图，获取基本印象。

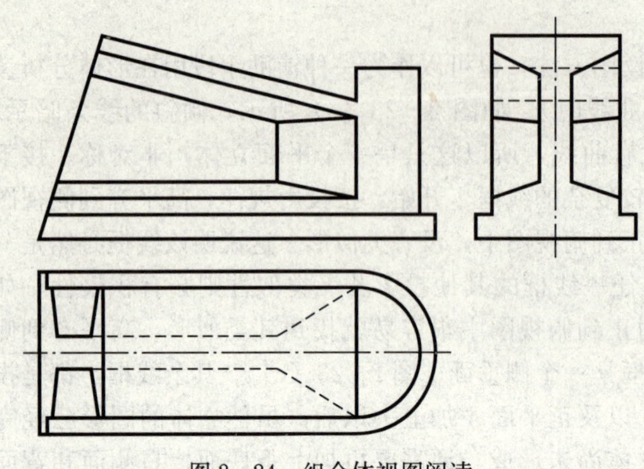

图 2-24 组合体视图阅读

（2）形体分析。

（3）线面分析。

（4）整合形体，获得整体形象。

（5）对照应证。

图 2-24 所示三视图，给人的第一印象是综合式的组合体。

概略地浏览一下三个图形，尤其是通过主视图，基本可以断定这是一个叠加和切割综合形成的组合体，有曲面并且前后对称。

通过形体分析（画线框，对投影，得结论的细节略），立体主要由三个部分组成，它们分别是下方的底板、右上方的半圆柱和左上方带切口的四棱台；其中，底板及半圆柱的形状很简单，无需更多分析。但带切口的四棱台的切口形成情况及表面交线详情，就需要做仔细的线面分析才能得出清晰和准确的结论。

图 2-25 展示了形体分析尤其是线面分析的细节，为了弄清切口四棱柱的详情，划分了六个线框［为图面清晰计，图 2-25（a）中仅分析了形体后半部分的线框投影情况，前半

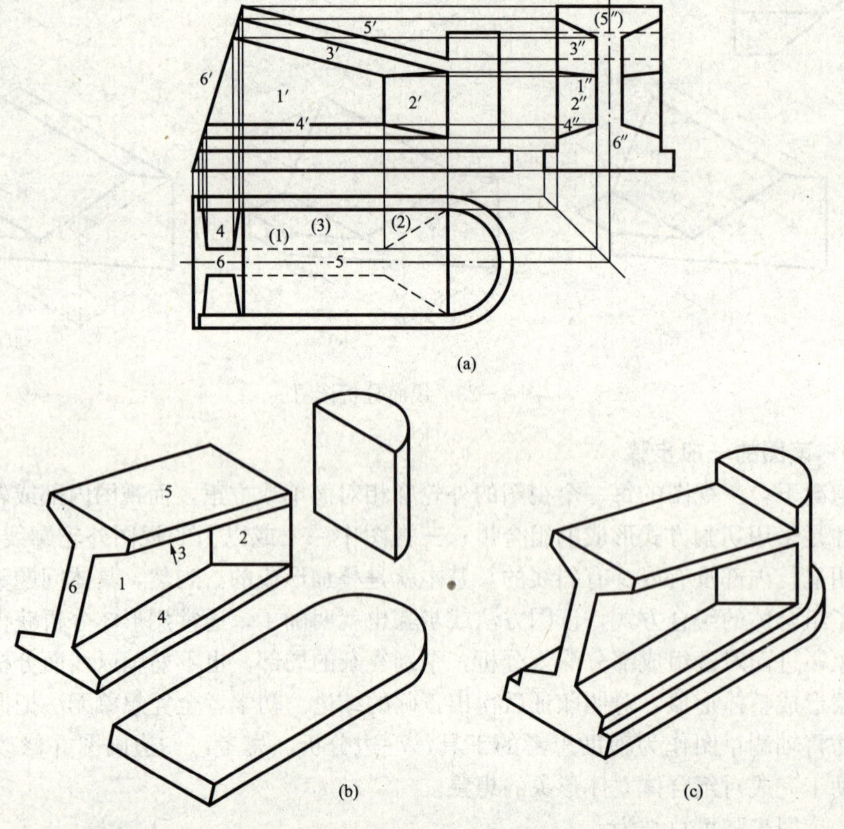

图 2-25 组合体视图的阅读步骤

部分对称即可]。其中，线框1的正面投影为四边形，将其投射到俯视图和侧视图中，一方面找不到与其范围适应的类似形，另外能与其投影对应的，都是投影轴的平行线（虚线或实线），因此线框1是一个正平面；与此相仿，线框2为铅垂面，线框4为侧垂面；线框3的三面投影均为四边形，可见是一般位置平面；线框5及线框6则均为正垂面。还可以进一步分析上述线框与线框之间的交线情况，如图2-23一样，可以一边分析，一边画草图以帮助正确理解形体及其表面与表面上的各种交线。

2.3.4 二补三

许多情况下，只需要形体的两个视图，就可以将形体表达清楚。检验是否读懂了形体视图的最有效方法之一，就是将这个形体所缺的那个视图补画出来。

图2-26给出了某形体的主、左视图，要求补画出俯视图。

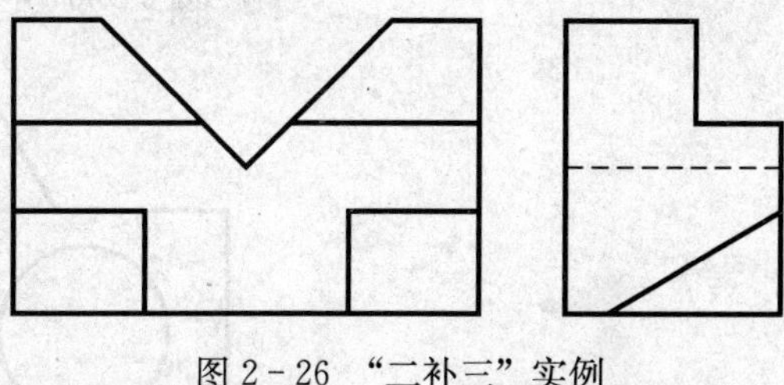

图2-26 “二补三”实例

这是一个通过切割长方体而成的组合体，没有曲面，左右对称。形体形成的过程大致是，第一步，用水平面及正平面切除长方体前上方的小长方体［图2-27（a)］；第二步，用两个左右对称的正垂面切出上方中部的V形缺口［图2-27（b)］；最后，用侧平面与侧垂面的组合，切除左前下方和右前下方两个左右对称的三棱柱［图2-27（c)］，形体形成。

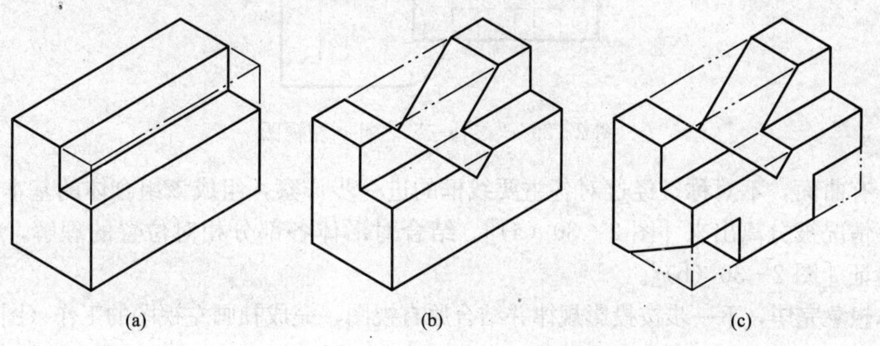

图2-27 “二补三”过程一

对已经想象出来的形体，还应与原图对照印证，确认无误以后方能进行下一步补图工作。

有了对形体形状的充分了解，接下去，就可以按2.1.3节所述的画图方法，结合已有的两个视图，将所缺的第三个视图按投影规律补画出来［图2-28（a)］。图中，线框1为一个侧垂面，其侧面投影积聚为一条斜线，水平投影不可见；线框2为一个侧平面，正面及水平面的投影均积聚，侧面投影反映该三角形平面的实形。

前述例子是已知平面立体的主视图与左视图补画俯视图，其实，三视图中的任何一个视图，都可以作为补画的对象，图2-29所示即为已知主视图和俯视图补画侧视图的例子。

简单地划分线框并核对投影，可以判定这是一个主要经叠加而成的组合体，有一些简单

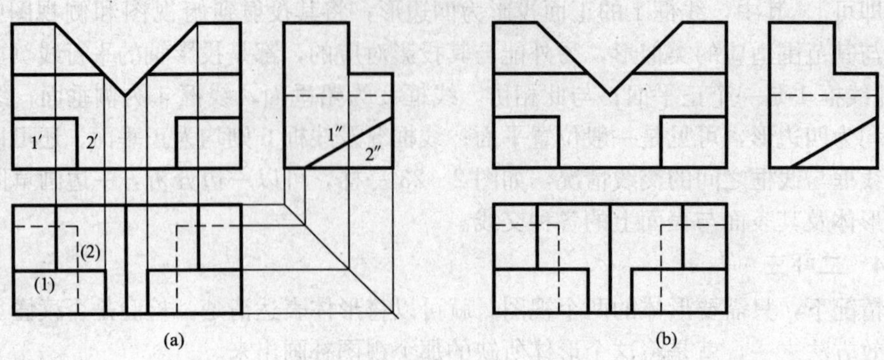

图 2-28 “二补三”过程二

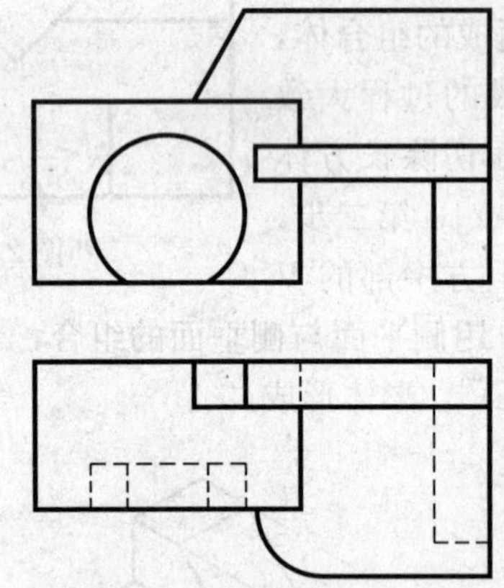
图 2-29 “二补三”之补画左视图

的切割，有曲面，不对称。经过对各主要线框的进一步详察，组成该组合体的基本形体及部分切割等情况被分离出来［图 2-30（a)］。结合对形体各部分相对位置的理解，完成读图结论并验证［图 2-30（b)］。

形体想象完毕，下一步按投影规律并结合原有视图，完成补画左视图的工作（图 2-31)。

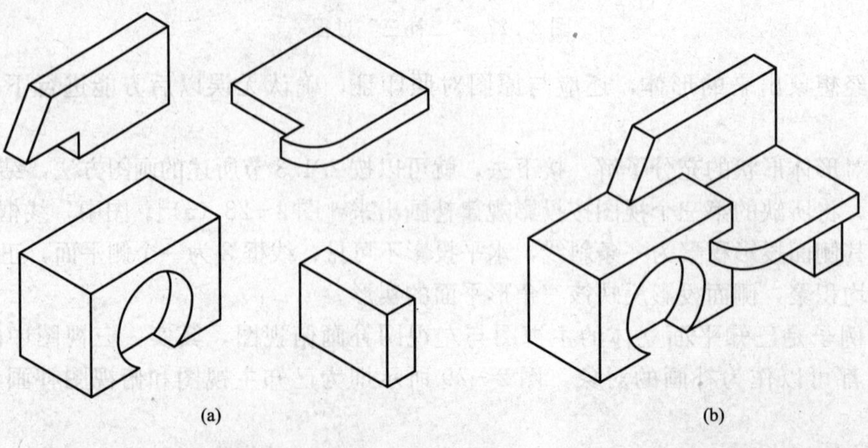

图 2-30 读图

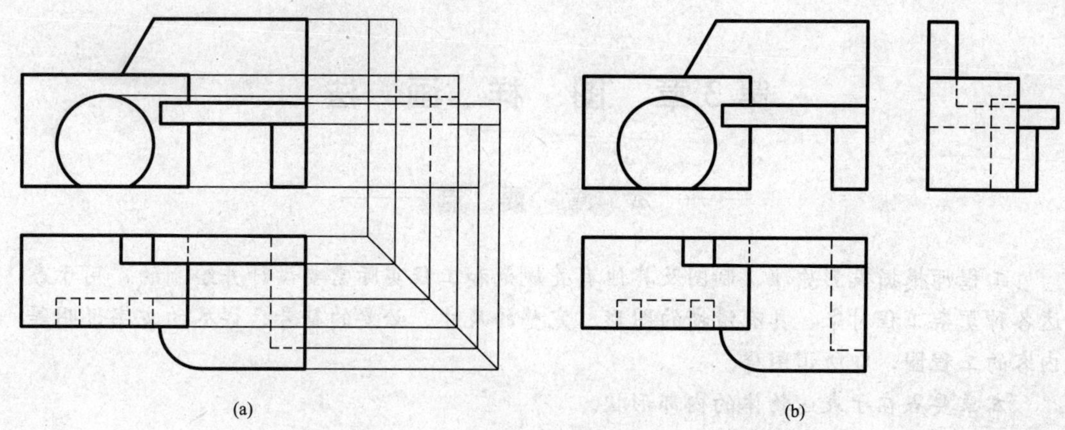

图 2-31 补画左视图

小 结

1. 组合体的组成方式有三种。

2. 组合体的基本视图主要指三视图，其余视图包括镜像投影均可认为是组合体的补充表达方式。

3. 形体分析方法是画图和读图的基础，道理很简单，应用很灵活。

4. 绘制组合体的视图时，确定安放位置与合理选择主视图是关键。

5. 表达组合体所需视图的数量，由表达其各组成部分（基本体）所需视图数量的并集决定。

6. 组合体的尺寸标注取决于对“三维”概念、基本体及缺口基本体尺寸的理解。

复 习 思 考 题

2.1 组合体的组合方式有哪些？

2.2 形体分析与线面分析的区别何在？

2.3 读图最难以理解或解决的问题主要是什么？

2.4 尺寸的基本组成包括哪些内容？每一部分的标注要点是什么？

第3章　图　样　画　法

本　章　要　点

工程师根据投影原理、制图及其他有关规范和工程实际需要设计并绘制的，用于表达各种复杂工程对象，具有清晰的图形、完整的尺寸、必要的符号、详尽的文字说明等内容的工程图，即所谓图样。

本章要点在于表达物体的内部形状。

3.1　剖面图与断面图

学习了组合体的视图，并不是什么样的形体都可以表达清楚了。很多情况下，不仅三视图不能唯一，即使六个基本视图用尽，依然不能唯一确定形体的形状，如图3-1所示。

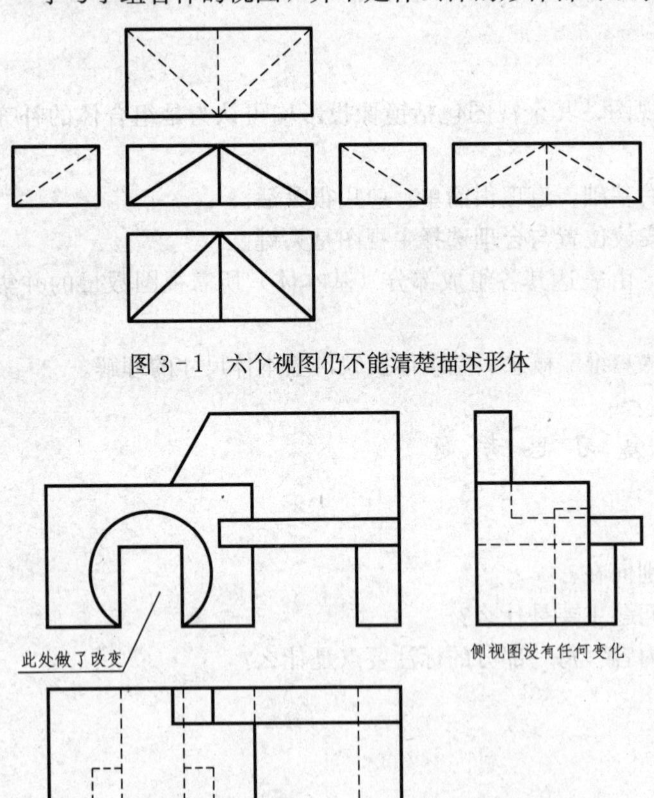

图3-1　六个视图仍不能清楚描述形体

图3-2　侧视图无形体改变痕迹

图3-2是把第2章图2-27的立体图稍加改动后的侧视图，仍然没有变化。其原因是修改部分的侧面投影为不可见的虚线，其位置刚好与原有不可见虚线完全重合，于是，侧视图没有发生变化。这对于清楚的表达形体是很不理想的，并且，真正的工程实体特别是建筑物的内部空间关系往往更加复杂，如果都只能用常规视图来表现，那么，纵横交错、层层叠叠的虚线，只能让人眼花缭乱。所以，要借助剖面图、断面图等新的图样画法来表达形体。

3.1.1　剖面图

1. 定义

假想用剖切平面剖开物体，将处在观察者与剖切面之间的部分移去，然后将其余部分作为新的整体向剖切面所平行的投影面投射所得的图形。剖面图在机械等其他工程领域称为剖视图，简称剖视，如图3-3所示。

定义中的"假想剖切面"多数情况下为投影面平行面，个别情况下可以是投影面垂直面或曲面。

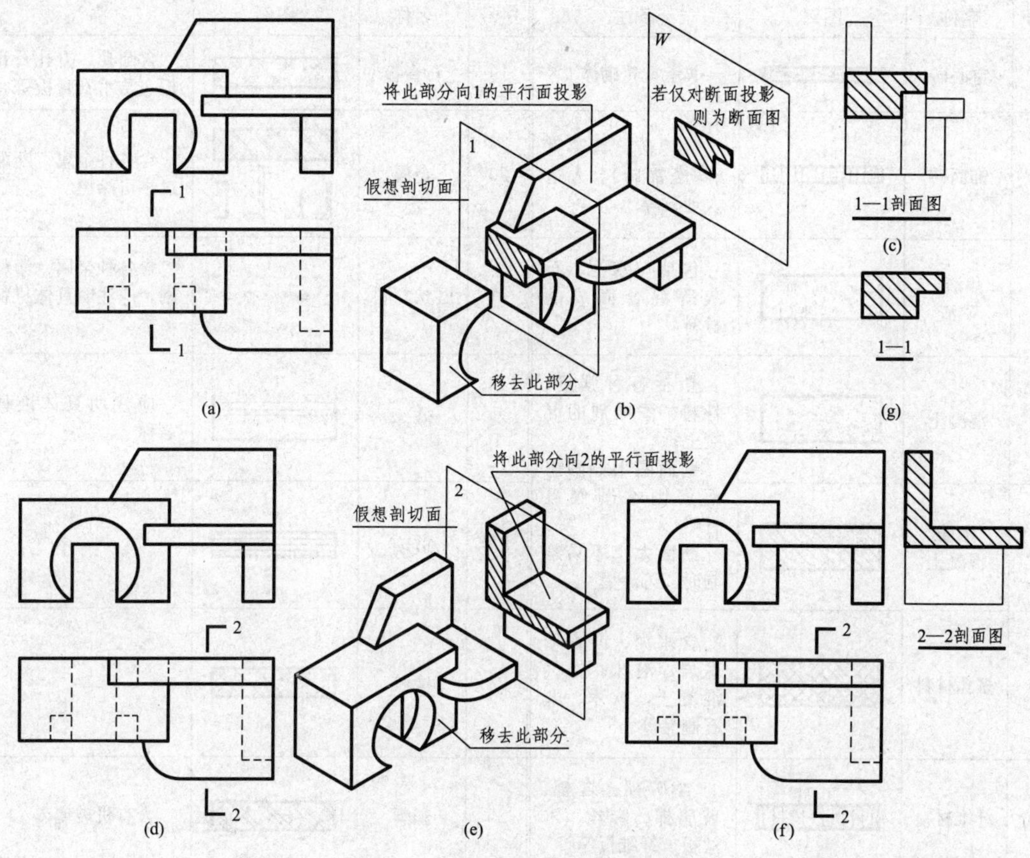

图 3-3 剖面图的形成与标注

图 3-3 中，物体表面（无论内外）凡与剖切面相交的交线，都是截交线。任何情况下，所有截交线必然首尾相接形成闭合的平面图形，此即截断面。截断面实际上就是剖切面切割物体所切到的实体断口轮廓，所以，截断面暴露了物体的内部实体材料，因此，在剖面图中，应该在截断面的范围内，把物体的建造材料用规定的图形符号（即材料图例）表示出来。中华人民共和国国家标准《房屋建筑制图统一标准》（GB/T 50001—2001）规定的常用建筑材料图例见表 3-1。

表 3-1　　常用建筑材料图例（摘自 GB/T 50001—2001）

序号	名称	图例	备注	序号	名称	图例	备注
1	自然土壤		包括各种自然土壤	5	石材		
2	夯实土壤			6	毛石		
3	砂、灰土		靠近轮廓线点较密	7	普通砖		包括实心、多孔砖及砌块等砌体，断面太小不易绘制时，可涂红
4	砂砾石、碎砖三合土			8	耐火砖		包括耐酸砖等

续表

序号	名称	图例	备注	序号	名称	图例	备注
9	空心砖		非承重砖砌体	19	石膏板		含圆孔、方孔石膏板、防水石膏板等
10	饰面砖		含地砖、马赛克（陶瓷锦砖）、人造大理石等	20	金属		含各种金属；断面过小可涂黑
11	焦渣、矿渣		包括与水泥、石灰等混合而成的材料	21	网状材料		含各种金属、塑料网，应注明具体材料名称
12	混凝土		包括各种强度、骨料、添加剂的混凝土； 剖面图中如画出钢筋则本图例可省略 断面太小不易绘制时，可涂黑	22	液体		应注明具体液体名称
13	钢筋混凝土			23	玻璃		
14	多孔材料		含水泥、沥青珍珠岩，泡沫、如气混凝土，软木、蛭石制品等	24	橡胶		
15	纤维材料		含矿棉、岩棉、玻璃棉、麻丝、木丝板、纤维板等	25	塑料		含有机玻璃
16	泡沫塑料		含聚乙烯、聚苯乙烯、聚氨酯等多孔聚合物类材料	26	防水材料		比例大时采用上图
17	木材		上为横断面，左上为垫木、木砖或木龙骨，下为纵断面	27	粉刷		
18	胶合板		应注明层数				

注　1. 本表中的所有斜线、短斜线、交叉线等均为45°。

2. 普通砖的图例，也可用作不明情况下的通用图例。

规定的图例总是有限且不变的，而材料的发展与使用都是无限且可变的，当需要使用表中没有列出的材料时，允许自编图例，但要加以说明。此外，画图例时还应注意：

（1）规范只规定了图例的画法，其大小比例视所画图样的大小而定，不应喧宾夺主，亦不宜过分小气。

（2）图例中相互平行的线条应间隔均匀，疏密适度。

（3）不同品种的同类材料使用同一图例时（如不同品种的金属、石膏板等），应加以说明。

（4）相同材料的两个物体相接，图例宜错位或反向绘制，如遇到都是涂黑的图例，则应在物体间留下不小于0.7的间隙，如图3-4（a）、图3-4（b）、图3-4（c）、图3-4（d）所示。

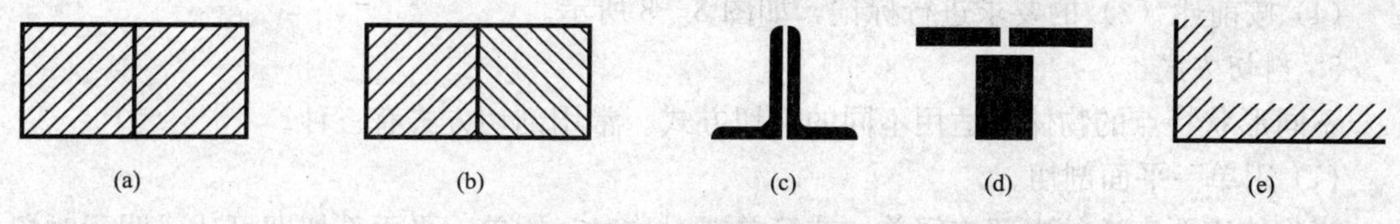

图3-4 图例的特殊处理

（5）当需要绘制图例的面积太大时，可在断面轮廓内沿轮廓做局部示意［图3-4（e）］。

（6）在同一张图纸上，同一物体的不同剖面（断面）图中的图例应该完全一致（如方向、疏密等）。

2. 标记

在实际工作中，为了阅读方便同时也为了避免不必要的误解，工程图样都必须命名。剖面图当然也不例外，但剖面图的命名不仅只是给图形一个名称，还要把剖面图的来龙去脉交代清楚。所以，剖面图的标记需要注意以下要点：

（1）用剖切位置符号（画在假想剖切平面起止及转折处6～10长的粗实线，即迹线表示的剖切平面）交代清楚剖切形体的具体剖切位置。尽量画在俯视图上，不要干扰图形线条，如图3-3（a）、图3-3（d）所示。

（2）用投射方向线（即画在剖切位置符号端部4～6长的粗实线）交代剖切以后的投射方向，如图3-3（a）、图3-3（d）所示。这决定了"移去"哪一部分留下哪一部分。

（3）在投射方向线的端部，用阿拉伯数字为剖面图编号［图3-3（a）、图3-3（d）］；当剖面图与被剖切的原图不在同一张图纸上时，可在剖切位置符号注写编号的另一侧，注明剖面图所在的图纸序号。

（4）在已经绘制好的剖面图下方，注写出与上述编号对应的剖面图图名"×—×剖面图"并画长度相当的粗实线托底［图3-3（c）、图3-3（f）］，必要时，在图名后用小一号或两号的数字注写出绘图比例。

3. 线型

（1）剖面图中，断面的轮廓线即所有截交线一律用粗实线绘制；其余可见的部分，一律用中实线或细实线绘制。

（2）剖面图中一般不画不可见的虚线，但如果不画虚线必然导致误解时可以例外。

4. 绘图步骤

（1）确定剖切平面的位置（实际上就是确定剖切位置），一般要求剖切面尽量通过物体隐蔽的孔洞、沟槽或物体其他内部空间的中心线或对称位置，同时，剖切平面一般平行或垂直于基本投影面［图3-3（a）］。

（2）实施剖切并选择合理的投射方向，移去物体位于剖切平面之前的部分，将余下部分向剖切平面所平行的投影面投影。该步骤是绘制剖面图最困难的一步，要求绘图者不仅对物体要有充分的了解，还必须具有熟练的线面分析能力，对截交线的形成、数量、走向、形状乃至最终的截断面形状，都要能够正确地想象出来，如图3-3（b）、图3-3（e）所示。必要且有能力时，可辅助以轴测图帮助想象。

(3) 打底稿，检查无误后用规定的线条加深剖面图，在断面轮廓范围内绘制材料图例，如图 3－3 (c)、图 3－3 (f) 所示。

(4) 按前述 (2) 的要求进行标记，如图 3－3 所示。

5. 剖切方式

不同形状特点的物体，适用不同的剖切方式。常用剖切方式有三种。

(1) 用单一平面剖切。

当物体需要表达的内部空间单一或简单或对称时，用单一平面剖切即可达成明示对象的目的（图 3－5)。

(2) 用两个或以上平行平面剖切。

当物体需表达的内部空间或隐蔽部分错位，单一剖切平面无法兼顾时，可用两个或两个以上相互平行的剖切平面来剖切，并用不与图形原有线条重合的直角转折来联通各剖切平面，而这样的转折面与物体的交线在剖面图中是忽略的（图 3－6)。在不至于引起误解时，转折处的数字标记可以省略。这种剖面图又称为阶梯剖面图。

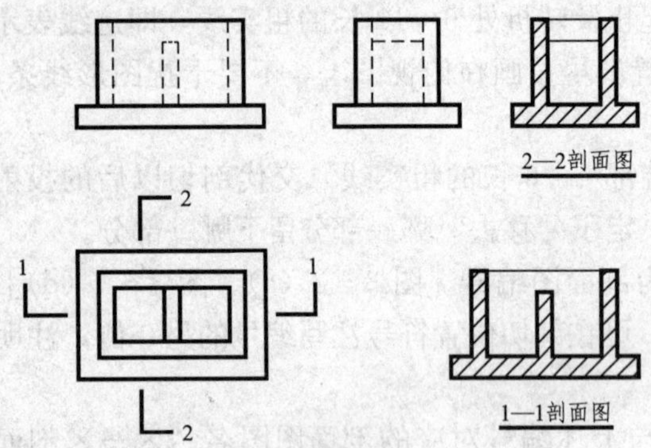

图 3－5 单一平面剖切形体

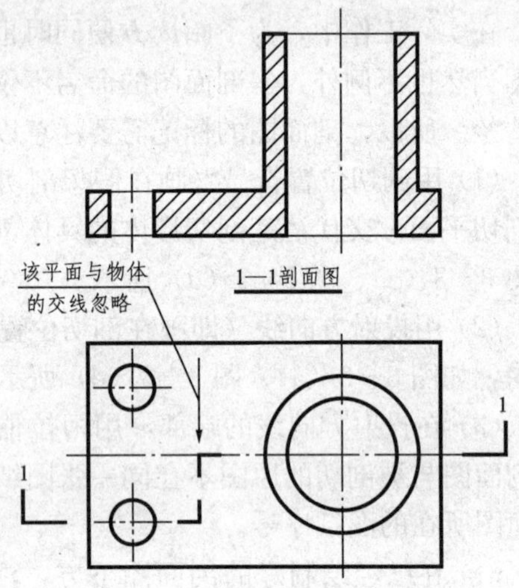

图 3－6 两个平行平面剖切形体

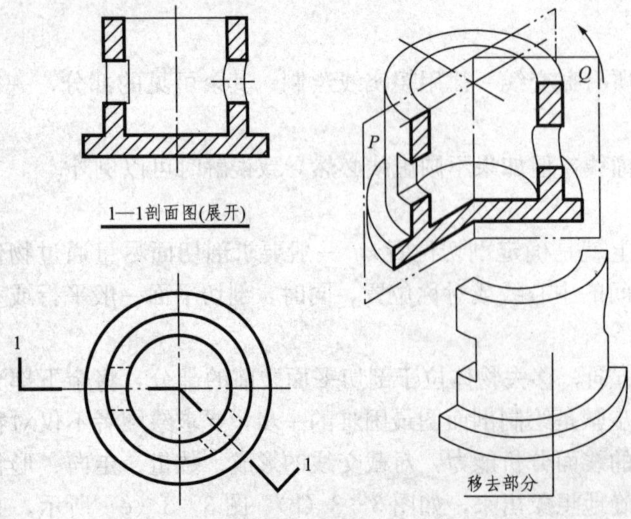

图 3－7 两个相交平面剖切形体

(3) 用两个相交平面剖切。

图 3－7 所示形体，主体具有明显的回转中心（线），圆柱体本身及其上的两个孔都需要表达。这种情况下，可以用两个相交的平面来剖切，一个为投影面平行面（图中的 P 平面平行于正面)，另一个为投影面垂直面（图中的 Q 平面为铅垂面)，两面相交于圆柱体的中心轴线。剖切后，将铅垂面剖切的结果（即 Q 平面产生的截断面及被切开孔洞的余下部分在 Q 平面上的正投影）沿图中箭头方向旋转到与正平面 P 共面后再向正面投射，即

可得到所需剖面图。但要注意标记，两面相交处在不至于引起误解时可以省略数字，但剖面图的图名后需注明展开二字（图 3-7）。这种剖面图又称为旋转剖面图。

6. 剖面图分类

剖面图的类型除了可按前述剖切方式分类外，还可以按剖切范围来分类，大致有全剖面图、半剖面图、局部剖面图三种。

(1) 全剖面图。

用剖切平面将物体完全剖开，这样的剖面图就是全剖面图，如图 3-3～图 3-7 等均为全剖面图。由于物体被完全剖开，剖面图完全无法兼顾物体原有外形的表达，因此，全剖面图适用于外形简单且非对称的物体，这种物体的外形，应该可以通过除剖面图以外的其他视图表达清楚。

(2) 半剖面图。

当物体对称或大部分对称且外形需兼顾表达时，可将物体的某视图处理成以对称中心线为界，一半表达外形，一半表达内部的半剖面图（图 3-8）。这意味着，画 1—1 剖面图时，忽略 Q 平面对物体的剖切（如同阶梯剖一样，当某剖切面与某投影面垂直时，其剖切效果忽略），同理，画 2—2 剖面图时，同样忽略 P 平面对物体的切割。

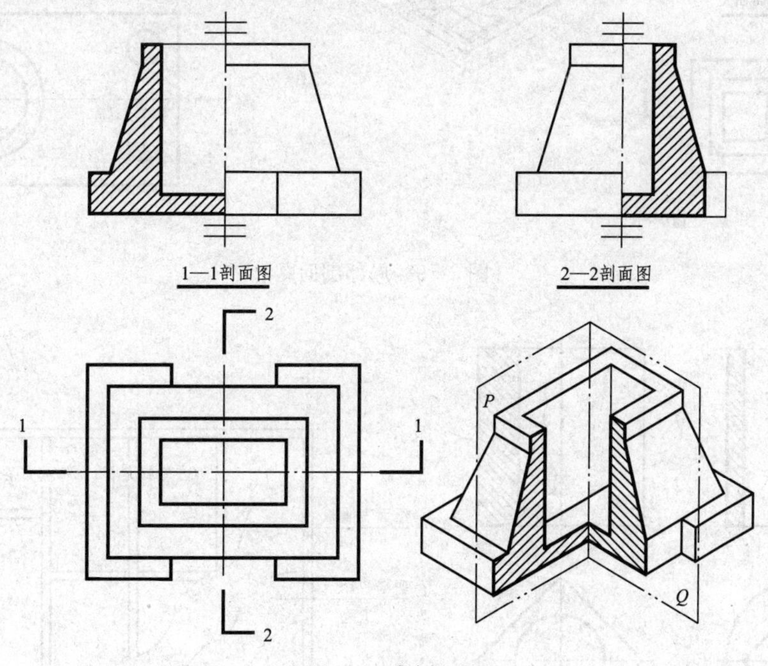

图 3-8 半剖面图

按中华人民共和国国家标准《房屋建筑制图统一标准》(GB/T 50001—2001) 推荐，半剖面图如果是左右对称的，应该将左半面画成外形，右半面画成剖面图（如图中的 2—2 剖面图，而 1—1 剖面图只是为了与轴测图的剖切位置对应，实际工作中应该按规范执行）；如果是上下对称的，则应该将上部画成外形，下部画成剖面图。另外，不仅剖面图中尽量不画虚线，表达外形的普通视图中也不画虚线，因为对称的关系，外形内形互补。

(3) 局部剖面图。

对于某些总体形状不太复杂，但有些小的细节需要交代的物体，没必要为其画全剖或半剖面图，仅将其需要表达的局部剖开并表示清楚即可，这样的剖面图就称为局部剖面图［如图 3－9（a）所示，用水平面 P 在底板布置钢筋处做局部剖切，敲掉剖切面 P 以上的部分，再投影。图中的线型，请参考专业图及图例说明］。利用局部剖面的概念，图 3－6 所示的阶梯剖面图可以简化成全剖面图加局部剖面图，如图 3－9（b）所示，另外，无论物体是否复杂，只要物体的投影中，存在与对称中心线重合的图线，这样的物体除了全剖外就只能用局部剖面图来表达，绝不适用半剖面图，如图 3－10 所示。

某些建筑物的构配件，表面看上去只是一个平面，但其表象下，隐藏着多层构造（如屋面、楼面、地面、墙面等），这样的对象，也可以用局部剖面的概念，将各构造层次逐一分层表示出来。这样的剖面图，也称为分层局部剖面图（图 3－11）。

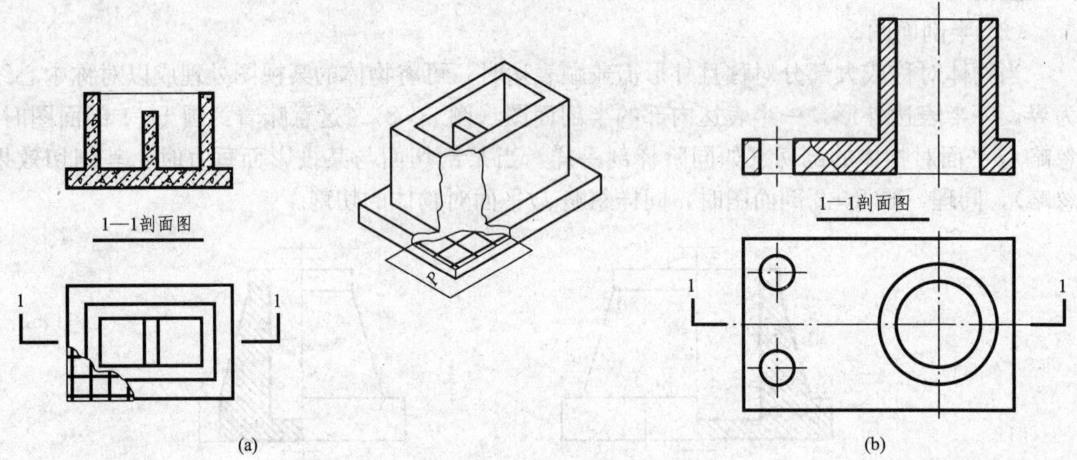

图 3－9　局部剖面图

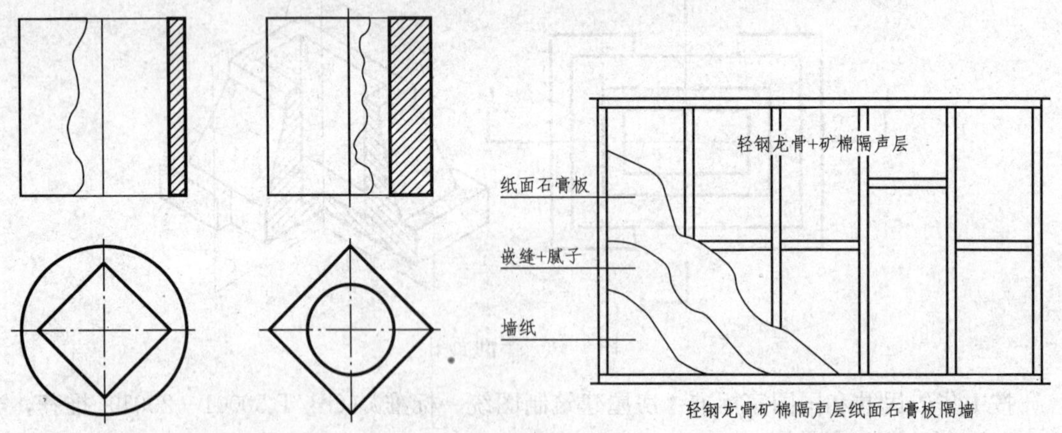

图 3－10　不适用半剖的形体　　图 3－11　分层局部剖面图

半剖面图和局部剖面图的线型建议作如下调整：剖面图部分仍按断面轮廓粗实线，其余可见线条细实线；但保留的外形部分改用中粗线表示，这样做既强调了剖面效果，又能明确区分剖与未剖。另外应注意，局部剖面图剖与未剖的分界线虽称为“波浪线”，但应画成比较自然的断裂纹理比较好。

3.1.2 断面图

1. 定义

假想用剖切面剖开物体，将处在观察者与剖切面之间的部分移去，然后仅将截断面向剖切面所平行的投影面投射所得的截断面实形［图 3－3（b）、（g）］，并正确绘制材料图例和标记后即为断面图，简称断面。可见，断面图只是一个平面图形的实形而非立体的投影。

对于工程实践中许多细长的杆状构件（简称杆件如各种梁、柱甚至屋架等）和大面积的薄壁构件（如屋面、楼面、地面及各种墙面等）而言，其自身形状并不复杂，但如果用基本视图或者剖面图去表达这些简单的形体，不仅事倍功半，更糟糕的是还会带来很多麻烦。因此，在表达这些形体时，断面图就显得非常有用了。另一方面，对于如图 3－3 所示形体，并不适合用断面图表达，理由很简单，因为这样的断面图虽然能够清晰地表达出剖面图与断面图的区别，但并不足以表达清楚这个形体本身。

2. 标记

同剖面图一样，断面图也应该加以标记，但标记的具体方式与剖面图又略有不同（图 3－12）。

（1）用同剖面图一样的剖切位置符号标明具体剖切位置。

（2）不用投射方向线而是用断面编号数字的注写位置表示投射方向，数字在哪一侧，就向哪一侧投影。

（3）在剖切位置符号起止位置的投射方向一侧，用阿拉伯数字为断面编号。

（4）在已绘制完成的断面图下方，注写该断面图仅由上述对应编号数字组成的图名如“1—1、2—2”，注意，没有汉字，图名下方仍然画一条长度相当的粗实线（图 3－12 中，左为断面图，右为剖面图）。

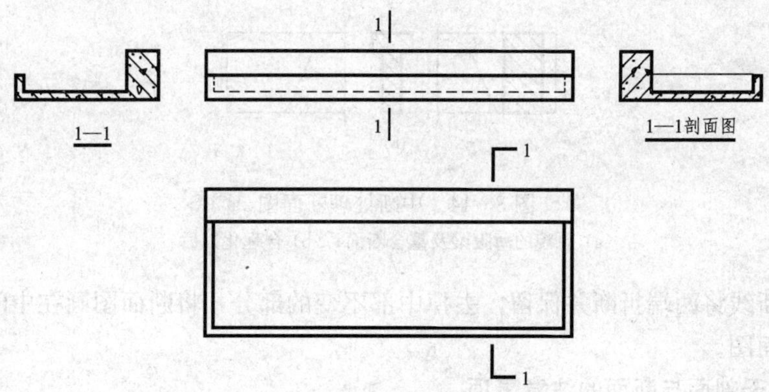

图 3－12 窗楣板的剖面图与断面图

3. 线型

用粗实线绘制断面图的轮廓（即所有截交线），其内的材料图例同剖面图的要求。

4. 绘图步骤

断面图的绘图步骤同剖面图相当，其中相对比较难的步骤也是对断面的想象，此外还要注意投射方向，对某些非对称的形体而言，投射方向不同，断面图的形态也不同（图 3－12）。

5. 断面图分类

相对于剖面图而言，断面图的类型简单得多，仅按断面图所绘制的具体位置分为移出断面与重合断面两种。所谓移出断面，就是将断面图独立地绘制在物体原有视图的轮廓范围之外，如图 3-3（g）及图 3-12 所示断面，都是移出断面。移出断面的好处是，需要的时候，绘制断面图的比例不受原图比例限制（但应注明）。重合断面刚好与移出断面相反，不仅断面图直接绘制在物体原有轮廓范围之内，有关转折还特意与物体原有相应部位的投影重叠。如图 3-13（a）所示墙面，相当于用侧平面对墙体剖切后向右投射所得；图 3-13（b）所示用于厂房带牛腿的柱子，则分别在上下柱处各用一水平面剖切后投射所得。重合断面的优点是可以省略标记，缺点是看图时需要一点悟性，可以通过经常阅读来提高。

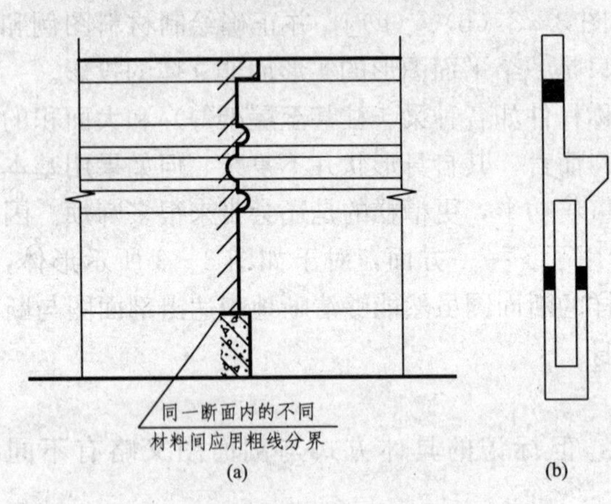

图 3-13　重合断面图

(a) 某墙外表面的重合断面；(b) 某柱的重合断面

此外还有一种情形，某些细长的杆件如薄腹梁，除了两端稍有变化外，很长的中部完全不变，这样的构件如果原貌画出，不仅浪费而且不美观，如图 3-14（a）所示。

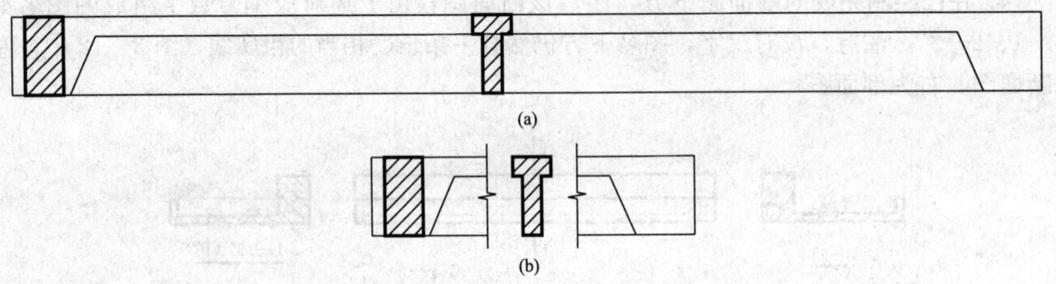

图 3-14　中断处理断面图

(a) 原貌的薄腹梁及重合断面；(b) 合理化以后

如果用折断线将两端折断并保留，去掉中部不变的部分，将断面图画在中间折断处，可称为中断处断面图。

3.1.3　关于剖面与断面的注意事项

1. 剖切是想象

剖切是想象的，而想象都不是真实的并且是有时效的，剖切的时效就是在各该剖面图完成之后。每当完成某个剖面图之后，想象结束，物体回归原貌。因此，之后无论是再次对这个物体进行不同位置或者不同方向的剖切，还是对这个物体进行常规投影，物体都是完整的。

2. 剖面图与断面图的区别

概念上，剖面图是立体的投影，断面图是截断面的实形。

标记上，前已述及。

3. 尺寸标注

剖面图中因为不用画虚线，导致标注内部空间尺寸的尺寸界线及尺寸终端时，有一种皮之不存毛将焉附的感觉，于是，就干脆把找不着落脚点的这些尺寸界线与终端省略了，但尺寸线必须超过对称中心线，而尺寸数字仍然是全尺寸的真实尺寸（图 3-15 中的尺寸 16），同样，如果是圆形因剖切而只剩下半圆，仍然要标注直径，尺寸线也需超过圆心（图 3-15 中的 ϕ8）。

3.1.4 读图步骤

读剖面图的过程跟读普通视图大致相当，只不过因为有剖切的情况存在，一开始可能会有些不适应。读图时结合普通视图的读图方法，给予剖切的情况多一些关注就可以了。

1. 概略了解

观察给出的所有图形，大致了解物体的基本情况及基本形象。如图 3-15 所示形体，大致是两个长方体叠加以后，中间挖出一个长方体形的盲孔。

2. 关注剖切信息

注意图中各个剖切符号的标注情况，如具体剖切位置、投射方向等。弄清楚剖切的具体对象，剖切的可能结果。如图 3-15 所示，1—1 剖切面平行于正面，在物体的前后对称位置做了剖切并向正面投射，结合相应的剖面图即 1—1 剖面图（主视图位置），可以断定中间长方形盲孔的结论，同时，根据对称性，还可以看出物体前方的圆孔及后方的方孔。

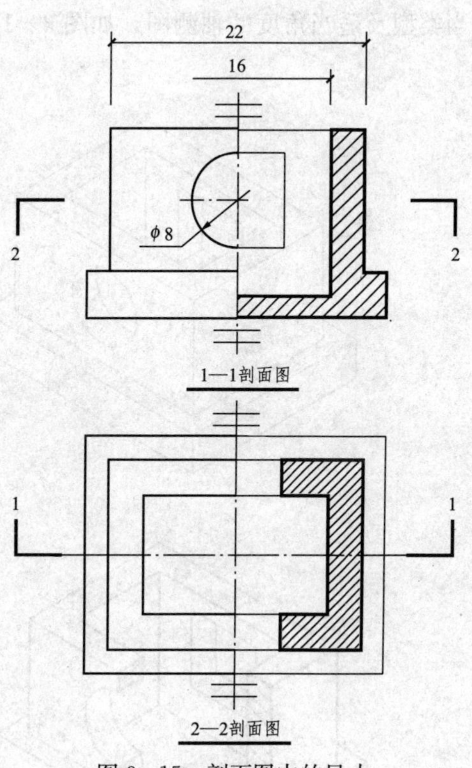

图 3-15 剖面图中的尺寸

3. 综合想象

综合上述信息，结合普通视图的读图方法，应该可以读懂形体的图样。

3.2 轴测图中的剖切画法

轴测图以其较强的直观性和易绘性成为辅助表达形体外观的首选，但对于具有相对复杂的内部空间或隐蔽部分的形体，同样需要通过剖切的方式将其原本不可见的部分暴露出来，才能达到清楚表达形体的目的。这种经过剖切的物体轴测图的绘制，正是这里要讨论的。

3.2.1 剖切轴测图的概念

假想用轴测坐标面的平行面或其组合，将原本完整的轴测图切去一部分，余下部分便是剖切轴测图。余下的这一部分，应该有两个特点：其一，最能清楚地表达形体，因此，剖切的位置和方式都需要事前稍加斟酌；其二，物体被切开的实体断面，应反映出物体的具体材料（图例）。本章图 3-3、图 3-7、图 3-8 中的轴测图，都是剖切轴测图的例子。

3.2.2 剖切轴测图的画法

绘制剖切轴测图，主要需要三方面的能力：熟练的读图能力以保证对形体的正确理解；熟练的画轴测图的能力，从而具有绘制剖切轴测图的基础；熟练的线面分析能力，保证有能力分析出假想剖切平面与物体任意表面的交线，无论物体的表面处于什么位置，是什么形状。

下面以图 3-15 所示立体为例，详述其剖切轴测图的绘图方法。

画图时，首先读懂形体的视图或其他图样，然后根据物体的具体情况，正确绘制出物体适当类型及适当角度的轴测图，如图 3-16（a）所示。

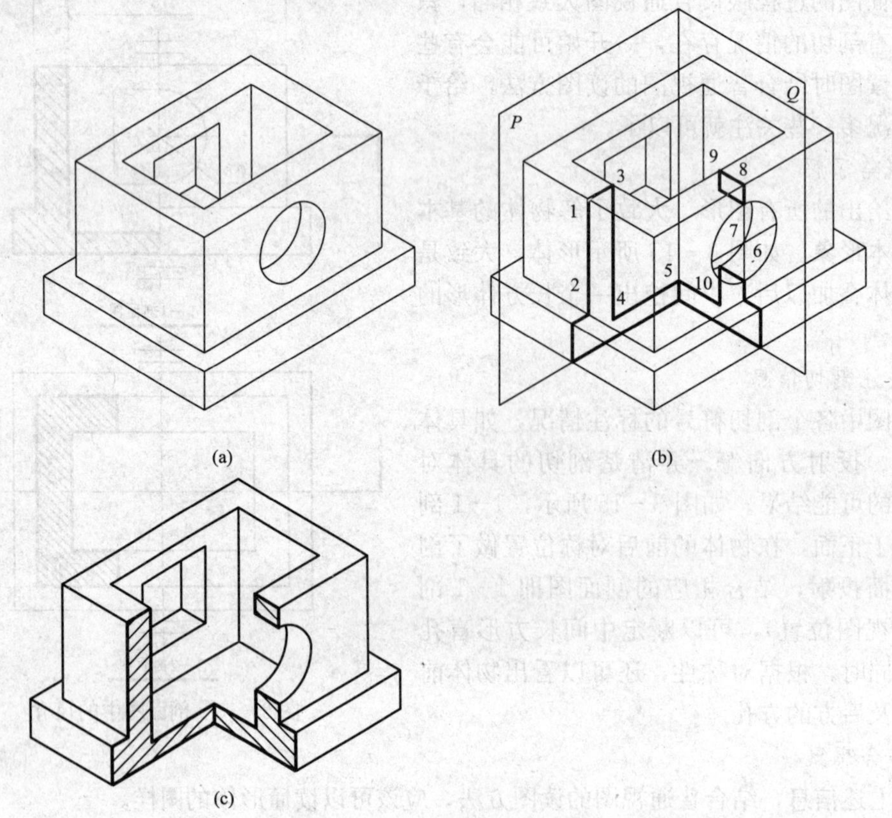

图 3-16 剖切轴测图画法

接下来，根据物体的具体情况，选择恰当的剖切位置和剖切方式。分析原图及已经绘制好的轴测图，应该清楚该立体需要表达的部位或形状有哪些。因此，前后对剖肯定是不合适的，这样将会失去表达前部圆孔的可能；左右对剖也不是最有利的，这样做会使左端一部分外形不肯定；相比之下，用位于前后对称位置的正平面 P 加通过前方小圆孔中心线的侧平面 Q 一起剖切并去掉左前方的四分之一后，余下部分就是一个兼顾了内外的剖切轴测图。

在决定了具体的剖切位置和方式后，要逐一分析每一个假想剖切平面与物体表面的交线情况（剖切面将与物体的哪些内外表面相交，交线究竟是什么位置什么形状的线，范围如何），并逐一表示出来［图 3-16（b）］。

实际操作时，不必画出 P 平面及 Q 平面的边界线，甚至也不必标出这些剖切平面的名称或代号，明确它们的存在及位置尤其是它们与物体表面的交线才是主要的。

剖切平面的位置决定了其与物体表面棱线的交点及与表面的交线，用绘制轴测图的坐标定点原理，很容易确定出这些交点及交线。在本例中，已经设定 P 平面位于前后对称位置，因此，该平面与物体左端相应棱线（正垂线）的交点都是该线条的中点（如图 3－16 中的 1、2、3 等点），于是，只要把各条相互平行的同方向棱线的中点找到，连接它们，便可得到相应的交线。4 点看起来是个例外，相应的棱线因为不可见而未画，但稍加分析不难知道，剖切平面与 34 所在表面的交线一定是铅垂线，而该铅垂线的高度在原视图中是很明确的，所以，在找到 3 点后，过该点作铅垂线并量取该铅垂线的高度等于原高即可确定 4 点。

Q 平面的剖切结果可以用相似的方法得到，也可以用上述坐标定点原理另外寻找出发点。Q 平面是通过物体前方小圆孔中心线的侧平面，因此，找到最前面小圆的圆心 6，就找到 Q 平面剖切该立体的出发点了。过 6 点作铅垂线，可以得到与圆周及上底面的交点 7、8；过 8 点作正垂线可得 9；过 9 点作铅垂线可得 10，过 10 作正垂线与过 4 所作的侧垂线相交，可得到位于两个剖切平面交线上的交点 5 等。如此这般，两个剖切平面与物体表面的所有交线全部作出，断面呈三个封闭的多边形。

下一步，去掉物体位于 P 平面之前 Q 平面之左的四分之一部分，绘图中具体体现为擦掉物体位于这一区域的所有线条，将剖切的断面及原来看不见的部分充分暴露出来［图 3－16(c)］。检查无误后加粗即成。但应注意，暴露的断面应该正确绘出图例，“正确”的原则是，无论何种类型的轴测图，原来在投影图中呈 45°的斜线，在剖切轴测图中应保持“轴测”意义上的角度“不变”，但相邻两剖面上的斜线方向应该相反（图 3－17）。

如果需要，也可用剖切平面对同一物体做其他位置的剖切，但作图方法仍然相同（图 3－18）。

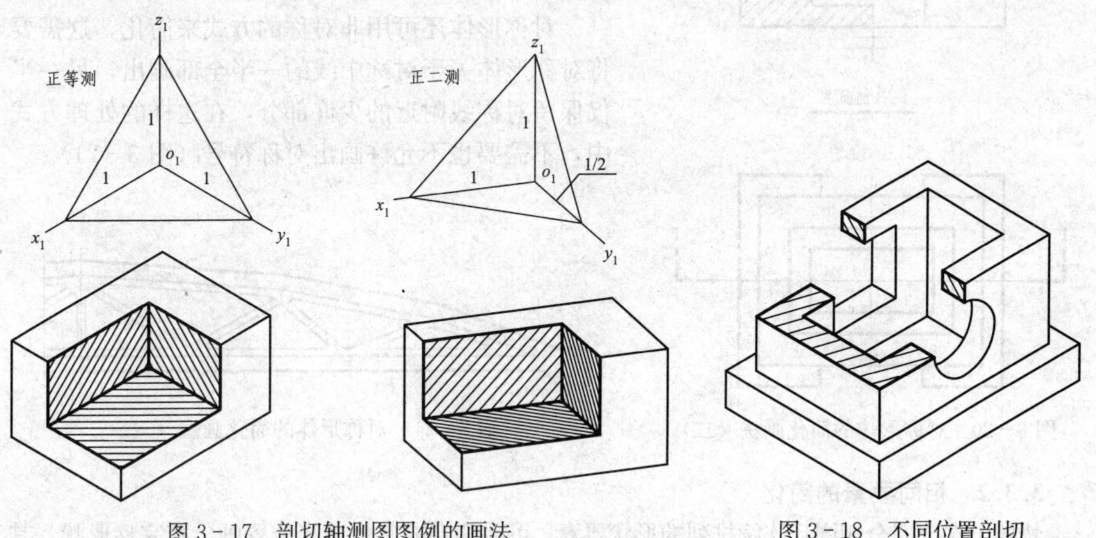

图 3－17 剖切轴测图图例的画法

图 3－18 不同位置剖切

3.3 简 化 画 法

简化表示法分为简化画法和简化注法，简化必须保证不致引起误解和不会产生理解的多意性，读图和绘图均方便。在这些前提下，力求制图简便。

3.3.1 对称形体的简化

对称形体，可以根据其对称的程度进行合理简化。如图 3－19（a）所示，形体有一条对称线时，可简化一半；如图 3－19（b）所示，形体有两条对称线时，可简化成 1/4。

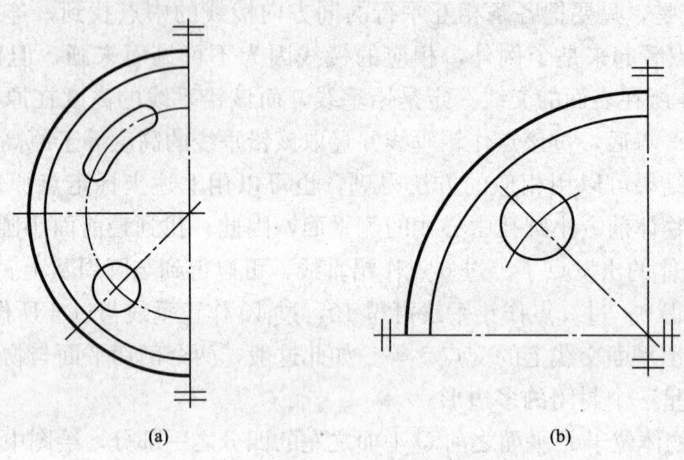

图 3－19 对称形体的简化画法（一）

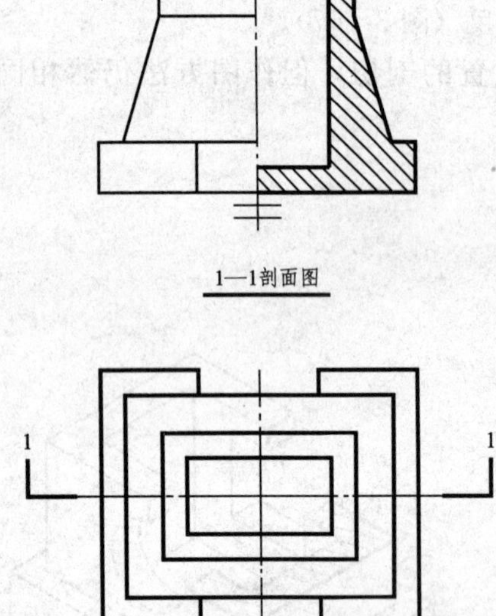

图 3－20 对称形体的简化画法（二）

对称形体需用剖切方式表现时，可以对称中心线为界，一半画视图（外貌），一半画剖面图或断面图（图 3－20）。

对称形体还可用非对称的方式来简化，这需要将对称形体关于对称中线的一半全部画出，另一半仅保留对称线附近的少许部分，在这样的处理方式中，不需要也不允许画出对称符号（图 3－21）。

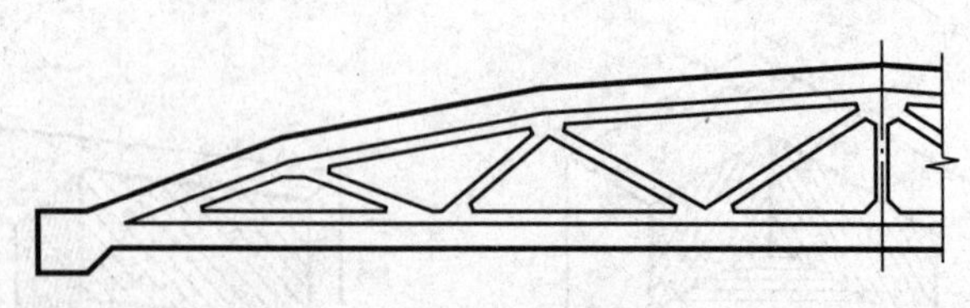

图 3－21 对称形体的简化画法（三）

3.3.2 相同要素的简化

物体上多个完全相同且连续排列的形状要素，可在两端或其他适当位置画出其完整形状，其余以中心线或中心线交点表示其位置即可（图 3－22）。但应注意，当纵横交叉的中心线网格交点处并不都有形状要素时，除了正常画出一两个外，其余要素的位置应用小黑点标明（图 3－23）。

3.3.3 折断简化

图 3－14（b）及图 3－24（a）所示的处理方法，是折断简化的一种，即将物体中部无变化的部分折断，保留并移近两端有变化的部分，如图 3－24（b）所示。

还有一种情况是，物体因太长等原因而无法在同一张图纸上绘制，此时也可将物体折断并将两段各自单独绘制出来，但一定要在物体折断的同一位置绘制出连接符号［图 3－25（a)］。

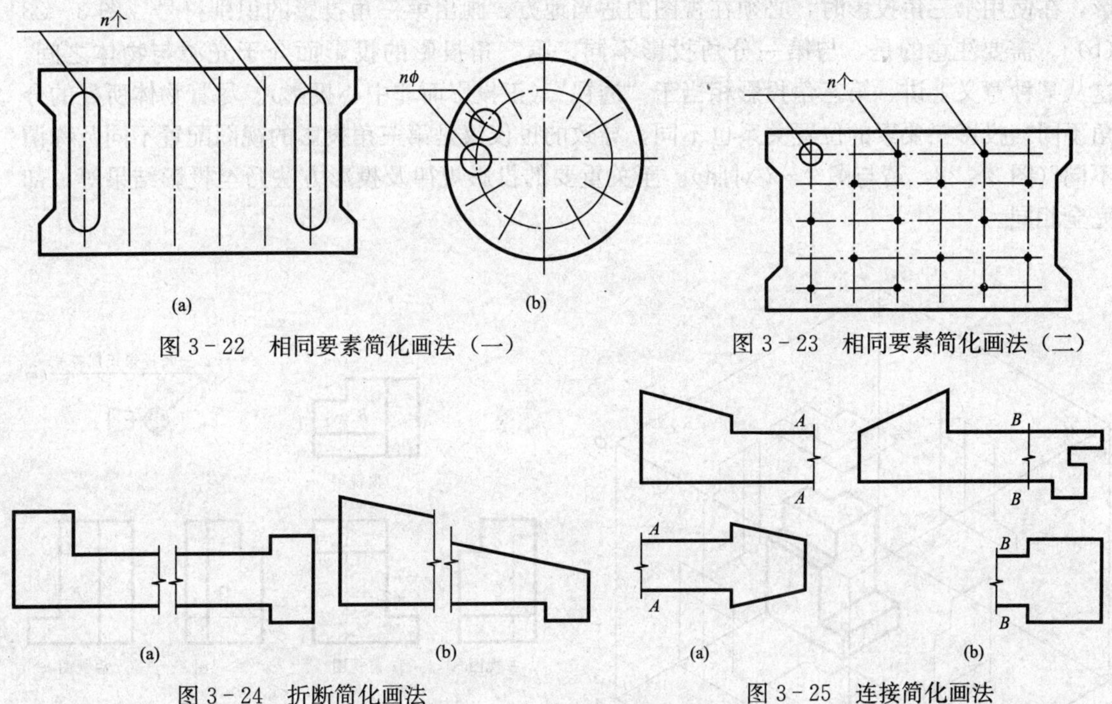

图 3－22　相同要素简化画法（一）

图 3－23　相同要素简化画法（二）

图 3－24　折断简化画法

图 3－25　连接简化画法

利用连接符号，还可将两个“部分”形状相同的物体进行简化，如乙物体左端与甲物体左端完全相同但右端不同，在绘出甲物体视图的基础上，绘制乙物体时，可以仅仅绘出不同部分，但在相同与不同的分界处，也应绘出连接符号［图 3－25（b)］。

3.3.4　其他简化

在需要表示位于剖切平面之前的形状时，可以将这些形状按假想投影的轮廓线绘制出来(图 3－26)。

当圆或圆弧所在平面与投影面的夹角小于或等于 30°时，圆或圆弧在该投影面上的投影可以仍然用相同直径的圆或圆弧代替（图 3－27)。

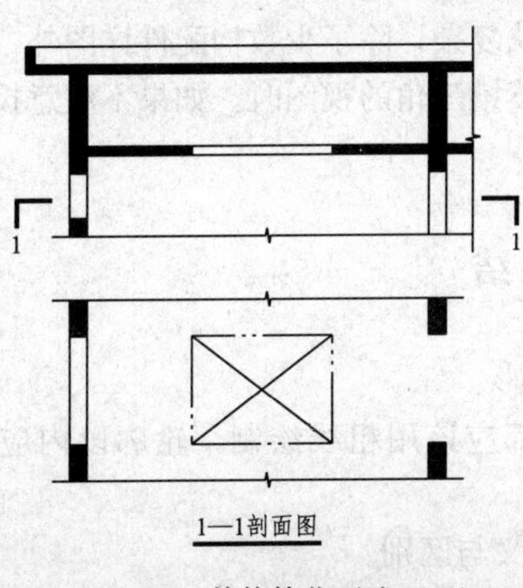

图 3－26　其他简化画法（一）

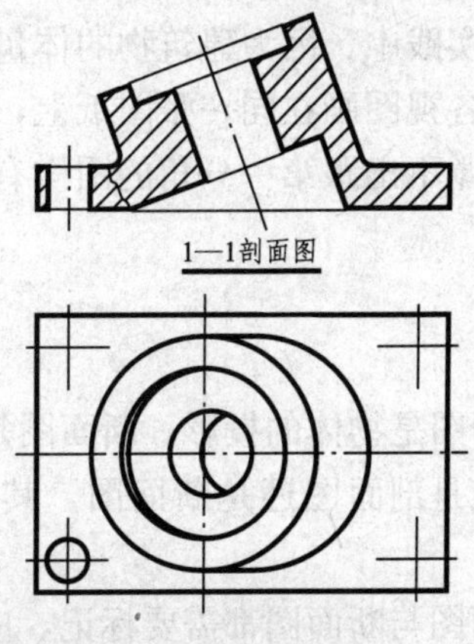

图 3－27　其他简化画法（二）

3.3.5 第三角投影简介

画法几何定义了八个分角，第三角投影的概念就是将物体置于第三分角然后进行正投影，在使用第三角投影时，必须在视图的适当地方，画出第三角投影的识别符号［图3－28(b)］。需要注意的是，与第一分角投影不同，第三角投影的投影面介于光源与物体之间，这从某种意义上讲，第三角投影相当于“透视”（正投影而非中心投影）。尽管物体所处的分角不同，投影三要素的位置关系也不同，导致的也仅仅是第三角投影的视图配置不同及称谓不同（图3－28，请与图2－2对照）。至关重要的投影规律及投影方法乃至投影结果等，却完全相同。

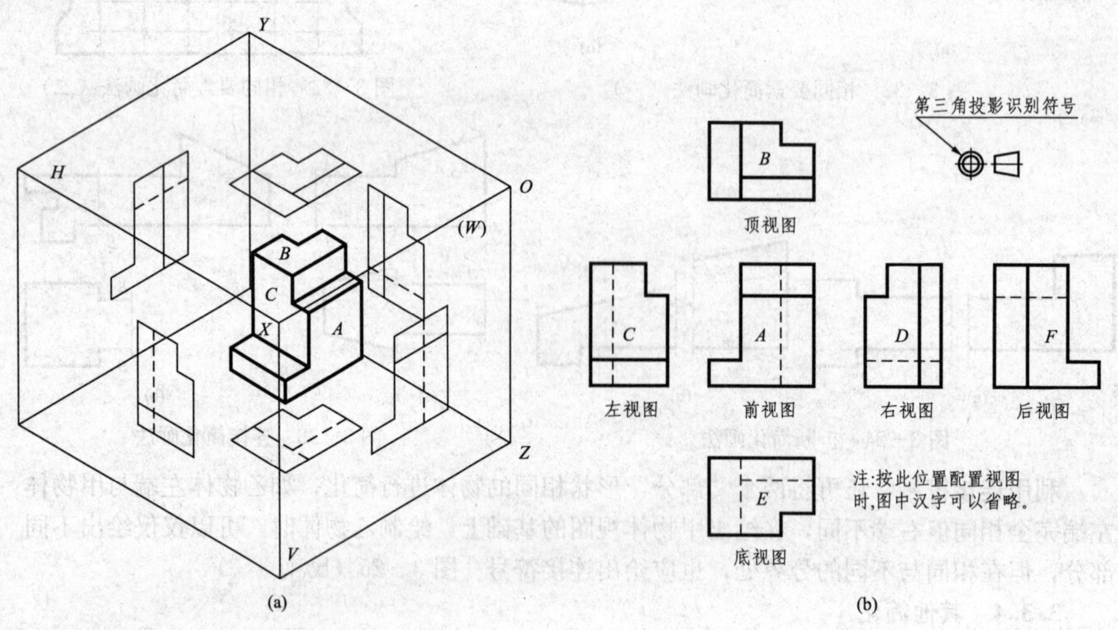

图3－28 第三角投影

(a) 第三角及视图形成；(b) 第三角投影的六个基本视图及名称

实际上，仅将第一角的视图［图2－2（c）］作如下位置调整，即可成为第三角投影：主俯视图互换，左右视图互换。

在工程实践中，因为建筑物的体量巨大、形状复杂，除了少数构配件详图外，很少有可能将工程的各视图画在同一张图纸上，因此，阅读第三角的视图时，如果不注意投影识别符号，一般感觉不出跟第一分角的图样有什么不同。

小 结

1. 剖面图是物体的投影，断面图是断面的投影。

2. 无论是剖面图还是断面图，其断口轮廓都应该用粗线绘制，轮廓以内应画出材料图例。

3. 剖面图与断面图都需要标记，应注意其意义与区别。

4. 剖面图的分类依据有两种，但其出发点还是建立在合理及清晰地表达形体的基础上的。

5. 轴测图的剖切问题归结为对轴测图的掌握程度以及剖切概念的理解。

6. 简化画法是人性化在制图中的体现。

复 习 思 考 题

3.1 无论是剖面图还是断面图，其假想剖切平面可以是任意平面吗?

3.2 剖面图和断面图各适用于表达什么形体?

3.3 剖面图与断面图有什么区别?

3.4 阅读剖面图需要注意哪些问题?

3.5 同一物体的不同剖（断）面图，其材料图例的绘制有什么要求?

3.6 普通轴测图与剖切轴测图有什么不同?

3.7 物体的简化画法有哪些?

第4章 建筑施工图

本章要点

本章主要介绍建筑施工图的内容，包括组成建筑施工图的总平面图、各层平面图、立面图、剖面图及详图的形成、用途、比例、线型、图例、尺寸标注等要求和绘图方法。重点应掌握识读和绘制建筑施工图的方法和技巧。

4.1 概 述

4.1.1 房屋的组成及房屋施工图的分类

1. 房屋的组成

虽然各种房屋的使用要求、空间组合、外形处理、结构形式和规模大小等各有不同，但基本上是由基础、墙、柱、楼地面、屋面、门窗、楼梯，以及台阶、散水、阳台、走廊、天沟、雨水管、勒脚、踢脚板等组成，如图4-1和图4-2（一幢三层的小别墅住宅）所示。

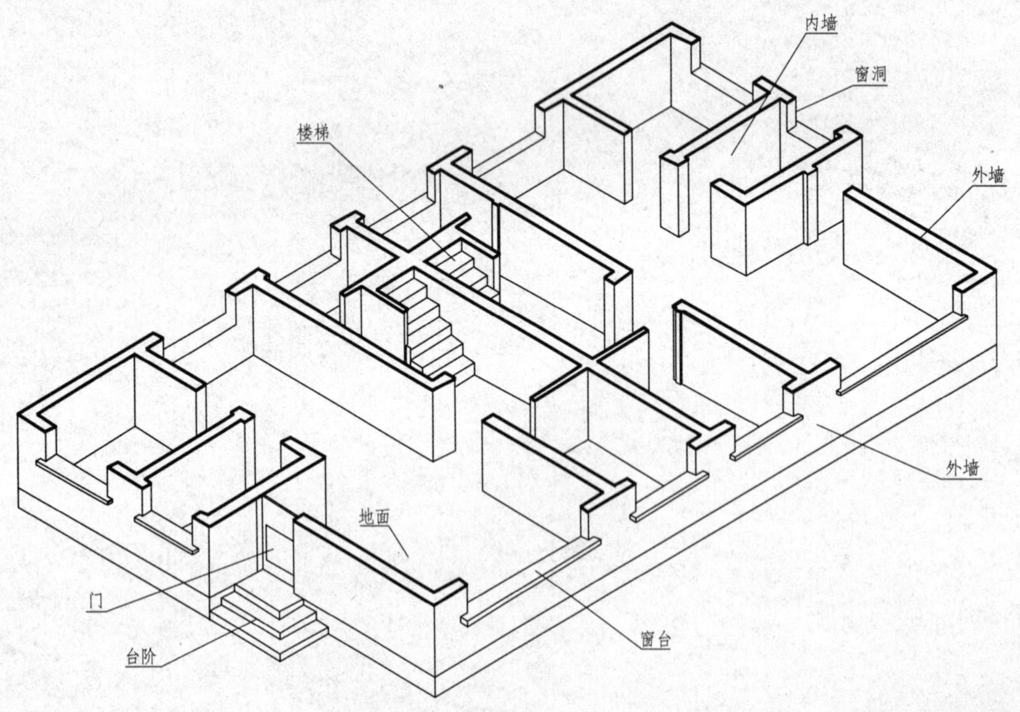

图4-1 房屋的组成（一）

基础起着承受和传递荷载的作用；屋顶、外墙、雨篷等起着隔热、保温、避风遮雨的作用；屋面、天沟、雨水管、散水等起着排水的作用；台阶、门、走廊、楼梯起着沟通房屋内外和上下交通的作用；窗则主要用于采光和通风；墙群、勒脚、踢脚板等起着保护墙身的作用。

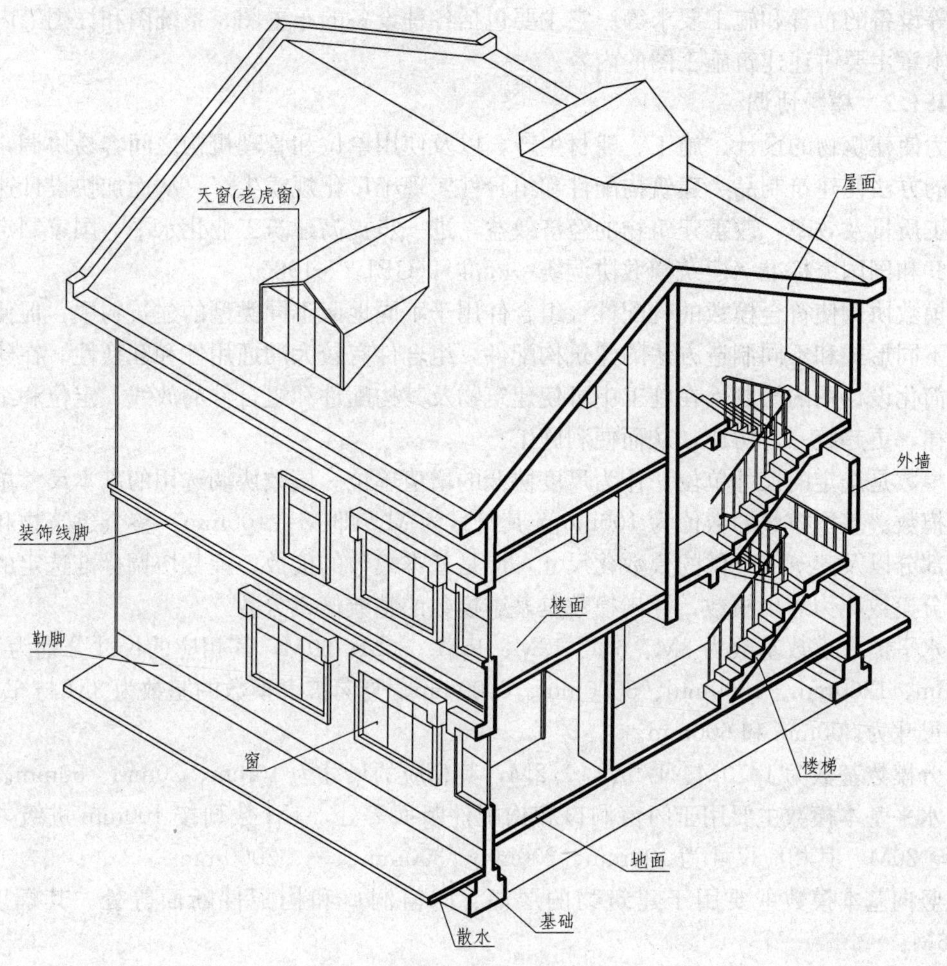

图 4-2 房屋的组成（二）

2. 房屋施工图的分类

在工程建设中，首先要进行规划、设计，并绘制成图，然后按照图进行施工。

遵照建筑制图标准和建筑专业的习惯画法绘制建筑物的多面正投影图，并注写尺寸和文字说明的图样，称为建筑图。

建筑图包括建筑物的方案图、初步设计图（简称初设图）和扩大初步设计图（简称扩初图）以及施工图。

施工图根据其内容和各工程的不同分为以下几种：

(1) 建筑施工图（简称建施图)。主要用来表示建筑物的规划位置、外部造型、内部各房间的布置、内外装修、构造及施工要求等。它的内容主要包括施工图首页、总平面图、各层平面图、立面图、剖面图及详图。

(2) 结构施工图（简称结构图)。主要表示建筑物承重结构的结构类型、结构布置、构件种类、数量、大小及作法。它的内容包括结构设计说明、结构平面布置图及构件详图。

(3) 设备施工图（简称设施图)。主要表达建筑物的给水排水、暖气通风、供电照明、燃气等设备的布置和施工要求等。它主要包括各种设备的布置图、系统图和详图等内容。

本章主要讲述建筑施工图的内容。

4.1.2 模数协调

为使建筑物的设计、施工、建材生产，以及使用单位和管理机构之间容易协调，采用标准化的方法使建筑制品、建筑构配件和组合件实现工厂化规模生产，从而加快设计速度，提高施工质量及效率，改善建筑物的经济效益，进一步提高建筑工业化水平，国家制定了中华人民共和国国家标准《建筑模数协调统一标准》(GBJ 2—1986)。

模数协调使符合模数的构配件、组合件用于不同地区不同类型的建筑物中，促使不同材料、不同形式和不同制造方法的建筑构配件，组合件有较大的通用性和互换性。在建筑设计中可简化设计图的绘制，在施工中可使建筑物及其构配件和组合件的放线、定位和组合等更有规律，更趋统一，协调，从而便利施工。

模数是选定的尺寸单位，作为尺度协调的增值单位。模数协调选用的基本尺寸单位称为基本模数。基本模数的数值为 100mm，其符号为 M，即 M=100mm，整个建筑物和建筑物的一部分以及建筑组合件的模数化尺寸，应是基本模数的倍数。模数协调标准选定的扩大模数和分模数称为导出模数，导出模数是基本模数的整数倍或分数。

水平扩大模数基数为 3M、6M、12M、15M、30M、60M，其相应的尺寸分别为 300mm、600mm、1200mm、1500mm、3000mm、6000mm，竖向扩大模数的基数为 3M 与 6M，其相应的尺寸为 300mm 和 600mm。

分模数基数为 1/10M、1/5M、1/2M，其相应的尺寸为 10mm、20mm、50mm。

水平基本模数主要用于门窗洞口和构配件断面等处，1M 数列按 100mm 进级，幅度由 1M 至 20M。其相应尺寸为 100mm、200mm、300mm、…、2000mm。

竖向基本模数主要用于建筑物的层高、门窗洞口和构配件断面等处。其幅度由 1M 至 36M。

水平扩大模数主要用于建筑物的开间（柱距）、进深（跨度）、构配件尺寸和门窗洞口等处。其 3M 数列按 300mm 进级，幅度由 3M 至 7.5M，相应尺寸为 300mm、600mm、900mm、…、7500mm。

竖向扩大模数的 3M 数列主要用于建筑物的高度、层高和门窗洞口等处。6M 数列主要用于建筑物的高度与层高。它们的数列幅度皆不受限制。

分模数主要用于缝隙、构造节点、构配件断面等处。其 1/10M 数列按 10mm 进级，幅度由 1/10M 至 2M；1/5M 数列按 50mm 进级，幅度由 1/5M 至 4M；1/2M 数列按 50mm 进级，幅度由 1/2M 至 10M。

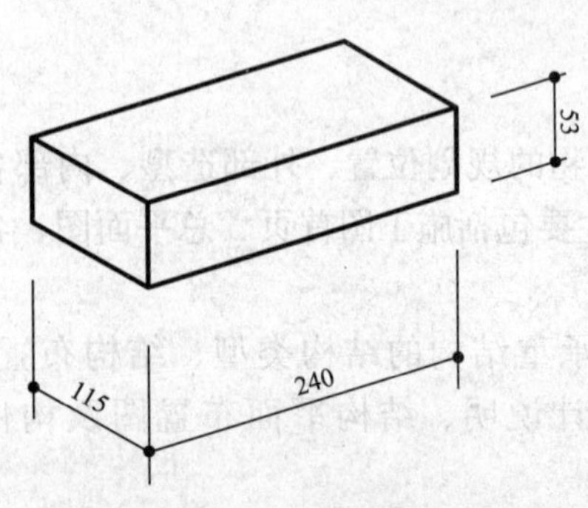

图 4-3 标准砖尺寸

4.1.3 砖墙及砖的规格

在我国传统的多层房屋建筑中，墙身一般以砖墙为主，另外有石墙、混凝土墙、砌块墙等。砖墙的尺寸与砖的规格有密切联系。建筑中墙身采用的砖，不论是粘土砖、页岩砖、灰砂砖，当其尺寸为 240×115×53 时，这种砖称为标准砖（图 4-3）。采用标准砖砌筑的墙体厚度的标志尺寸为 120（半砖墙，实际厚度 115）、180（3/4 砖墙，实际厚度 178）、240（一砖墙，实际厚度 240)、370（一砖半墙，实际厚度 365)、490（二砖墙，实际厚度 490）等（图 4-4)。砖的强度等级是根据 10 块砖抗压强度平均值和标准值划分的，共有六个级别，即 MU30、MU25、MU20、MU15、MU10、MU7.5。

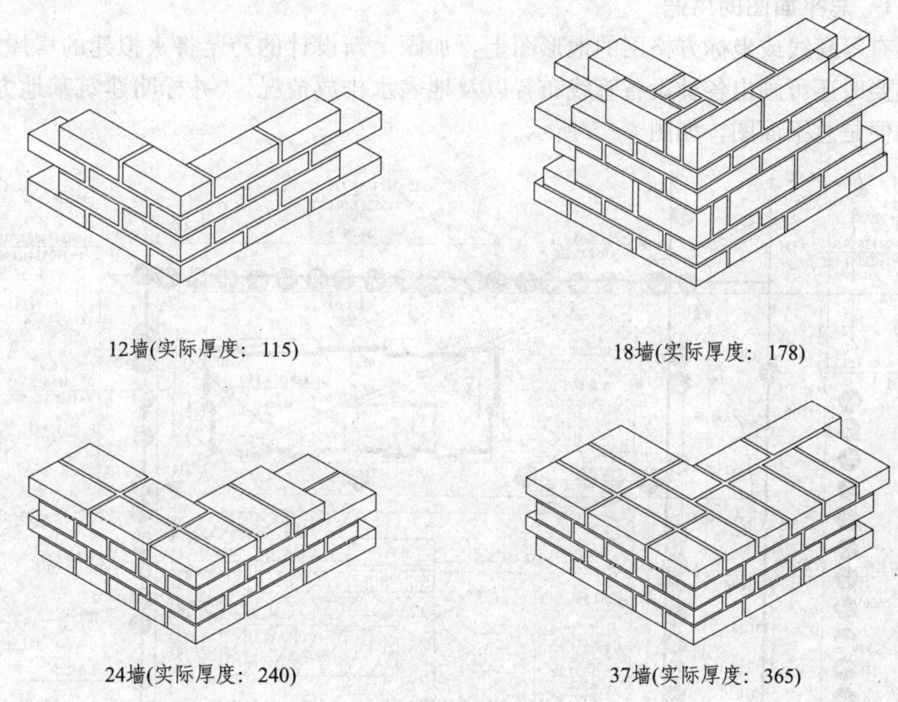

图 4-4 标准砖砌筑的墙体厚度

砌筑砖墙的粘结材料为砂浆，根据砂浆的材料不同有石灰砂浆（石灰、砂)，混合砂浆（石灰、水泥、砂)、水泥砂浆（水泥、砂)。砂浆的抗压强度等级有 M1.0、M2.5、M5.0、M7.5、M10 五个等级。

在混合结构及钢筋混凝土结构的建筑物中，还常涉及混凝土的抗压强度等级。混凝土的抗压强度等级分为十二级，即 C7.5、C10、C15、C20、C25、C30、C35、C40、C45、C50、C55、C60。

4.1.4 标准图与标准图集

为了加快设计与施工的速度，提高设计与施工的质量，把各种常用的、大量性的房屋建筑及建筑构配件，按“国标”规定的统一模数，根据不同的规格标准，设计编出成套的施工图，以供选用。这种图样，称为标准图或通用图。将其装订成册即为标准图集。标准图集的使用范围限制在图集批准单位所在的地区。

标准图有两种，一种是整幢房屋的标准设计（定型设计)；另一种是目前大量使用的建筑构配件标准图集。建筑标准图集的代号常用“建”或字母“J”表示。如北京市“铝合金门窗图集”代号为“京 97SJ-01”；西南地区（云、贵、川、渝、藏）“屋面构造图集”代号为“西南 03J201-1 屋面”。结构标准图集的代号常用“结”或字母“G”表示。如国家颁布“现浇钢筋混凝土楼梯图集”代号为“06G308”；重庆市“过梁、小梁、雨篷图集”代号为“渝结 8207”等。

4.2 总 平 面 图

4.2.1 总平面图的用途

在画有等高线或坐标方格网的地形图上，加画上新设计的乃至将来拟建的房屋、道路、绿化（必要时还可画出各种设备管线布置以及地表水排放情况），并标明建筑基地方位及风向的图样便是总平面图，如图 4－5 所示。

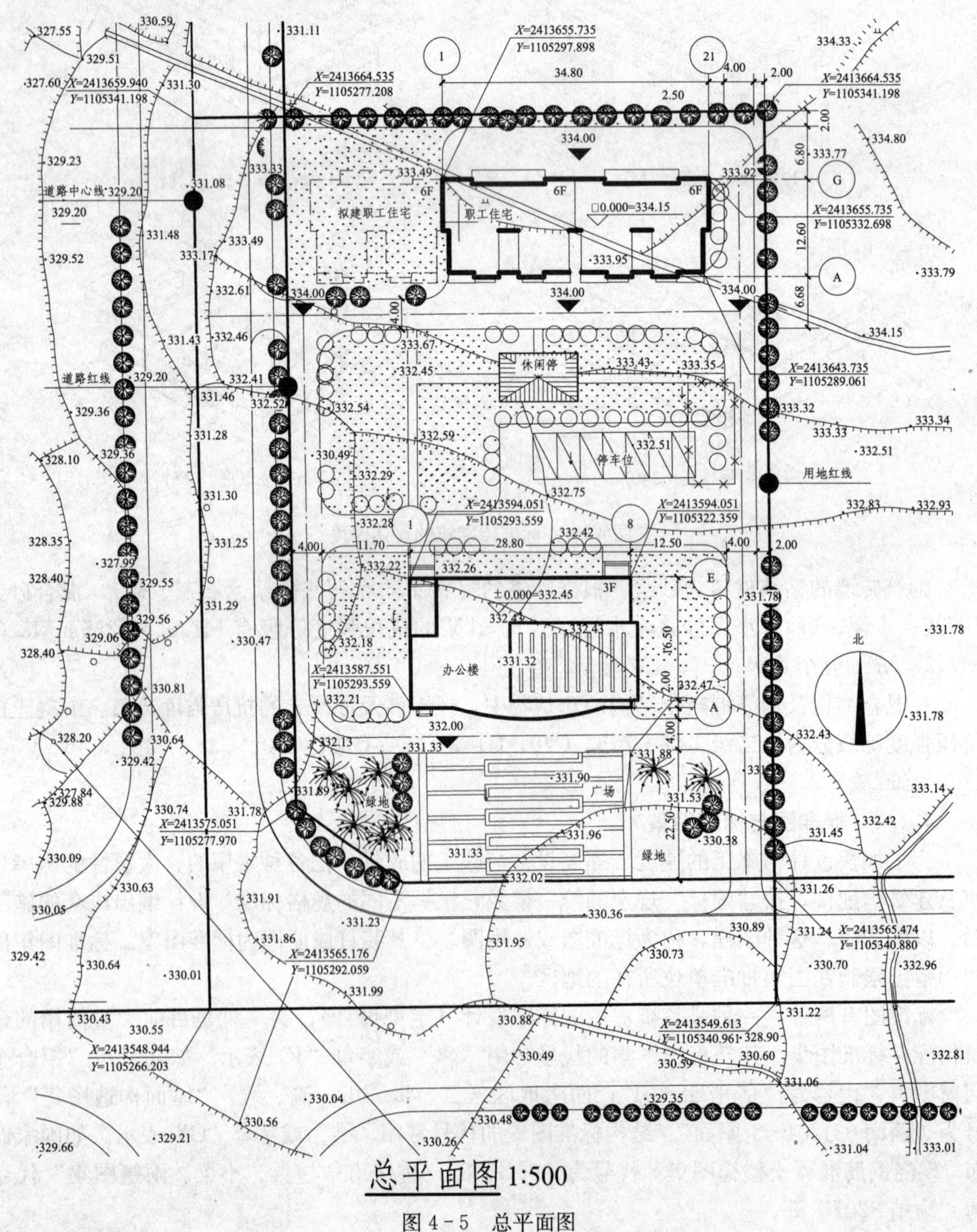

图 4－5 总平面图

总平面图是用来表示整个建筑基地的总体布局，包括新建房屋的位置、朝向以及周围环境（如原有建筑物、交通道路、绿化、地形、风向等）的情况。总平面图是新建房屋的定位、放线以及布置施工现场的依据。

4.2.2 总平面图的比例

由于总平面图包括地区较大，中华人民共和国国家标准《总图制图标准》（GB/T 50103—2001）规定：总平面图的比例应用 1∶500、1∶1000、1∶2000 来绘制。实际工程中，由于国土局以及有关单位提供的地形图常为 1∶500 的比例，故总平面图常用 1∶500 的比例绘制（图 4-5）。

4.2.3 总平面图的图例

由于总平面图的比例较小，故总平面图上的房屋、道路、桥梁、绿化等都用图例表示。表 4-1 列出《总图制图标准》规定的总图图例（图例：以图形规定的画法称为图例）。在较复杂的总平面图中，如用了一些《总图制图标准》上没有的图例，应在图纸的适当位置加以说明。总平面图常画在有等高线和坐标网格的地形图上，地形图上的坐标称为测量坐标，是用与地形图相同比例画出的 50m×50m 或 100m×100m 的方格网，此方格网的竖轴用 X 表示，横轴用 Y 表示。一般房屋的定位应注其三个角的坐标，如建筑物、构筑物的外墙与坐标轴线平行，可标注其对角坐标。

表 4-1 总平面图图例（摘自 GB/T 50103—2001）

名称	图例	说明
新建的建筑物	8	1. 需要时，可用▲表示出入口，可在图形内右上角用点数或数字表示层数。 2. 建筑物外形（一般以 0.00 高度处的外墙定位轴线或外墙面线为准）用粗实线表示，需要时，地面以上建筑用中粗实线表示，地面以下建筑用细虚线表示
原有的建筑物		用细实线表示
计划扩建的预留地或建筑物（拟建的建筑物）		用中粗虚线表示
拆除的建筑物		用细实线表示
建筑物下面的通道		
散状材料露天堆场		需要时可注明材料名称
其他材料露天堆场或露天作业场		

续表

名称	图例	说明
铺砌场地	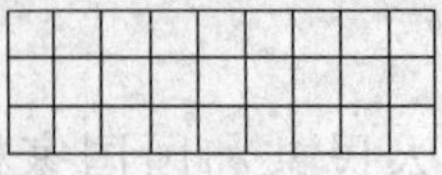	
烟囱		
围墙及大门	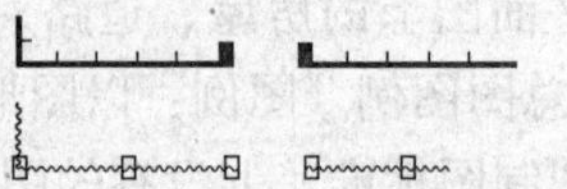	上图为实体性质的围墙，下图为通透性质围墙，如仅表示围墙时不画大门
挡土墙 挡土墙上设围墙		被挡土在“突出”的一侧
坐标	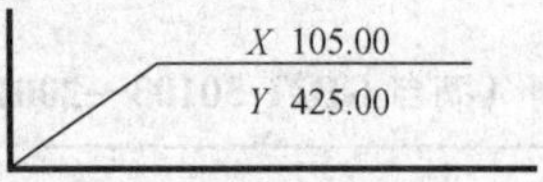 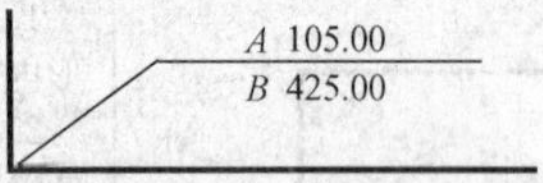 X 105.00 Y 425.00 A 105.00 B 425.00	上图表示测量坐标 下图表示建筑坐标
填挖边坡 护坡	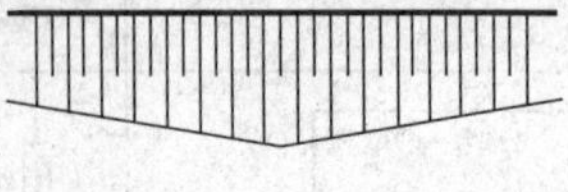	1. 边坡较长时，可在一端或两端局部表示。 2. 下边线为虚线时表示填方
雨水口		
消火栓井		
室内标高	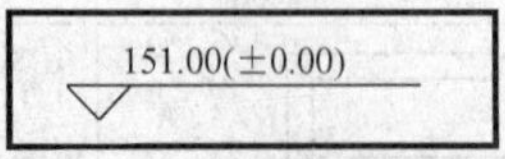 151.00(±0.00)	
室外标高	 143.00　● 143.00	室外标高也可采用等高线表示

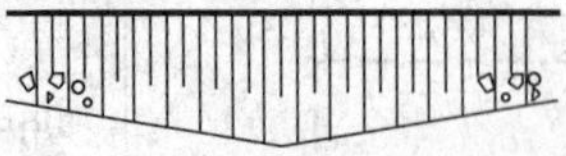

新建房屋的朝向（对整个房屋而言，主要出入口的墙面所面对的方向；对一般房间而言，则指主要开窗面所面对的方向称为朝向）与风向，可在图纸的适当位置绘制指北针或风向频率玫瑰图（简称“风玫瑰”）来表示，指北针应按中华人民共和国国家标准《房屋建筑制图统一标准》（GB/T 50001—2001）规定绘制，如图 4－6 所示，指针方向为北向，圆用细实线，直径为 24mm，指针尾部宽度为 3mm，指针针尖处应注写“北”或“N”字。如需用较大直径绘制指北针时，指针尾部宽度宜为直径的 1/8。

风向频率玫瑰图在 8 个或 16 个方位线上用端点与中心的距离，代表当地这一风向在一年中发生的频率，粗实线表示全年风向，细虚线范围表示夏季风向。风向由各方位吹向中心，风向线最长者为主导风向，如图 4－7 所示。

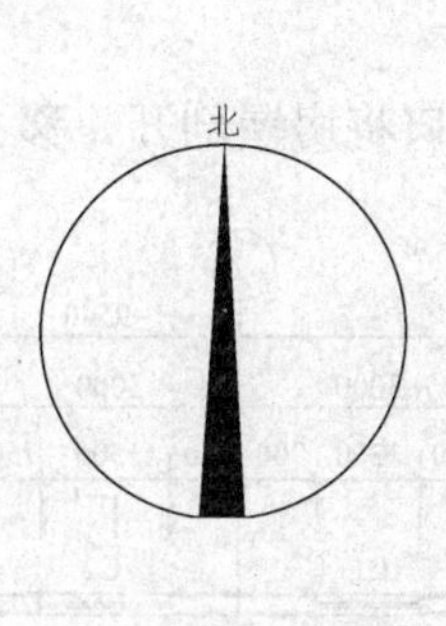

图 4－6 指北针图

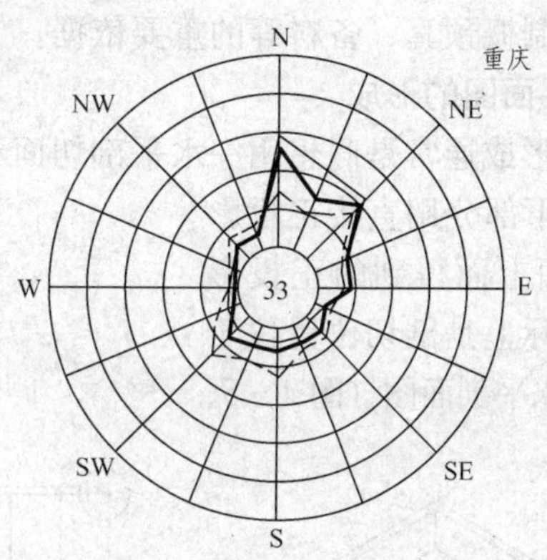

图 4－7 风向频率玫瑰图

4.2.4 总平面图的尺寸标注

总平面图上的尺寸应标注新建房屋的总长、总宽以及与周围房屋或道路的间距，尺寸以米为单位，标注到小数点后两位。新建房屋的层数在房屋图形右上角上用点数或数字表示。一般低层、多层用点数表示层数，高层用数字表示，如果为群体建筑也可统一用点数或数字表示。

新建房屋的室内地坪标高为绝对标高（我国青岛市外黄海海平面为±0.000 的标高），这也是相对标高（以某建筑物底层室内地坪为±0.000 的标高）的零点。标高符号的规格及画法如图 1－31 所示。室外整平标高采用全部涂黑的等腰三角形“▼”表示，大小形状同标高符号。总平面图上标高单位为“米”，标到小数点后两位。

图 4－5 为某办公楼及职工住宅所建地的总平面图。从图中可以看出整个基地平面很规则，南边是规划的城市主干道，西边是规划的城市次干道，东边和北边是其他单位建筑用地。新建办公楼位于整个基地的中部，其建筑的定位已用测量坐标标出了三个角点的坐标，其朝向可根据指北针判断为坐北朝南，新建办公楼的南边是入口广场，北边是一已建好的休闲亭和停车场及即将新建职工住宅，东边和西边都布置有较好的绿地，使整个环境开敞、空透，形成较好的绿化景观。用粗实线画出的新建办公楼共 4 层，轴线总长 44.10m，总宽 14.40m，距东边环形通道 4.00m，距南边环形通道 2.80m。新建办公楼的室内整平标高为 332.45m，室外整平标高为 332.00m。从图中还可以看到紧靠新建办公楼的北偏东方向停车场边有一需拆除的建筑。基地北边用粗实线画出的是即将新建的两个单元的职工住宅，该新建的职工住宅共 6 层，总长 34.80m，总宽 12.60m，距北边建筑红线 8.80m，距东边建筑红线 8.50m。新建的职工住宅的室内整平标高为 334.15m，室外整平标高为

334.00m。而在即将新建的两个单元的职工住宅的西边准备再拼建一个单元的职工住宅，故在此用虚线来表示的。

4.3 建筑平面图

4.3.1 建筑平面图的用途

建筑平面图是用以表达房屋建筑的平面形状、房间布置、内外交通联系，以及墙、柱、门窗等构配件的位置，尺寸，材料和做法等内容的图样。建筑平面图简称平面图。

平面图是建筑施工图的主要图样之一，是施工过程中房屋的定位放线、砌墙、设备安装、装修及编制概预算、备料等的重要依据。

4.3.2 平面图的形成

平面图的形成通常是假想用一水平剖切面经过门窗洞口将房屋剖开，移去剖切平面以上的部分，将余下部分用直接正投影法投射到 H 面上而得到的正投影图。平面图实际上是剖切位置位于门窗洞口处的水平剖面图（图 4-8、图 4-9）。

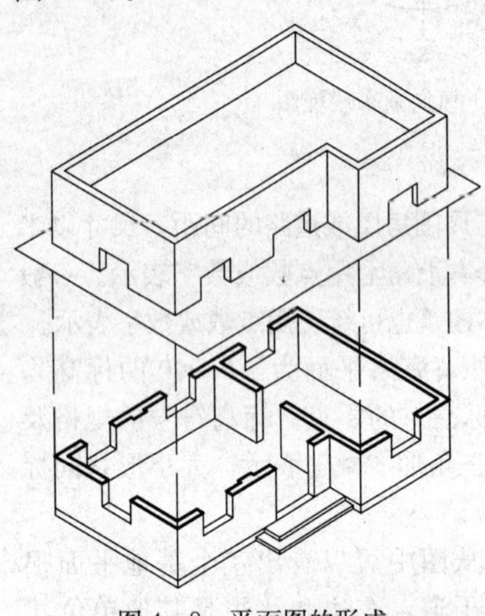

图 4-8 平面图的形成

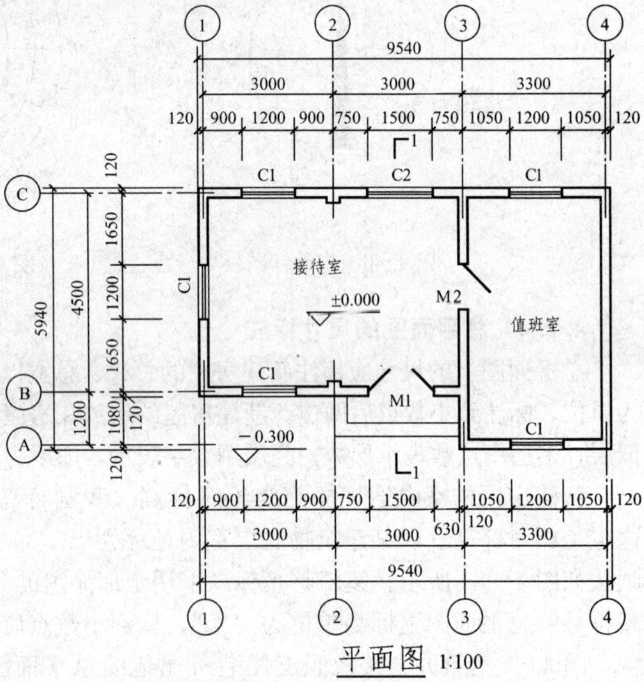

平面图 1:100

图 4-9 平面图

4.3.3 平面图的比例及图名

1. 比例

平面图用 1∶50、1∶100、1∶200 的比例绘制。实际工程中常用 1∶100 的比例绘制。

2. 图名

一般情况下，房屋有几层就画几个平面图，在平面图的下方应标注相应的图名，如“底层平面图”、“二层平面图”等。图名下方应加一条粗实线，图名右方标注比例。当房屋中间若干层的平面布局，构造情况完全一致时，则可用一个平面图来表达这种相同布局的若干层，称之为标准层平面图。

4.3.4 平面图的图示内容

底层平面图应画出房屋本层相应的水平投影，以及与本栋房屋有关的台阶、花池、散水等的投影（图4-9）；二层平面图除画出房屋二层范围的投影内容之外，还应画出底层平面图无法表达的雨篷、阳台、窗楣等内容，而对于底层平面图上已表达清楚的台阶、花池、散水等内容就不再画出；三层以上的平面图则只需画出本层的投影内容及下一层的窗楣、雨篷等这些下一层无法表达的内容。

建筑平面图由于比例小，各层平面图中的卫生间、楼梯间、门窗等投影难以详尽表示，采用中华人民共和国国家标准《建筑制图标准》（GB/T 50104—2001）规定的图例来表达，而相应的详尽情况则另用较大比例的详图来表达。具体图例见表4-2。

表4-2　　建筑构造及配件图例（摘自GB/T 50104—2001）

序号	名称	图例	说明
1	墙体	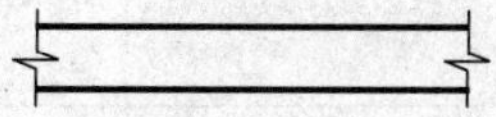	应加注文字或填充图例表示墙体材料，在项目设计图纸说明中列表给予说明
2	隔断		1. 包括板条抹灰、木制、石膏板、金属材料等隔断。 2. 适用于到顶与不到顶隔断
3	栏杆		用细实线表示
4	楼梯	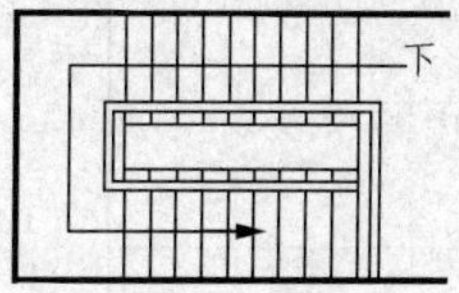 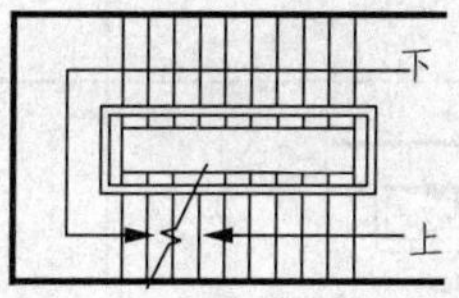 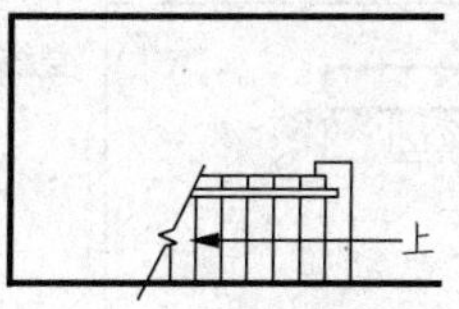 下 下 上 上	1. 上图为顶层楼梯平面，中图为中间层楼梯平面，下图为底层楼梯平面 2. 楼梯及栏杆扶手的形式和梯段踏步数应按实际情况绘制
5	坡道	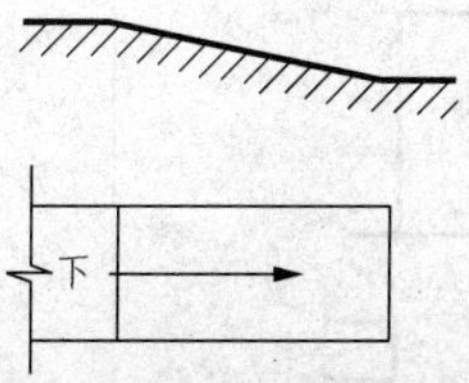 下	此图为长坡道

续表

序号	名称	图例	说明
5	坡道	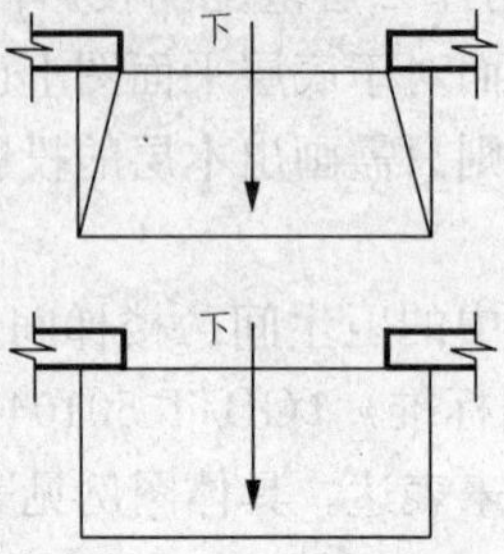 下 下	此图为门口坡道
6	平面高差	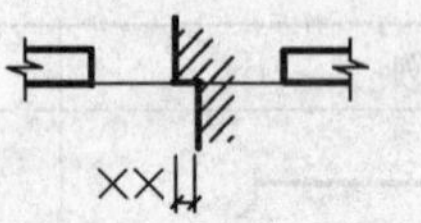 ××↓	适用于高差小于 100 的两个地面或楼面相接处
7	检查孔		左图为可见检查孔，右图为不可见检查孔
8	孔洞		阴影部分可以涂色代替
9	坑槽		
10	墙预留洞	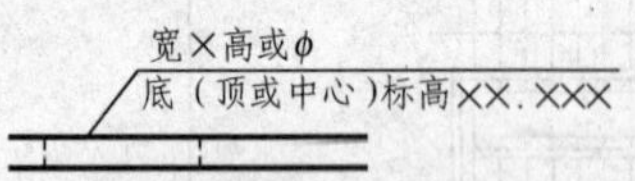 宽×高或ϕ 底（顶或中心）标高××.×××	1. 以洞中心或洞边定位。 2. 宜以涂色区别墙体和留洞位置
11	墙预留槽	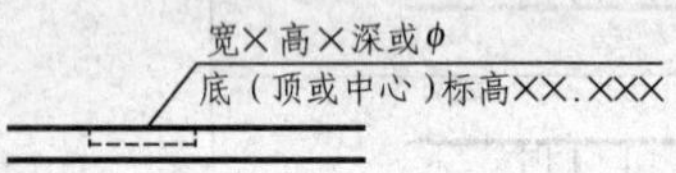 宽×高×深或ϕ 底（顶或中心）标高××.×××	
12	烟道	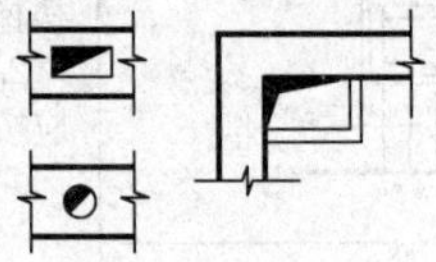	1. 阴影部分可以涂色代替。 2. 烟道与墙体为同一材料，其相接处墙身线应断开
13	通风道	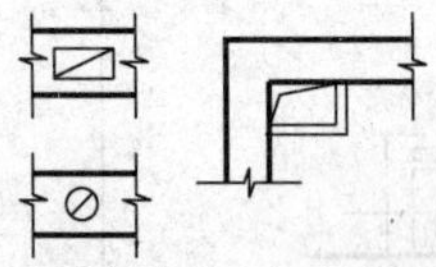	
14	空门洞	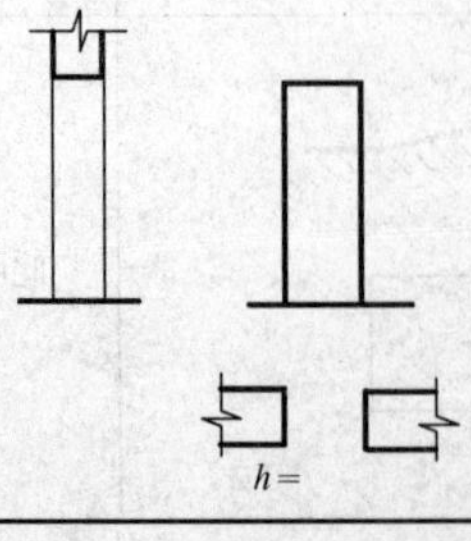 h=	h 为门洞高度

续表

序号	名称	图 例	说 明
15	单扇门（包括平开或单面弹簧）	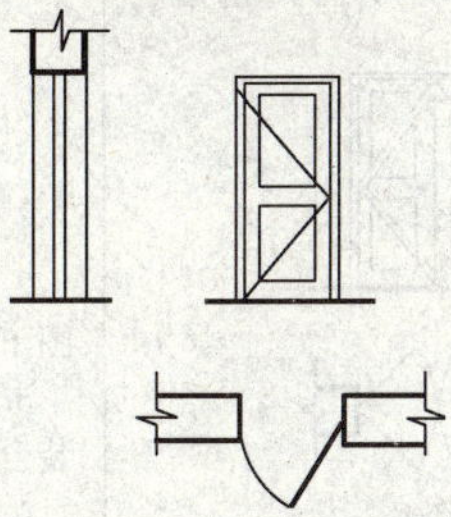	1. 门的名称代号用M。 2. 图例中剖面图左为外、右为内，平面图下为外、上为内。 3. 立面图上开启方向线交角的一侧为安装合叶一侧，实线为外开，虚线为内开。 4. 平面图上门线应90°或45°开启，开启弧线宜绘出。 5. 立面图上开启线在一般的设计图中可不表示，在详图及室内设计图上应表示。 6. 立面形式应按实际情况绘制
16	双扇门（包括平开或单面弹簧）	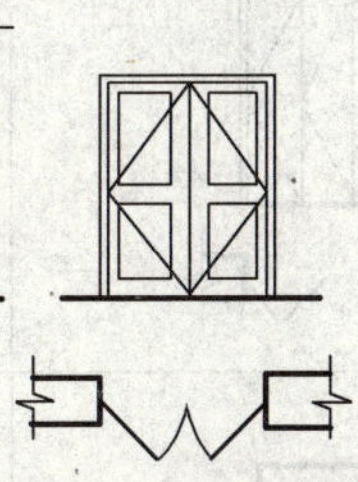	
17	单扇双面弹簧门	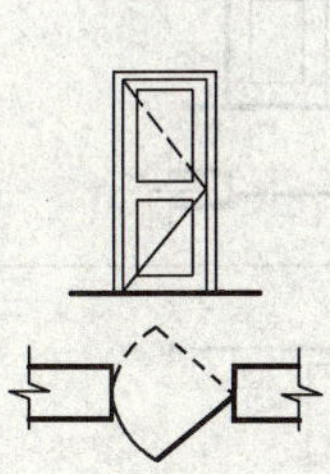	
18	双扇双面弹簧门	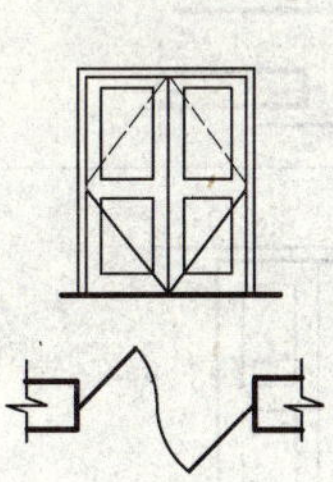	
19	单扇内外开双层门（包括平开或单面弹簧）	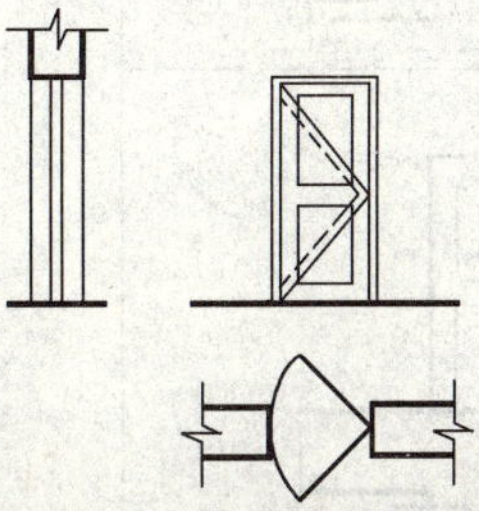	

续表

序号	名称	图　例	说　明
20	双扇内外开双层门（包括平开或单面弹簧）	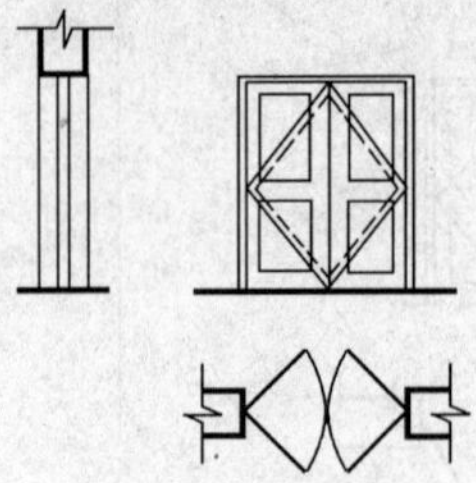	1. 门的名称代号用 M。 2. 图例中剖面图左为外、右为内，平面图下为外、上为内。 3. 立面图上开启方向线交角的一侧为安装合叶一侧，实线为外开，虚线为内开。 4. 平面图上门线应 90°或 45°开启，开启弧线宜绘出。 5. 立面图上开启线在一般的设计图中可不表示，在详图及室内设计图上应表示。 6. 立面形式应按实际情况绘制
21	对开折叠门	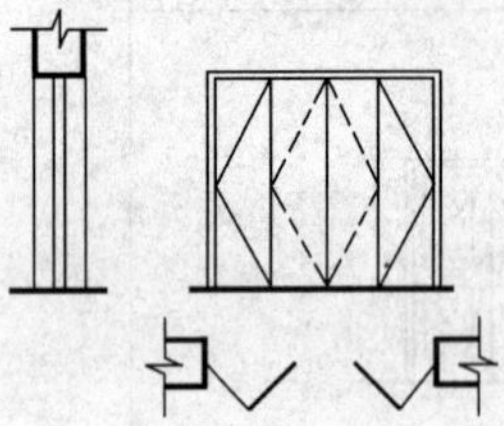	
22	推拉门		同单扇门说明中的 1、2、6
23	墙外单扇推拉门	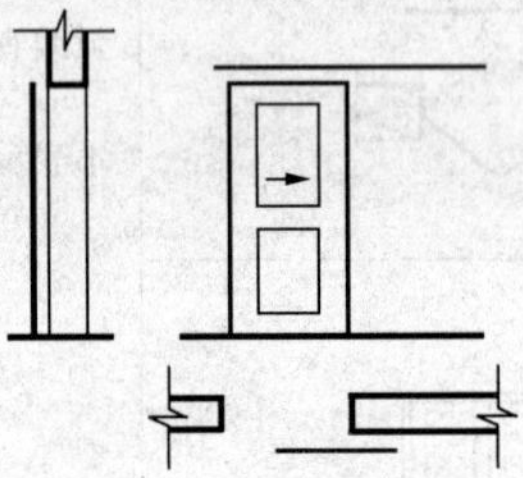	
24	墙外双扇推拉门	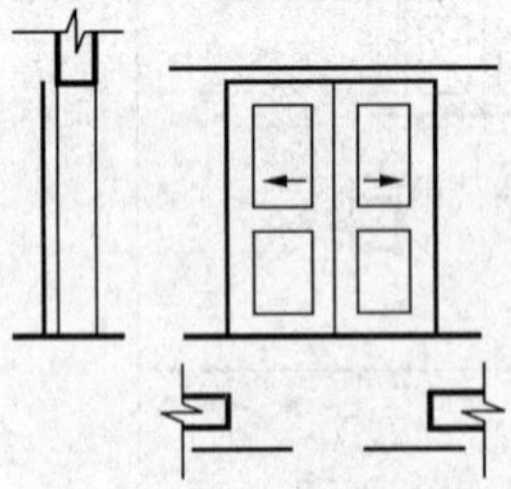	
25	墙中单扇推拉门	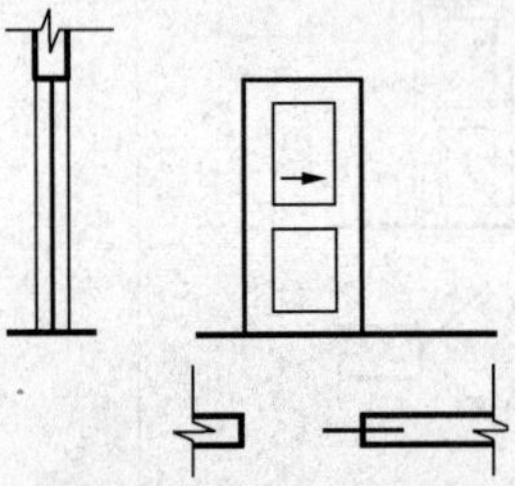	

续表

<table>
<tr><th>序号</th><th>名称</th><th>图　例</th><th>说　明</th></tr>
<tr><td>26</td><td>墙中双扇
推拉门</td><td>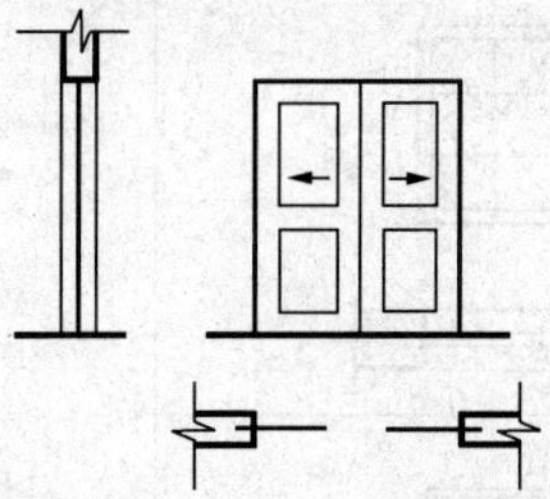</td><td>同单扇门说明中的1、2、6</td></tr>
<tr><td>27</td><td>自动门</td><td>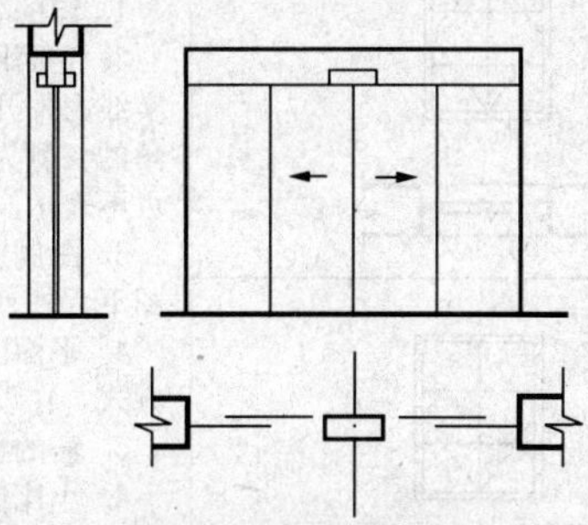</td><td>同单扇门说明中的1、2、6</td></tr>
<tr><td>28</td><td>竖向卷帘门</td><td>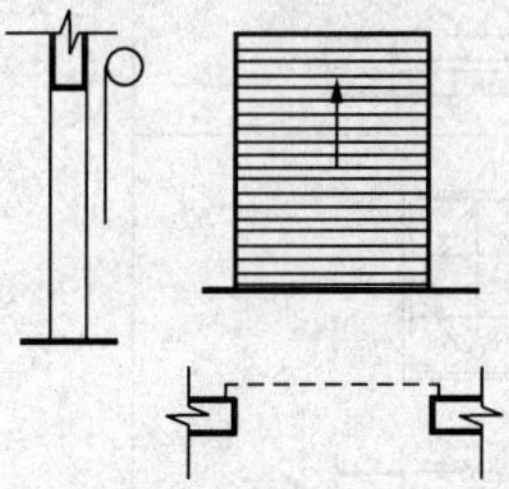</td><td>同单扇门说明中的1、2、6</td></tr>
<tr><td>29</td><td>单层固定窗</td><td>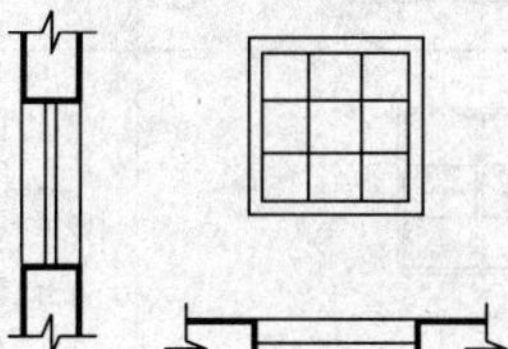</td><td rowspan="3">1. 窗的名称代号用C表示。
2. 立面图中的斜线表示窗的开启方向，实线为外开，虚线为内开；开启方向线交角的一侧为安装合叶一侧，一般设计图中可不表示。
3. 图例中剖面图左为外、右为内，平面图下为外、上为内。
4. 平面图和剖面图上的虚线仅说明开关方式，在设计图中不需表示。
5. 窗的立面形式应按实际情况绘制。
6. 小比例绘图时平、剖面的窗线可用单粗实线表示</td></tr>
<tr><td>30</td><td>单层外开
上开窗</td><td>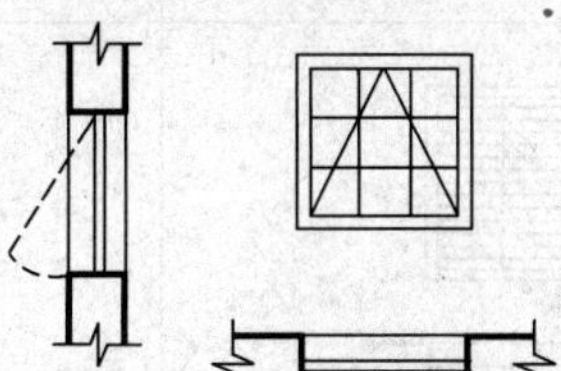</td></tr>
<tr><td>31</td><td>单层中悬窗</td><td>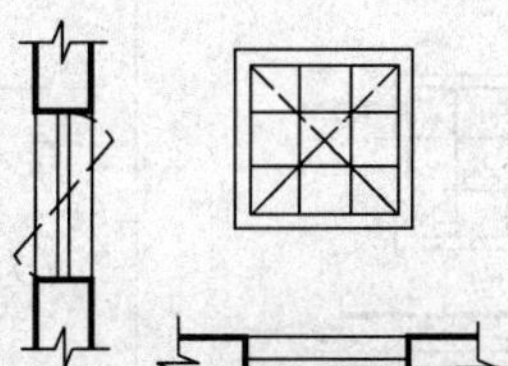</td></tr>
</table>

续表

<table>
<tr><th>序号</th><th>名称</th><th>图　例</th><th>说　明</th></tr>
<tr><td>32</td><td>立转窗</td><td> 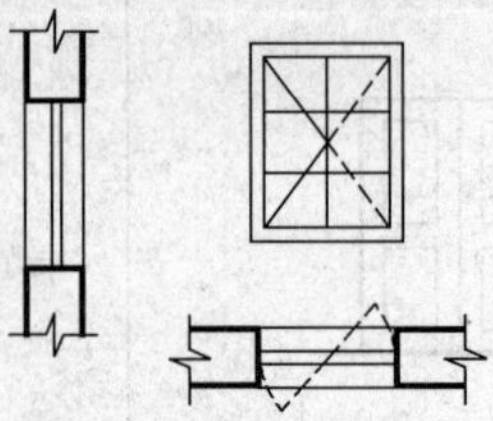</td><td rowspan="4">1. 窗的名称代号用 C 表示。
2. 立面图中的斜线表示窗的开启方向，实线为外开，虚线为内开；开启方向线交角的一侧为安装合叶一侧，一般设计图中可不表示。
3. 图例中剖面图左为外、右为内，平面图下为外、上为内。
4. 平面图和剖面图上的虚线仅说明开关方式，在设计图中不需表示。
5. 窗的立面形式应按实际情况绘制。
6. 小比例绘图时平、剖面的窗线可用单粗实线表示</td></tr>
<tr><td>33</td><td>单层外开
平开窗</td><td></td></tr>
<tr><td>34</td><td>单层内开
平开窗</td><td></td></tr>
<tr><td>35</td><td>双层内外开
平开窗</td><td></td></tr>
<tr><td>36</td><td>推拉窗</td><td> 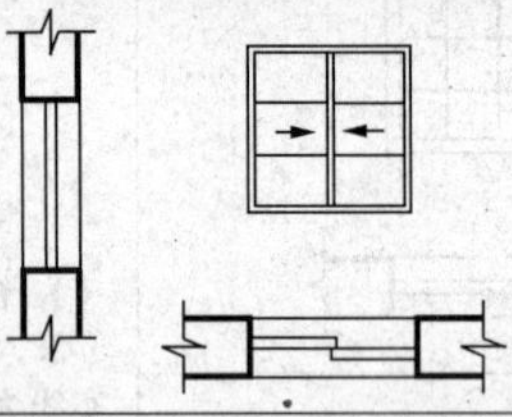</td><td>1. 窗的名称代号用 C 表示。
2. 图例中剖面图左为外、右为内，平面图下为外、上为内。
3. 窗的立面形式应按实际情况绘制。
4. 小比例绘图时平、剖面的窗线可用单粗实线表示</td></tr>
<tr><td>37</td><td>百叶窗</td><td> 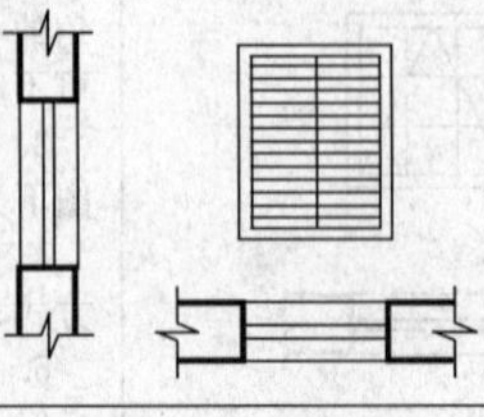</td><td>同“单层内开平开窗”说明中的 1、2、3、4、5</td></tr>
<tr><td>38</td><td>高窗</td><td> 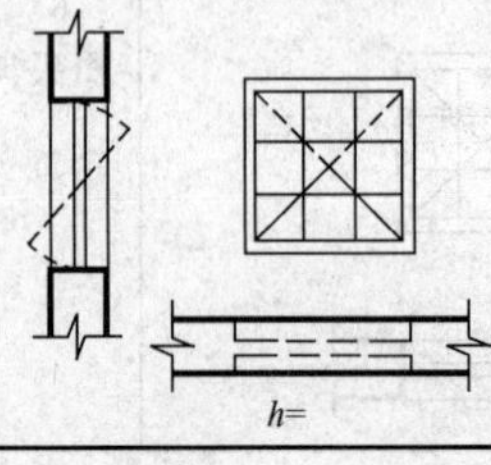h=</td><td>同“单层内开平开窗”说明中的 1、2、3、4、5。
h 为窗底距本层楼地面的高度</td></tr>
</table>

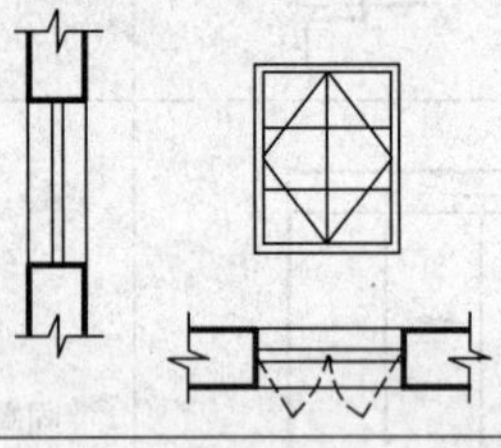

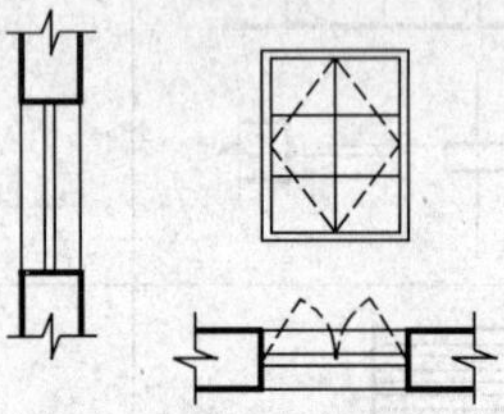

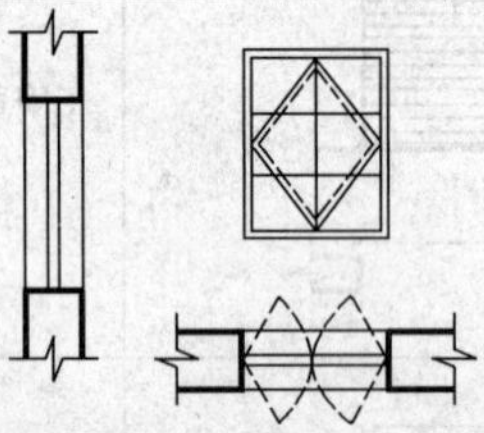

4.3.5 平面图的线型

建筑平面图的线型，按《建筑制图标准》规定，凡是剖到的墙、柱的断面轮廓线，宜用粗实线，门扇的开启示意线用中粗实线表示，其余可见投影线则用细实线表示（图4-9）。

4.3.6 建筑平面图的轴线编号

为了建筑产业化，在建筑平面图中，采用轴线网格划分平面，使房屋的平面布置以及构件和配件趋于统一，这些轴线称为定位轴线，它是确定房屋主要承重构件（墙、柱、梁）位置及标注尺寸的基线。中华人民共和国国家标准《房屋建筑制图统一标准》（GB/T 50001—2001）规定：水平方向的轴线自左至右用阿拉伯数字依次连续编为①、②、③……；竖直方向自下而上用大写拉丁字母连续编写Ⓐ、Ⓑ、Ⓒ……，并除去I、O、Z三个字母，以免与阿拉伯数字中1、0、2三个数字混淆；如建筑平面形状较特殊，也可以采用分区编号的形式来编注轴线，其方式为“分区号—该区轴线号”（图4-10）。

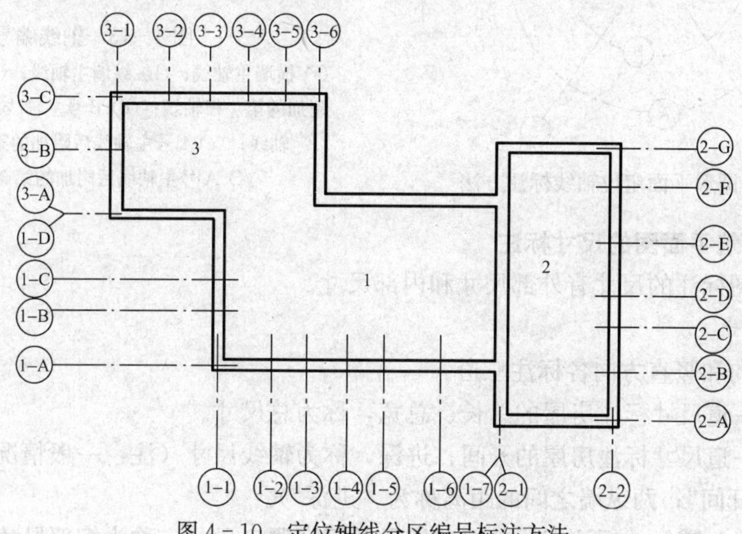

图4-10 定位轴线分区编号标注方法

如果平面为折线形，定位轴线的编号也可用分区，亦可以自左至右依次编注（图4-11）。

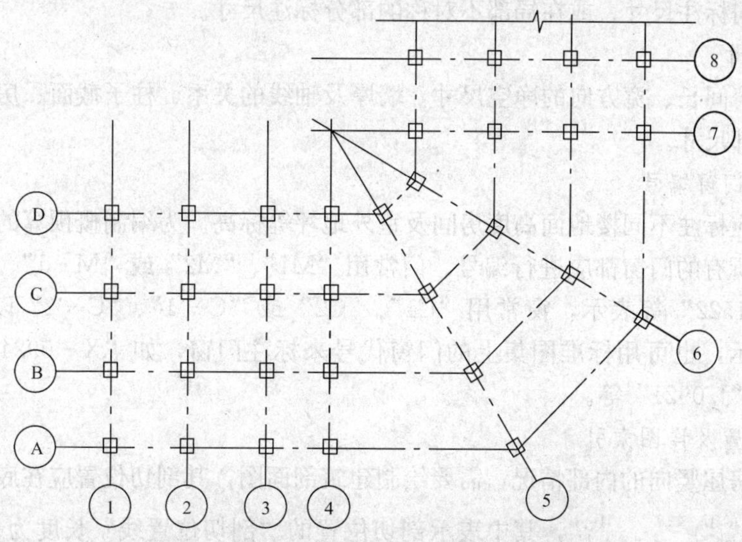

图4-11 折线形平面定位轴线标注方法

如为圆形平面，定位轴线则应以圆心为准呈放射状依次编注，并以距圆心距离决定其另一方向轴线位置及编号（图 4－12）。

一般承重墙柱及外墙编为主轴线，非承重墙、隔墙等编为附加轴线（又称分轴线）。第一号主轴线①或Ⓐ前的附加轴线编号为 $\frac{1}{01}$ 或 $\frac{1}{0A}$，见图 4－13。轴线线圈用细实线画出，直径为 8～10mm。

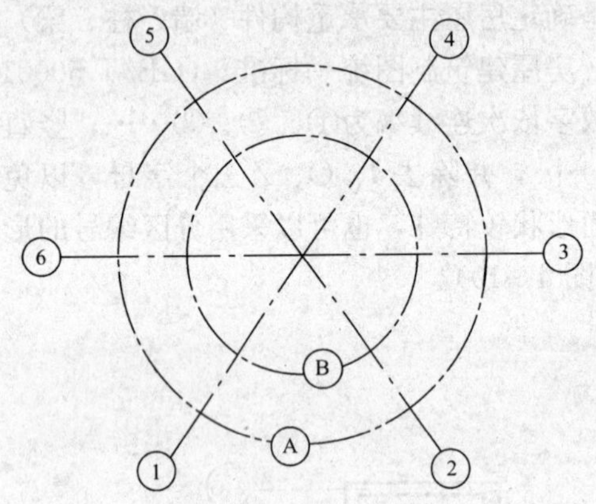

图 4－12　圆形平面定位轴线标注方法

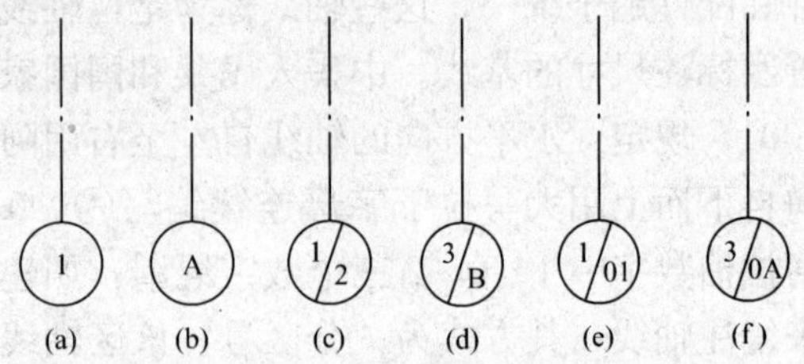

图 4－13　轴线编号

(a) 横墙主轴线；(b) 纵墙主轴线；(c) 2 号主轴线后附加的第 1 根轴线；(d) B 号主轴线后附加的第 3 根轴线；(e) 1 号主轴线后附加的第 1 根轴线；(f) A 号主轴线后附加的第 3 根轴线

4.3.7　建筑平面图的尺寸标注

建筑平面图标注的尺寸有外部尺寸和内部尺寸。

1. 外部尺寸

在水平方向和竖直方向各标注三道。

(1) 最外一道尺寸标注房屋的总长、总宽，称为总尺寸。

(2) 中间一道尺寸标注房屋的开间、进深，称为轴线尺寸（注：一般情况下两横墙之间的距离称为“开间”；两纵墙之间的距离称为“进深”）。

(3) 最里边一道尺寸标注房屋外墙的墙段及门窗洞口尺寸，称为细部尺寸。

如果建筑平面图图形对称，宜在图形的左边、下边标注尺寸，如果图形不对称，则需在图形的各个方向标注尺寸，或在局部不对称的部分标注尺寸。

2. 内部尺寸

应标注各房间长、宽方向的净空尺寸，墙厚及轴线的关系、柱子截面、房屋内部门窗洞口、门垛等细部尺寸。

3. 标高、门窗编号

平面图中应标注不同楼地面高度房间及室外地坪等标高。为编制概预算的统计及施工备料，平面图上所有的门窗都应进行编号。门常用“M1”、“M2”或“M－1”、“M－2”以及“M1022”、“M1522”等表示，窗常用“C1”、“C2”或“C－1”、“C－2”以及“C1515”、“C2415”等表示，也可用标准图集上的门窗代号来标注门窗，如“X－0924”、“B. 1515”、“SGC. 1615”、“J. 0921”等。

4. 剖切位置及详图索引

为了表示房屋竖向的内部情况，需要绘制建筑剖面图，其剖切位置应在底层平面图中标出，其符号为“1└─　　─┘1”，其中表示剖切位置的“剖切位置线”长度为 6～10mm；剖视方向线应垂直于剖切位置线，长度应短于剖切位置线，宜为4～6mm。如剖面图与被剖切图样不在同一张图纸内，可在剖切位置线的另一侧注明其所在图纸号。如图中某个部位需要画出详图，则在该部位要标出详图索引标志，表示另有详图表示。平面图中各房间的用途宜用文字标出，如“卧室”、“客厅”、“厨房”等。

图4-14为某住宅的一层平面图，图4-15～图4-19分别为该住宅的二层平面图，三、五层平面图，四、六层平面图，七层平面图及屋顶层平面图。这些图在正式的施工图中都是按《房屋建筑制图统一标准》及《建筑制图标准》的规定用1∶100比例绘制的。

从图4-14中可以看出该住宅平面形状为矩形，一层为车库，每户的车库都独立设置。住宅总长35 040，总宽为15 720。住宅两个单元的出入口设在建筑的南端⑤～⑦轴线间和⑮～⑰轴线间的Ⓑ轴线墙上。通过出入口处上5级台阶进入楼梯间内再由楼梯间上至各层住户。由于一层为车库，要考虑车的出入。故一层室内地坪标高设为±0.000，室外地坪标高为－0.150，即室内外高差为150。剖面图的剖切位置在⑤～⑦轴线之间的楼梯间位置。两个楼梯间的开间尺寸均为2600，进深尺寸均为5400。楼梯间的室内地坪标高为0.700，门外平台地坪标高为0.600；门是宽度为1600，高度为2100，编号为FDM.1621的防盗门。南向车库的开间尺寸均为3300，进深尺寸均为6000。每个南向车库的门都是用的宽度为2700，高度为1800的卷帘门。而北向车库的开间尺寸却有3900和4800两种，进深尺寸仍均为6000。北向车库的门也是卷帘门，高度都为1800，但有3000和3600两种宽度。从图4-14一层平面图中还可以看出沿该建筑的外墙设有宽度为1000的散水。

在图4-15二层平面图中，可以看到以下内容：由于两个单元是完全相同的，故只在左边的单元内部标注尺寸，而在右边的单元内部布置家具以示使用功能。而每个单元都是一梯两户的平面布置，两户的户型完全一致。因此，只要看懂了一户的平面布置即可。下面以左边单元中的左侧一户为例读图。该户型是一户两层的跃层式住宅，二层为跃层的下层。从⑤轴线墙上，Ⓒ到Ⓓ轴线间的编号为FDM.1021防火防盗门进入户内，该跃层下层的平面布置有客厅、厨房、餐厅、卫生间和一个卧室，并在户内设有一个通向跃层上层的楼梯间。客厅的开间尺寸为4800，进深尺寸为6000；在客厅的Ⓕ轴线墙上开有一个通向阳台的宽3000、高2100的塑钢推拉门；此处的阳台被称为“空中花园”，是因为阳台面积较大而且贯穿跃层的上下两层。卧室的面积也较大，其开间尺寸为3900，进深尺寸为4500；卧室的窗是编号为“凸窗.1819”的阳光窗；窗的旁边是室外空调机的安放位置。进入餐厅和厨房的门都是塑钢推拉门，从厨房到生活阳台的门是塑钢带窗门（门窗编号中的数字，一般表示门窗洞口的宽度和高度，如“SGTM.2121”表示进入餐厅的门洞口的宽度为2100、高度为2100，以后不再解释）；餐厅的开间尺寸为3300，进深尺寸为3900；厨房的开间、进深尺寸均为3300；餐厅的窗也是阳光窗；窗的旁边同样有室外空调机的安放位置。在室内楼梯间与卧室之间是公共卫生间，开间、进深尺寸都很小，为2100×2600、门洞口也较窄，为700×2100。室内楼梯间的开间尺寸为2100，进深尺寸为3300；其踏面和踢面的尺寸可从以后的楼梯详图中看到。本层室内地坪标高为2.200m，从楼梯间下10级可下到标高为0.700m到一层的楼梯间地面，从标高为2.200m的二层楼梯间上20级可上到标高为5.200m到三层的楼梯间地面。从二层平面图中还可以看到楼梯间一层出入口上边的雨篷和一层车库的南北两边沿屋顶的投影，以及两个单元间在Ⓑ轴线墙上的拉接连梁的投影。

图4-16是三、五层平面图，也是该跃层式住宅的上层平面图。从图中可以看到：从该

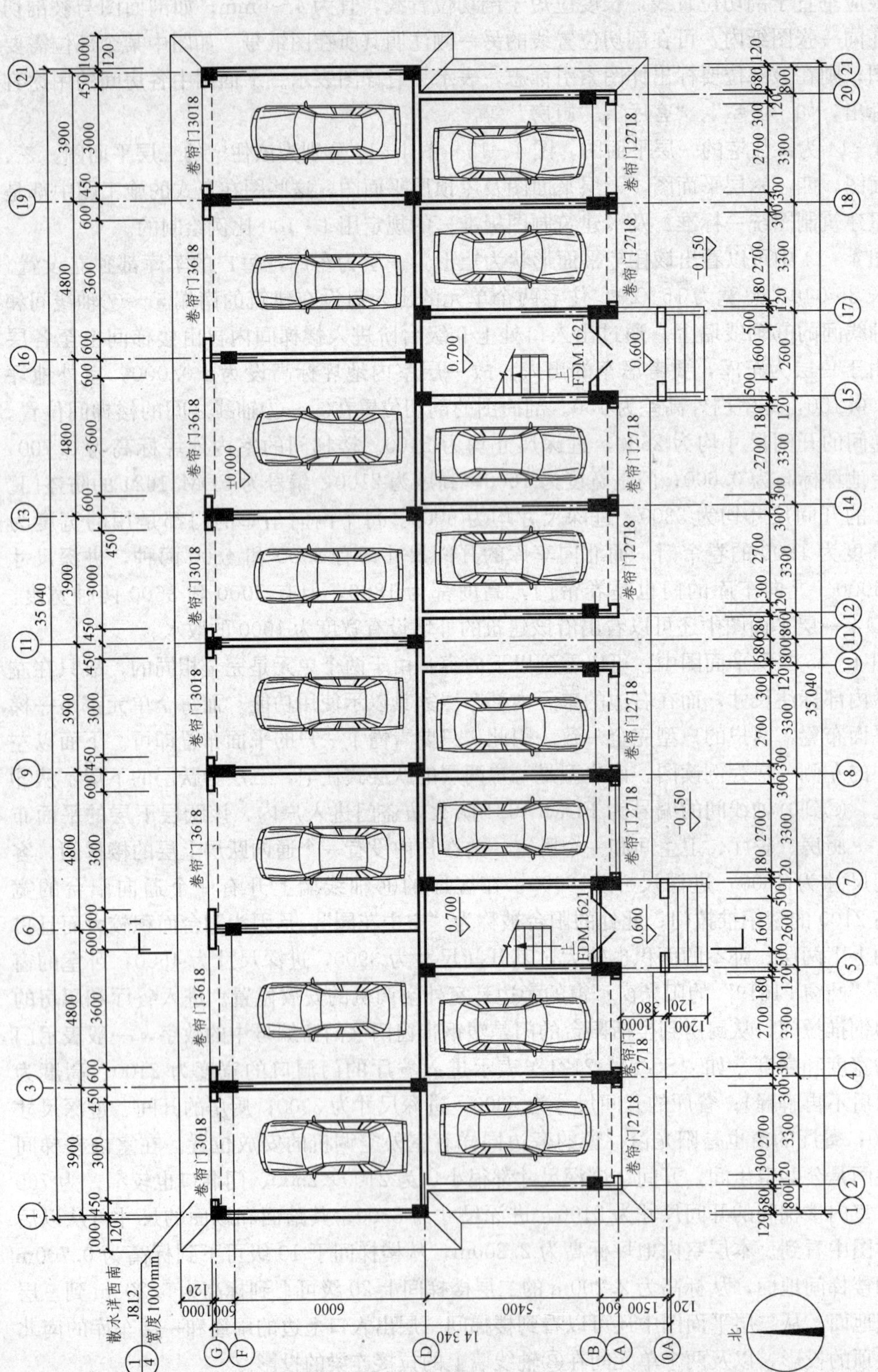

一层平面图 1:100

图4-14 一层平面图

空中花园
SGTM.3021
凸窗.1819
卧室
客厅
J.0921
YJ.0721
上18步
玄关
FDM.1021
钢木楼梯
详西南J332
耐火极限
为1小时
(用户自理)
厨房
SGMC.2424
餐厅
SGTM.2121
SGTM.1821
服务阳台
凸窗.1519
SGC.1615
SGC.0515
SGC.0915
ϕ50PVC泄水管
L=500mm
变压式排气道
图集川02J902.PCAⅡ6
二层平面图 1:100

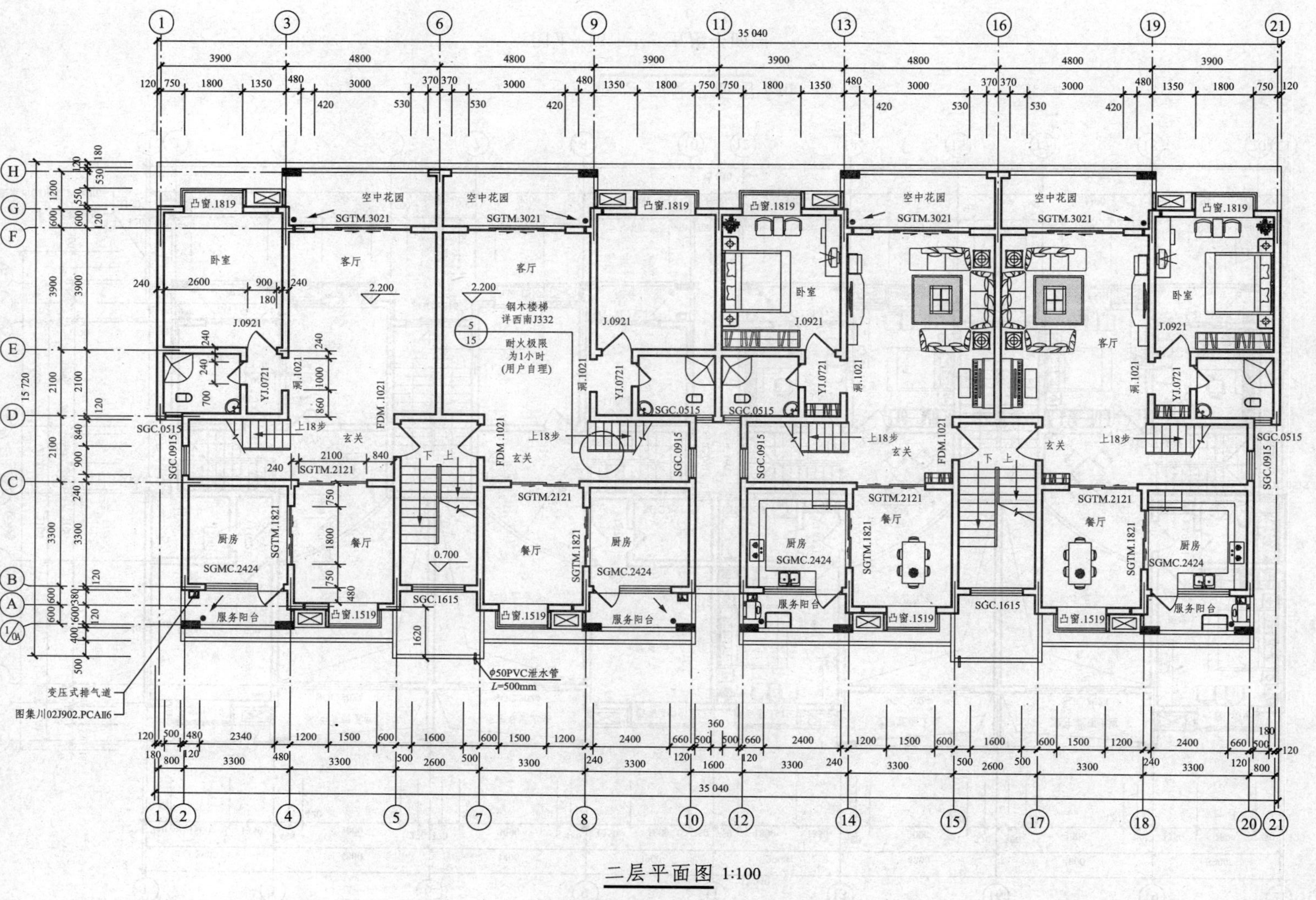

图 4-15 二层平面图

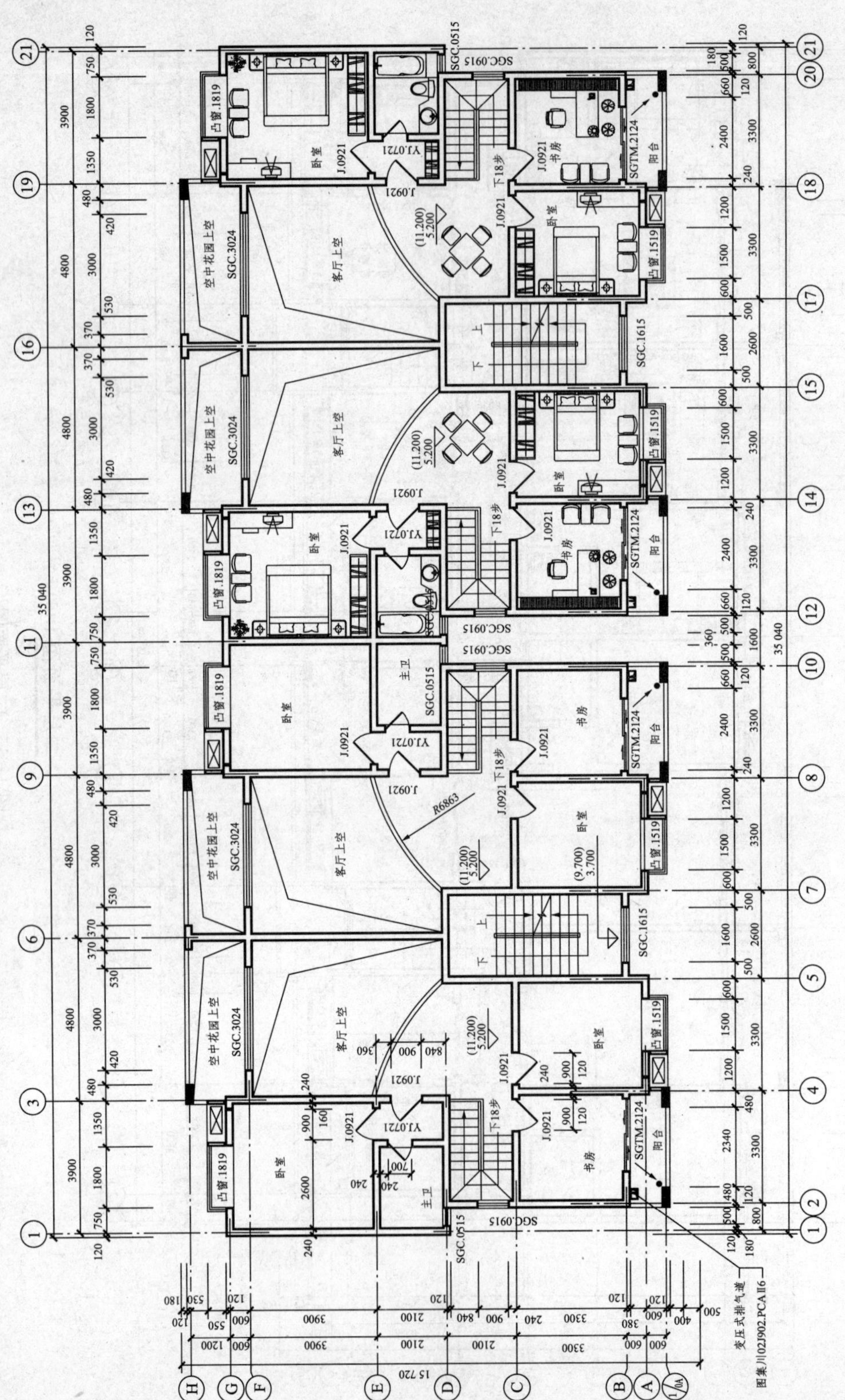

三、五层平面图 1:100

图 4-16 三、五层平面图

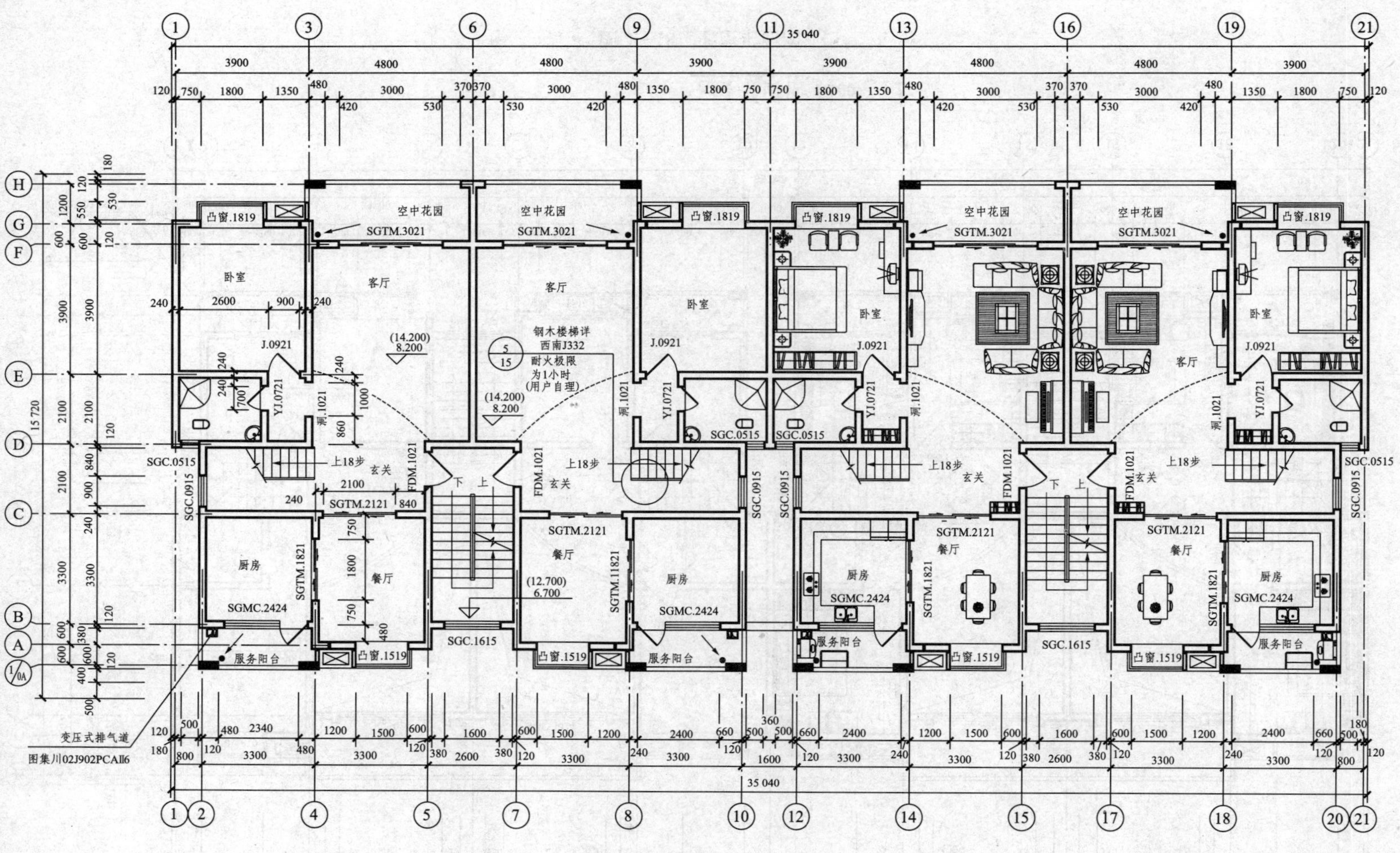

四、六层平面图 1:100

图4-17 四、六层平面图

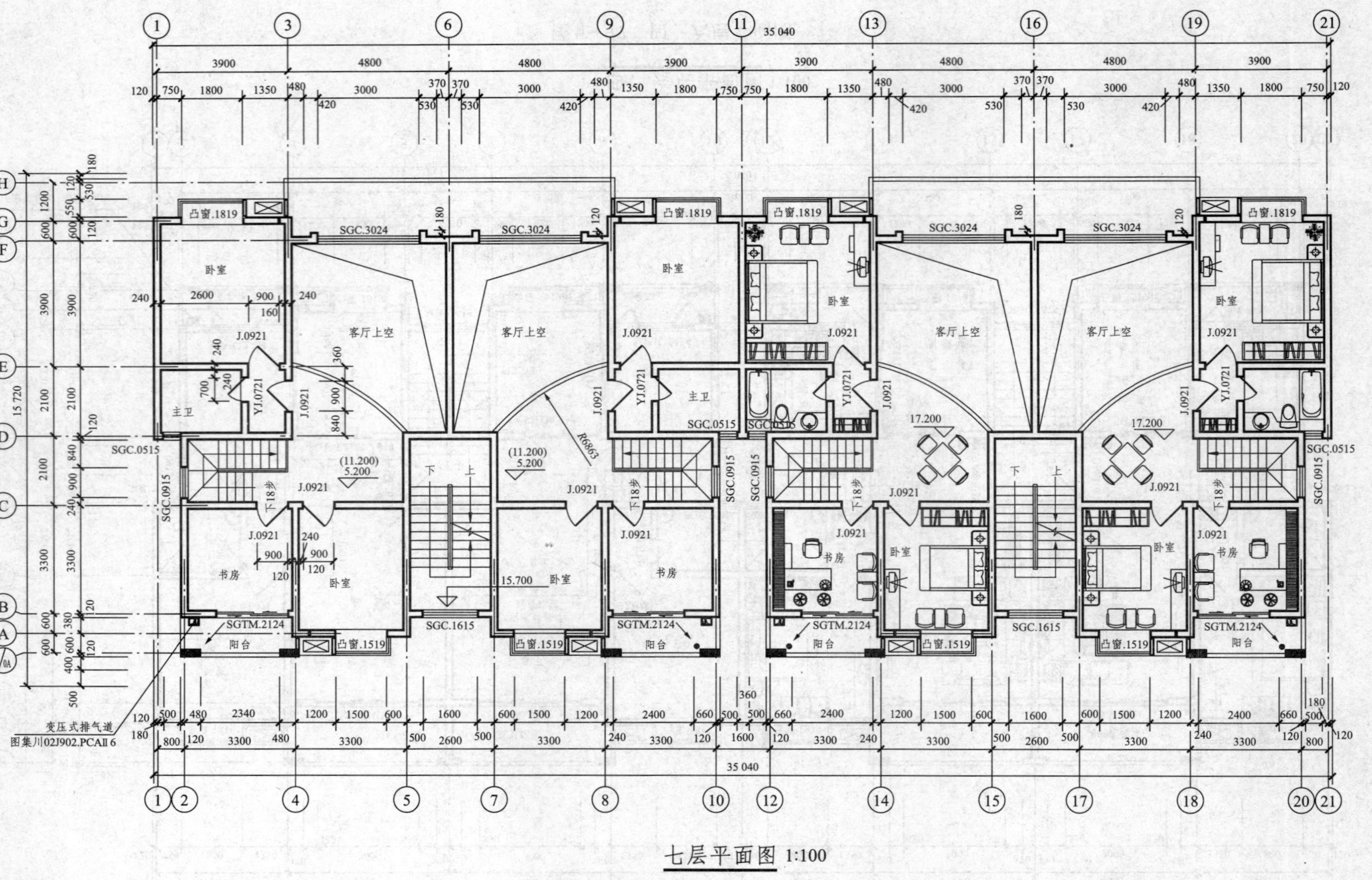

七层平面图 1:100

图 4-18 七层平面图

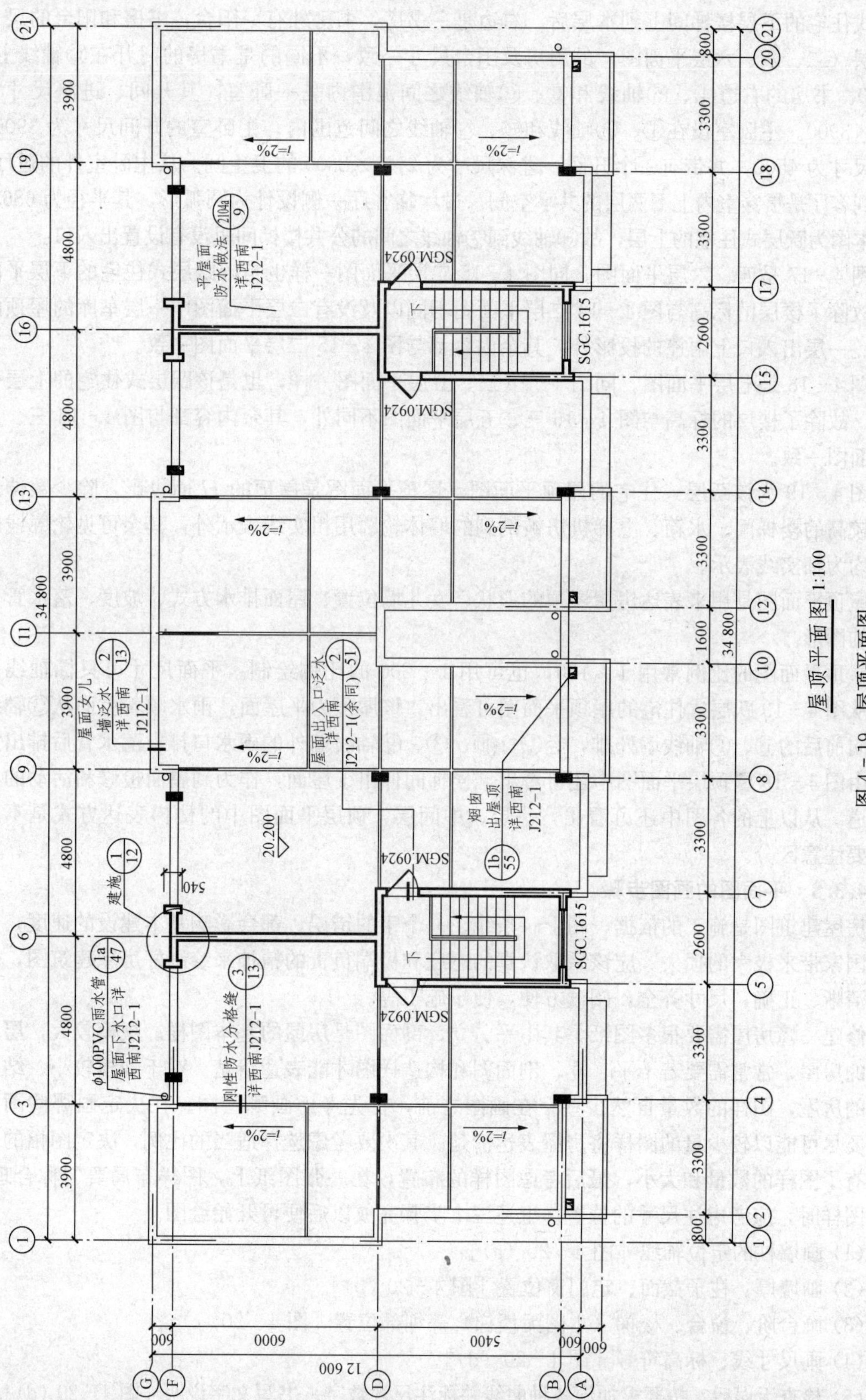

屋顶平面图 1:100
34 800
3900
4800
SGM.0924
SGC.1615
i=2%
20.200
平屋面防水做法 详西南J212-1
屋面女儿墙泛水 详西南J212-1
屋面出入口泛水 详西南J212-1(余同)
烟囱出屋顶 详西南J212-1
φ100PVC雨水管 屋面下水口详西南J212-1
刚性防水分格缝 详西南J212-1
建施
540
12 600
6000
5400
600
800
3300
2600
1600

图4-19 屋顶平面图

跃层式住宅的下层楼梯间上到本层后，右边是一书房，书房外有一阳台；书房和阳台的尺寸与下层（二、四、六层平面图）的厨房及阳台尺寸一致，不同的是书房的门开在Ⓒ轴线上，宽 900。书房的右边④、⑤轴线和Ⓑ、Ⓒ轴线之间范围内是一卧室，其开间、进深尺寸为 3300×3900。主卧室设在①、③轴线和Ⓓ、Ⓖ轴线之间范围内；主卧室的开间尺寸为 3900，进深尺寸为 4500，并带有一个开间、进深尺寸为 2100×2600 的卫生间。从主卧室外的过厅，可看到客厅是贯穿室内上下两层的共享空间。过厅临客厅一侧设计为圆弧形，其半径为 6863。由于本图为跃层式住宅的上层，故⑤轴线到⑦轴线之间的公共楼梯间里没有设置出入口。

图 4－17 是四、六层平面图。同图 4－15 二层平面图一样也是该跃层式住宅的下层平面图。故除了楼层的标高与图 4－14 二层平面图不同以及没有二层平面图中一层车库的屋顶的投影、一层出入口上雨篷的投影外，其余内容都与图 4－15 二层平面图一致。

图 4－18 是七层平面图。同图 4－16 三、五层平面图一样，也是该跃层式住宅的上层平面图。故除了楼层的标高与图 4－16 三、五层平面图不同外，其余内容都与图 4－16 三、五层平面图一致。

图 4－19 为该跃层式住宅的屋顶平面图。屋顶平面图是屋顶的 H 面投影，除少数伸出屋面较高的楼梯间、水箱、电梯机房被剖到的墙体轮廓用粗实线表示外，其余可见轮廓线的投影均为细实线表示。

屋顶平面图是用来表达房屋屋顶的形状、女儿墙位置、屋面排水方式、坡度、落水管位置等的图形。

屋顶平面图的比例常用 1∶100，也可用 1∶200 的比例绘制。平面尺寸可只标轴线尺寸。从图 4－19 跃层式住宅的屋顶平面图可看出，该屋顶为平屋面，雨水顺着屋面从Ⓖ轴线分别向前后的Ⓑ、Ⓕ轴线墙处排，经①、⑩、③、⑨轴线墙外的雨水口排入落水管后排出室外。由图 4－19 屋顶层平面图中还可看出，楼梯间伸出了屋面，作为到屋面检修和活动的出入通道。从以上的各图中还可看出，一层、中间层、顶层平面图中的楼梯表达方式是不同的，要注意区分。

4.3.8 平面图的画图步骤

房屋建筑图是施工的依据，图上一条线、一个字的错误，都会影响基本建设的速度，甚至给国家带来极大的损失。应该采取认真的态度和极端负责的精神来绘制好房屋建筑图，使图纸清晰、正确，尺寸齐全，阅读方便，便于施工等。

修建一幢房屋需要很多图纸，其中平、立、剖面图是房屋的基本图样。规模较大，层次较多的房屋，常常需要若干平、立、剖面图和构造详图才能表达清楚。对于规模较小、结构简单的房屋，图样的数量自然少些；在画图之前，首先考虑画哪些图。在决定画哪些图样时，要尽可能以较少量的图样将房屋表达清楚。其次要考虑选择适当的比例，决定图幅的大小。有了图样的数量和大小，最后考虑图样的布置，在一张图纸上，图样布局要匀称合理，布置图样时，应考虑注尺寸的位置。上述三个步骤完成以后便可开始绘图。

（1）画墙柱的定位轴线［图 4－20（a)］。

（2）画墙厚、柱子截面、定门窗位置［图 4－20（b)］。

（3）画台阶、窗台、楼梯（本图无楼梯）等细部位置［图 4－20（c)］。

（4）画尺寸线、标高符号［图 4－20（d)］。

（5）检查无误后、按要求加深各种曲线并标注尺寸数字、书写文字说明［图 4－20（d)］。

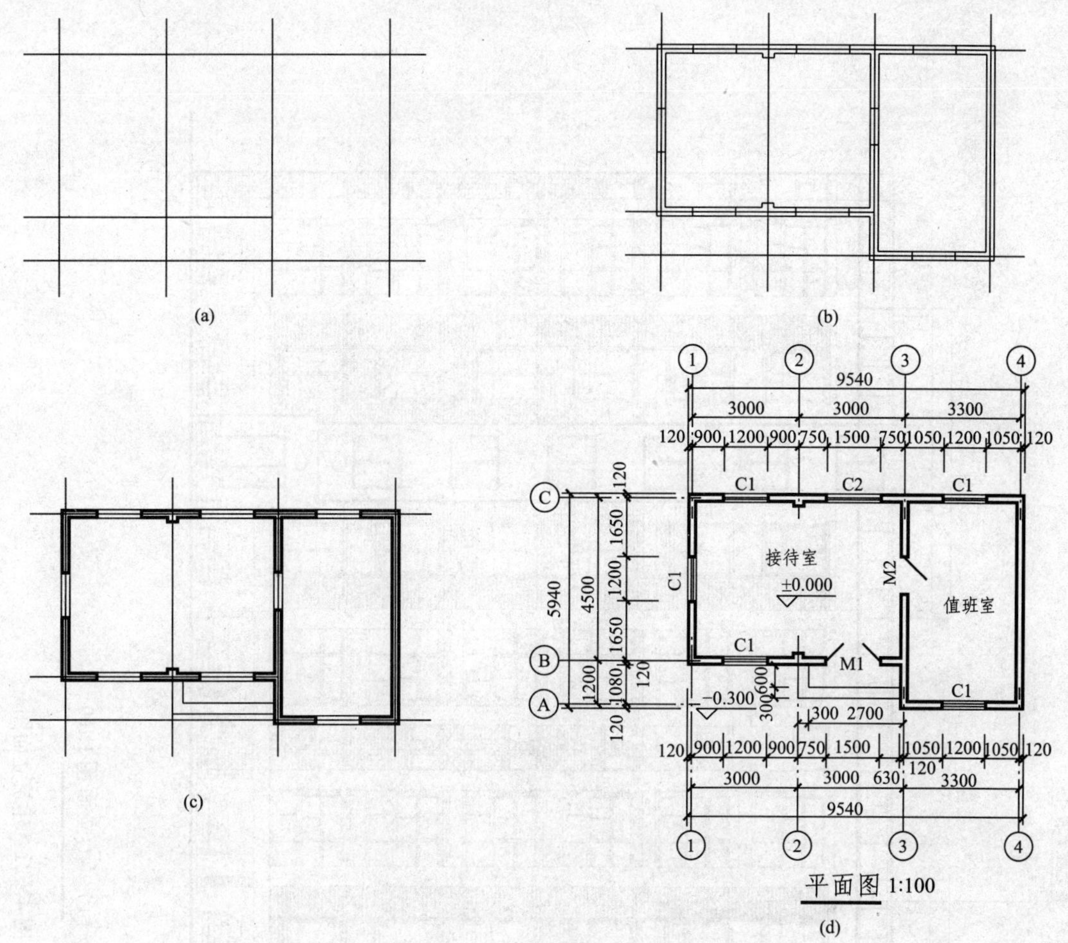

图4-20 平面图的画图步骤

4.4 建筑立面图

4.4.1 建筑立面图的用途

建筑立面图主要用来表达房屋的外部造型、门窗位置及形式，墙面装修、阳台、雨篷等部分的材料和作法（图4-21）。

4.4.2 建筑立面图的形成

立面图是用直接正投影法将建筑各个墙面进行投射所得到的正投影图（图4-22）。某些平面形状曲折的建筑物，可绘制展开立面图，圆形或多边形平面的建筑物，可分段展开绘制立面图。但均应在图名后加注“展开”二字。

4.4.3 建筑立面图的比例及图名

建筑立面图的比例与平面图一致，常用1∶50、1∶100、1∶200的比例绘制。

建筑立面图的图名，常用以下三种方式命名：

(1) 以建筑墙面的特征命名：常把建筑主要出入口所在墙面的立面图称为正立面图，其余几个立面相应称为背立面图、侧立面图。

棕色外墙面砖
白色外墙涂料
棕色塑钢百叶
23.500
23.200
20.200
17.200
14.200
11.200
8.200
5.200
2.200
±0.000
-0.150
23 650
①
㉑
①~㉑立面图 1:100

图 4-21 建筑立面图

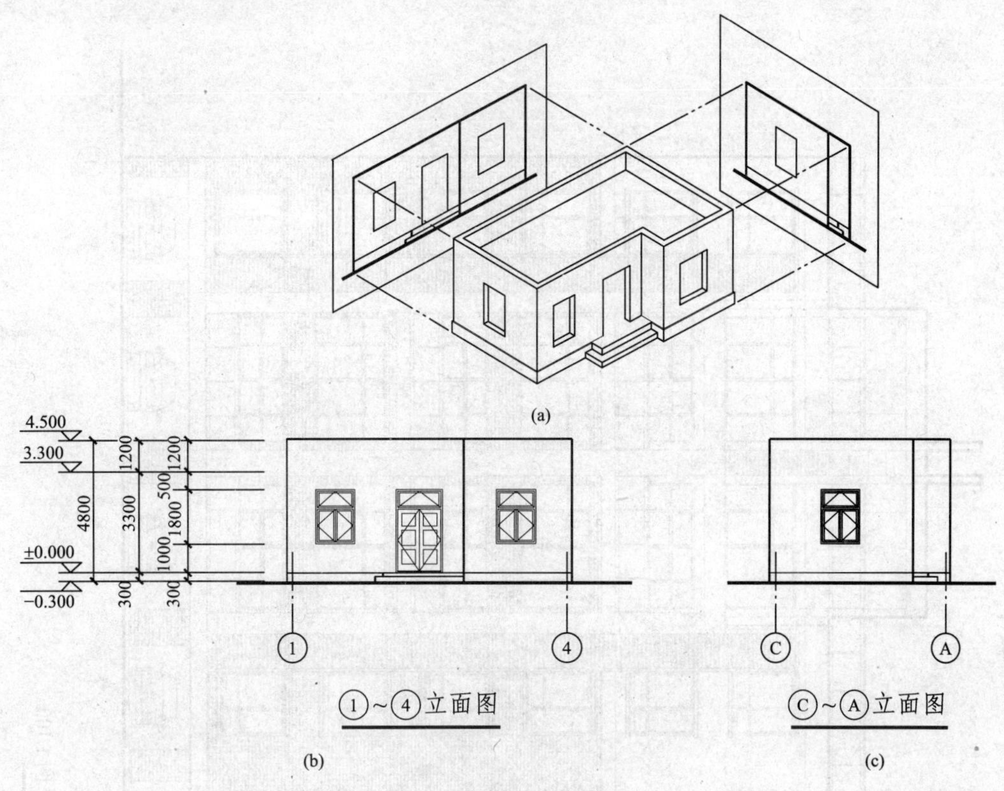

图 4－22　立面图的形成

(a) 立面的形成；(b) ①～④立面图；(c) ©～Ⓐ立面图

(2) 以建筑各墙面的朝向来命名，如东立面图、西立面图、南立面图、北立面图。

(3) 以建筑两端定位轴线编号命名，如①～㉑立面图，Ⓖ～Ⓐ立面图等。《建筑制图标准》规定：有定位轴线的建筑物，宜根据两端轴线号编注立面图的名称（图 4－21）。

4.4.4　建筑立面图的图示内容

立面图应根据正投影原理绘出建筑物外墙面上所有门窗、雨篷、檐口、壁柱、窗台、窗楣及底层入口处的台阶，花池等的投影。由于比例较小，立面图上的门、窗等构件也用图例表示（表 4－2）。相同的门窗、阳台、外檐装修、构造作法等可在局部重点表示，绘出其完整图形，其余部分可只画轮廓线。如立面图中不能表达清楚，则可另用详图表达。

4.4.5　建筑立面图的线型

为使立面图外形更清晰，通常用粗实线表示立面图的最外轮廓线，而凸出墙面的雨篷、阳台、柱子、窗台、窗楣、台阶、花池等投影线用中粗线画出，地坪线用加粗线（粗于标准粗度的 1.5～2 倍）画出，其余如门、窗及墙面分格线、落水管以及材料符号引出线和说明引出线等用细实线画出（图 4－21）。

4.4.6　建筑立面图的尺寸标注

(1) 竖直方向：应标注建筑物的室内外地坪、门窗洞口上下口、台阶顶面、雨篷、房檐下口，屋面、墙顶等处的标高，并应在竖直方向标注三道尺寸。里边一道尺寸标注房屋的室内外高差、门窗洞口高度、垂直方向窗间墙、窗下墙高、檐口高度尺寸，中间一道尺寸标注层高尺寸，外边一道尺寸为总高尺寸。

棕色外墙面砖
白色外墙涂料
棕色塑钢百叶
23.500
23.200
20.200
17.200
14.200
11.200
8.200
5.200
2.200
±0.000
-0.150
23 650
㉑～①立面图 1:100

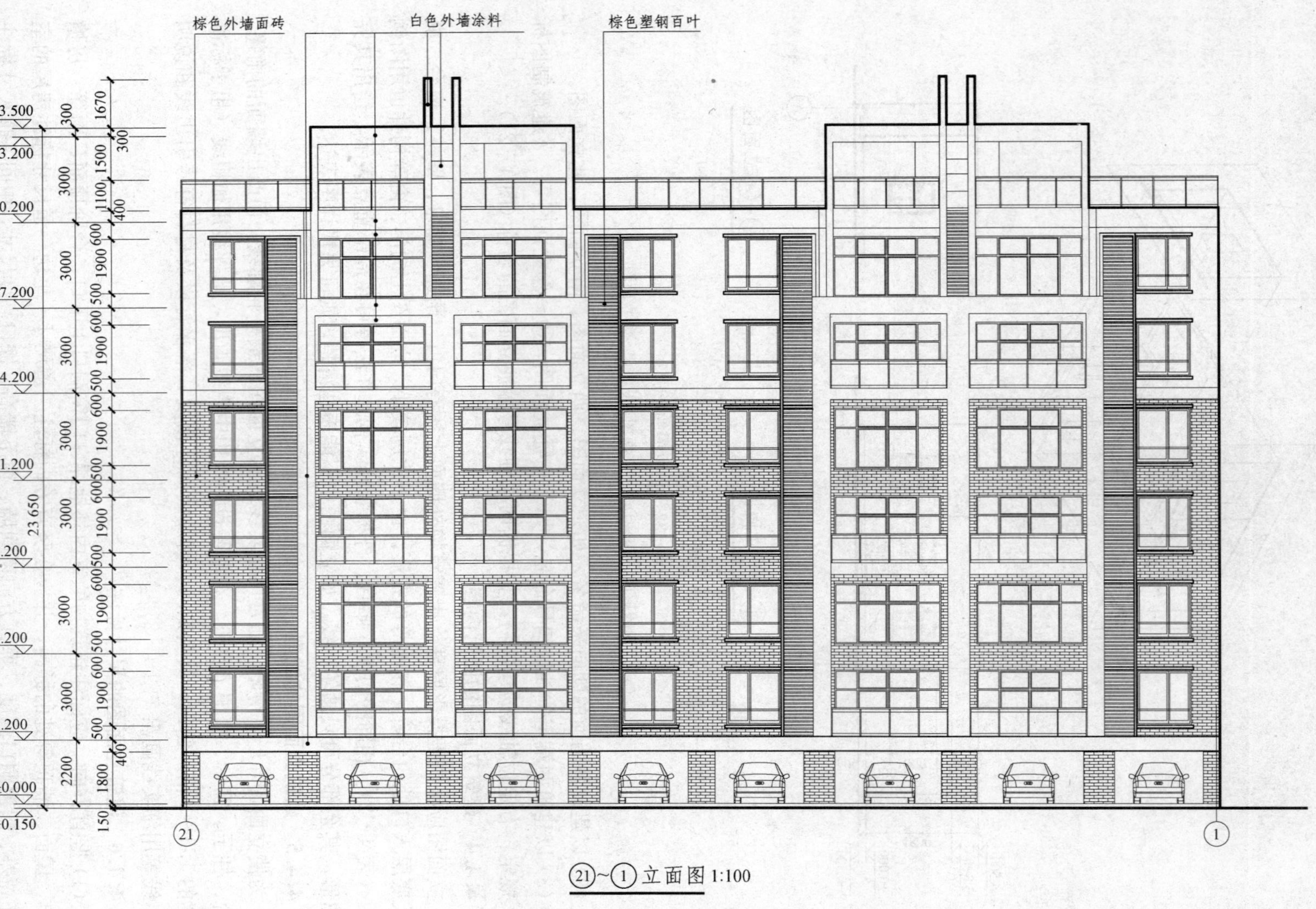

图 4-23 ㉑～①立面图

(2) 水平方向：立面图水平方向一般不注尺寸，但需要标出立面图最外两端墙的轴线及编号，并在图的下方标注图名和比例。

(3) 其他标注：立面图上可在适当位置用文字标出其装修，也可以不注写在立面图中，以保证立面图的完整美观，而在建筑设计总说明中列出外墙面的装修。

图 4-21 为某县国土资源局职工住宅的正立面图，图 4-23 和图 4-24 为它的背立面图和侧立面图。从图中可看出，该住宅共 7 层。一层为车库，层高为 2200，室内外高差为

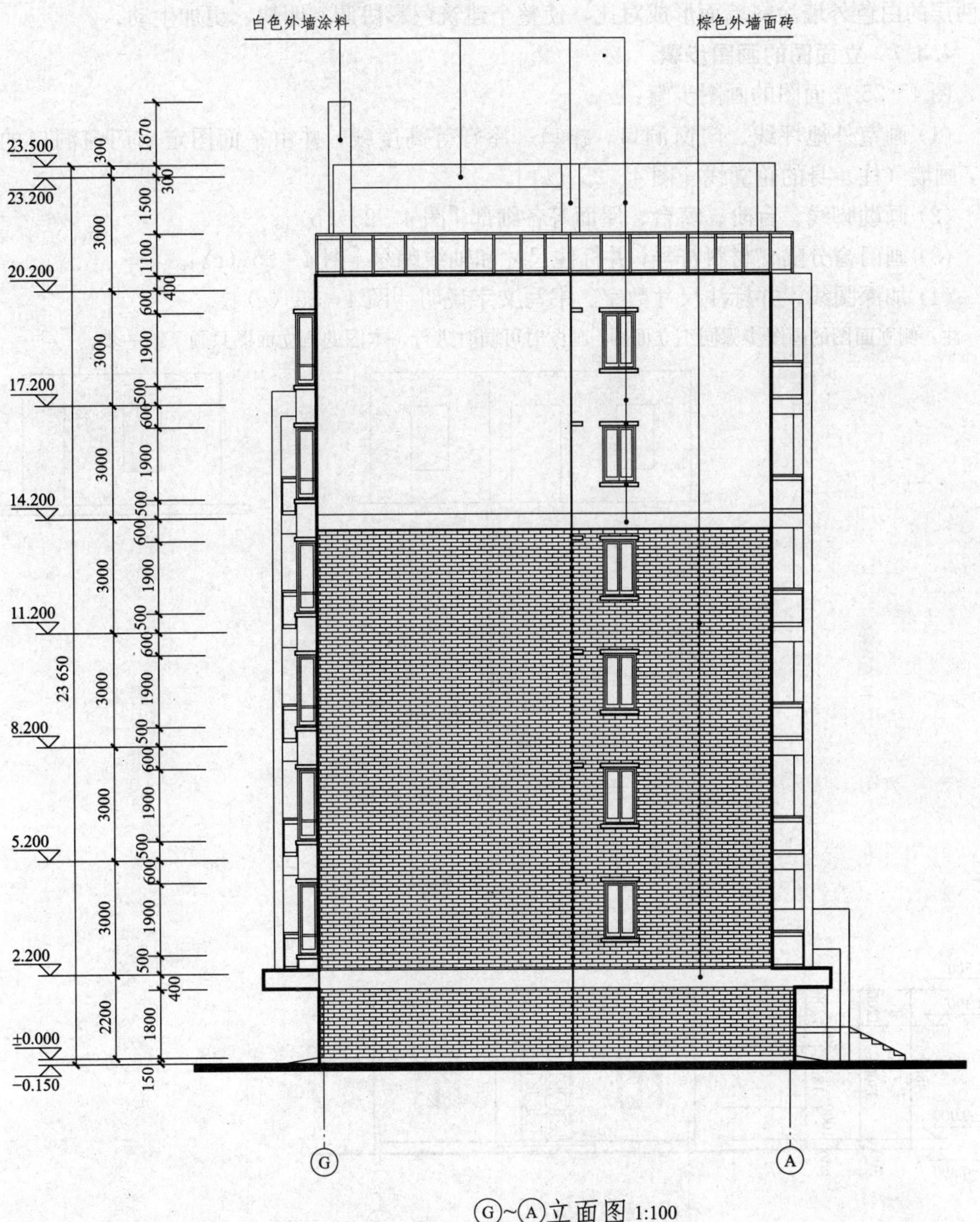

图 4-24 Ⓖ~Ⓐ立面图

150，进入车库的路为坡道以方便汽车的出入。二～七层为跃层式住宅，即每户都拥有两层空间；二～七层各层层高均为 3000。建筑总高为 23 650。整个立面明快、大方。排列整齐的窗户反映了住宅建筑的主题；楼梯间与各层错开的窗洞高度，反映了楼梯间中间平台的高度位置和特征。入口处的 5 级台阶引导着进入住宅单元的方向。上下贯通的百叶装饰，既是各户室外空调机的统一位置，又与明快的突出墙面的阳光窗搭配使整个建筑立面充满现代建筑的气息。立面装修中，下面五层主要墙体用棕色面砖，配上白色外墙涂料的网格线条与顶部两层的白色外墙涂料墙面形成对比，使整个建筑色彩协调、明快、更加生动。

4.4.7 立面图的画图步骤

图 4-25 立面图的画图步骤：

(1) 画室外地坪线、门窗洞口、檐口、屋脊等高度线，并由平面图定出门窗洞口的位置，画墙（柱）身的轮廓线［图 4-25（a)］。

(2) 画勒脚线、台阶、窗台、屋面等各细部［图 4-25（b)］。

(3) 画门窗分隔、材料符号，并标注尺寸和轴线编号［图 4-25（c)］。

(4) 加深图线，并标注尺寸数字、书写文字说明［图 4-25（c)］。

注：侧立面图的画图步骤同正立面图，画图时可同时进行，本图的侧立面图只画了第一步。

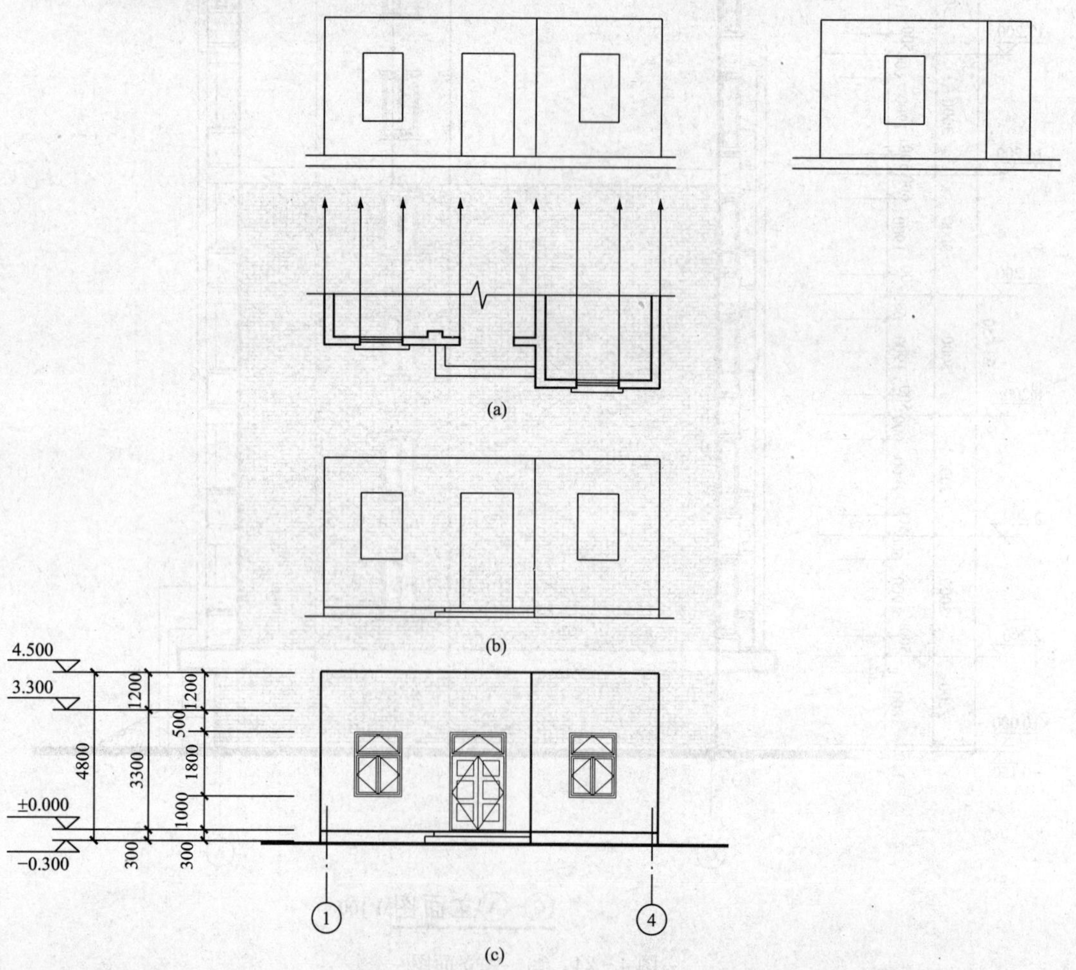

图 4-25　立面图

4.5 建筑剖面图

4.5.1 建筑剖面图的用途

建筑剖面图主要用来表达房屋内部垂直方向的结构形式、沿高度方向分层情况、各层构造作法、门窗洞口高、层高及建筑总高等（图4-26）。

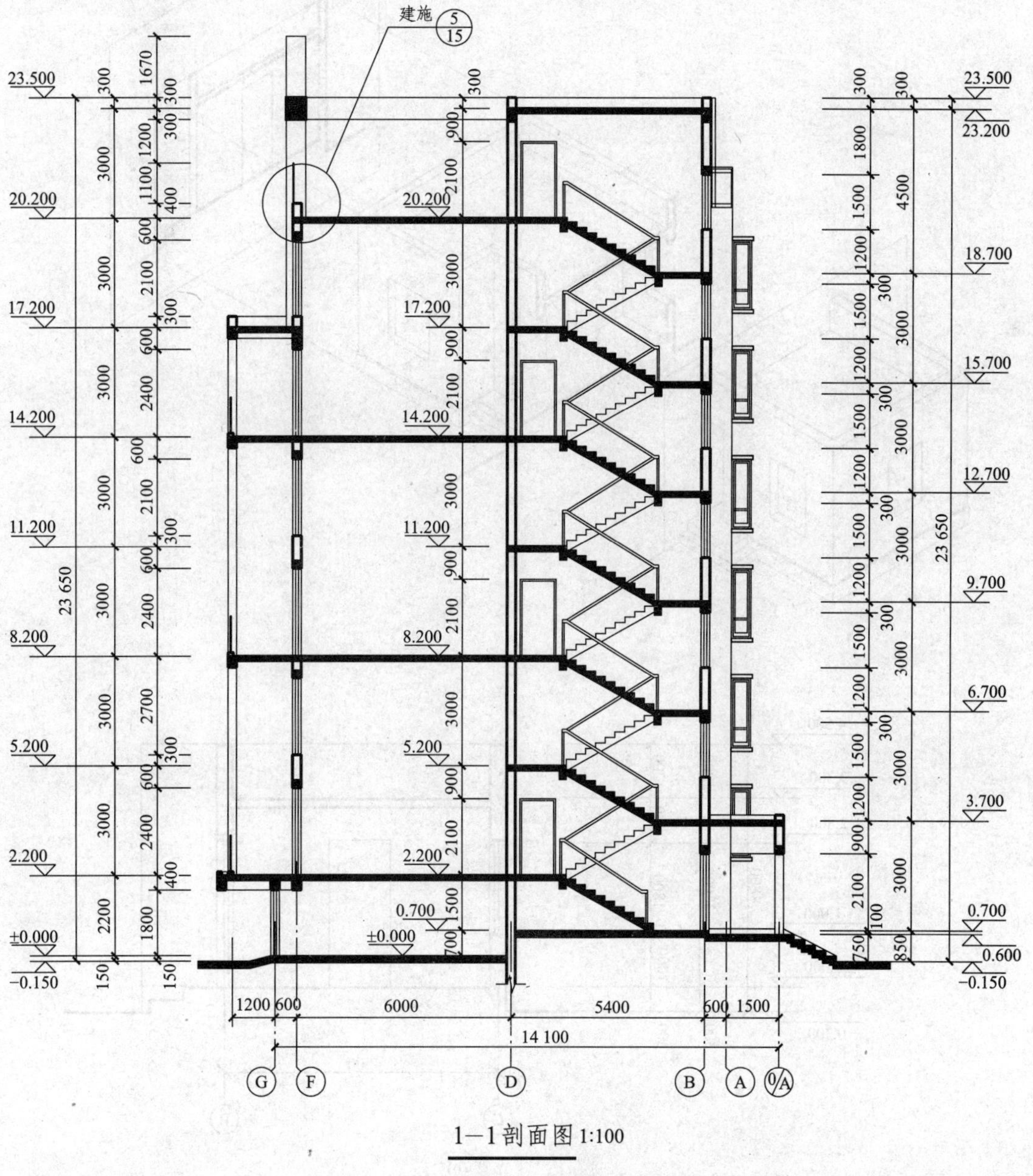

图4-26 1—1剖面图

4.5.2 建筑剖面图的形成

建筑剖面图（后简称剖面图）是用一个假想剖切平面，此平面平行于房屋的某一墙面，将整个房屋从屋顶到基础全部剖切开，把剖切面和剖切面与观察人之间的部分移开，将剩下部分按垂直于剖切平面的方向投射而画成的图样（图 4 - 27）。建筑剖面图就是一个垂直的剖视图。

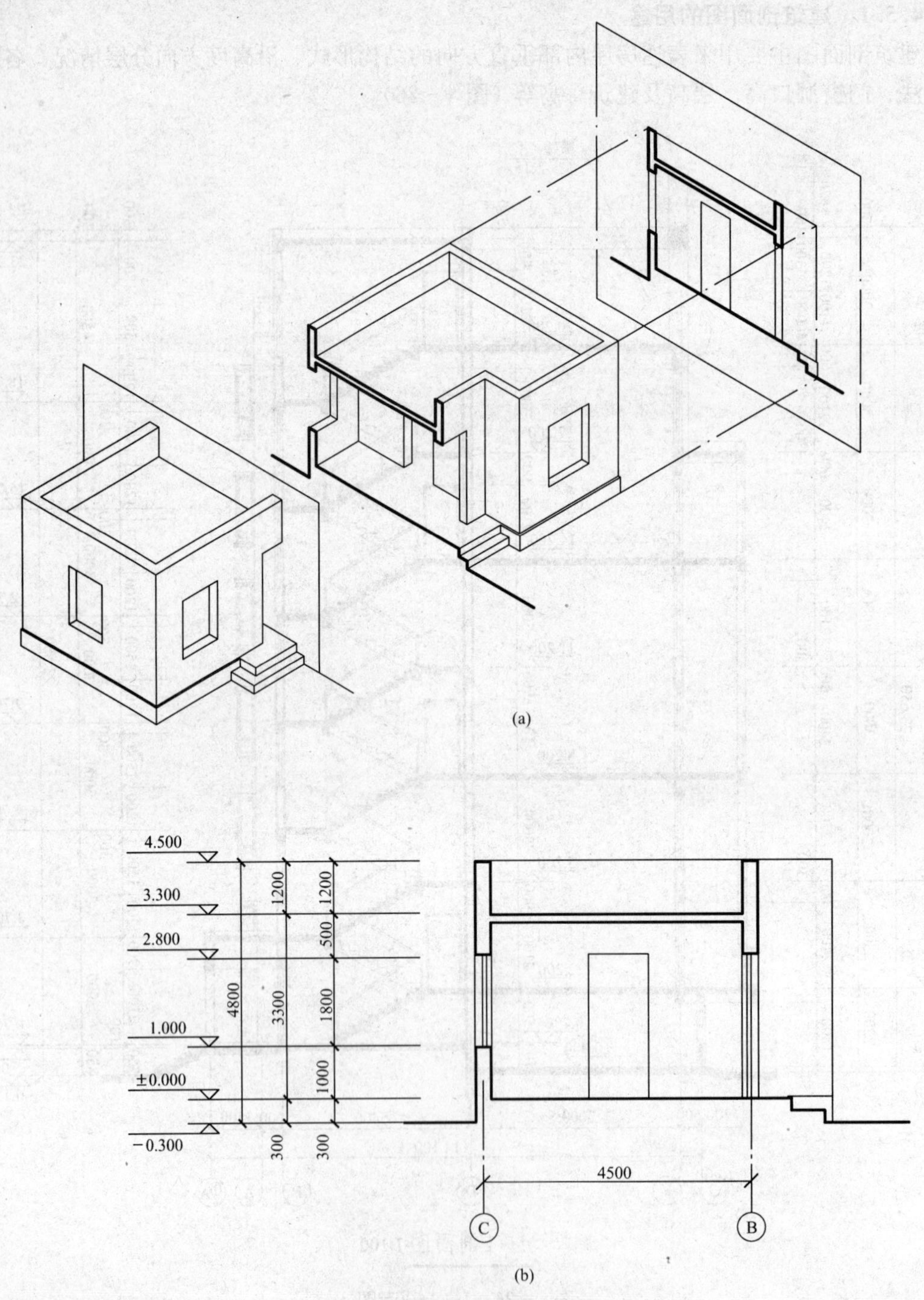

图 4 - 27 建筑剖面图的形成

(a) 剖面图的形成；(b) 剖面图

4.5.3 建筑剖面图的剖切位置及剖视方向

1. 剖切位置

剖面图的剖切位置是标注在同一建筑物的底层平面图上。剖面图的剖切位置应根据图纸的用途或设计深度，在平面图上选择能反映建筑物全貌、构造特征，以及有代表性的部位剖切。实际工程中剖切位置常选择在楼梯间并通过需要剖切的门、窗洞口位置（图4-14）。

2. 剖面图的剖视方向

平面图上剖切符号的剖视方向宜向后、向右（与习惯的 V、W 投射方向一致），剖面图应与平面图相结合并对照立面图一起读图。

4.5.4 建筑剖面图的比例

剖面图的比例常与同一建筑物的平面图、立面图的比例一致，即采用1∶50、1∶100和1∶200绘制（图4-26），由于比例较小，剖面图中的门窗等构件也是采用《建筑制图标准》规定的图例来表示，见表4-2。

为了清楚地表达建筑各部分的材料及构造层次，当剖面图比例大于1∶50时，应在剖到的构件断面画出其材料图例（材料图例见表3-1）。当剖面图比例小于1∶50时，则不画具体材料图例，而用简化的材料图例表示其构件断面的材料，如钢筋混凝土构件可在断面涂黑以区别砖墙和其他材料。

4.5.5 建筑剖面图的线型

剖面图的线型按《房屋建筑制图统一标准》，凡是剖到的墙、板、梁等构件的剖切线用粗实线表示，而没剖到的其他构件的投影，则常用细实线表示（图4-27）。

4.5.6 建筑剖面图的尺寸标注

(1) 剖面图的尺寸标注在竖直方向上图形外部标注三道尺寸及建筑物的室内外地坪、各层楼面、门窗的上下口及墙顶等部位的标高。图形内部的梁等构件的下口标高也应标注，楼地面的标高应尽量标注在图形内。外部的三道尺寸，最外一道为总高尺寸，从室外地坪面起标到墙顶止，标注建筑物的总高度；中间一道尺寸为层高尺寸，标注各层层高（两层之间楼地面的垂直距离称为层高）；最里边一道尺寸称为细部尺寸，标注墙段及洞口尺寸。

(2) 水平方向：常标注剖到的墙、柱及剖面图两端的轴线编号及轴线间距，并在图的下方注写图名和比例。

(3) 其他标注：由于剖面图比例较小，某些部位如墙脚、窗台、过梁、墙顶等节点，不能详细表达，可在剖面图上的该部位处，画上详图索引标志，另用详图来表示其细部构造尺寸。此外楼地面及墙体的内外装修，可用文字分层标注。

图4-26为某住宅的剖面图。从图中可看出此建筑物共7层，整个建筑一层为车库，层高2200，室内外高差为150，进入车库的路为坡道方便汽车出入；二层以上层高均为3000；从图中还可看出Ⓕ～Ⓓ轴线范围是跃层式住宅的客厅，Ⓕ轴线以左是客厅外的阳台，故此处的空间都是贯穿两层的；该建筑总高23 650。从图4-25中右边竖直方向的外部尺寸还可以看出，楼梯间入口处室内外高差为850，从室外上5级台阶后通过标高为0.600的平台再进入到标高为0.700的楼梯间室内。楼梯间各层窗台至楼地面高度均为1200，窗洞口高1500。图4-25中还表达了从底楼上到四楼的楼梯及屋顶的形式。由于本剖面图比例为1∶100，故构件断面除钢筋混凝土梁、板涂黑表示外，墙及其他构件不再加画材料图例。

以上讲述了建筑的总平面图及平面图、立面图和剖面图，这些都是建筑物全局性的图样。在这些图中，图示的准确性是很重要的。应严格按国家制图标准规定绘制图样；其次尺寸标注也是非常重要的。尺寸标注要准确、完整、清楚。弄清各种尺寸的含义。

建筑平面图中总长、总宽尺寸，立面图和剖面图中的总高尺寸为建筑的总尺寸。

建筑平面图中的轴线尺寸，立面图、剖面图及下节要介绍的建筑详图中的细部尺寸为建筑的定量尺寸，也称定形尺寸，某些细部尺寸同时也是定位尺寸。

另外每一种建筑构配件，都有三种尺寸，即标志尺寸、构造尺寸和实际尺寸。

标志尺寸（又称设计尺寸），是在进行设计时采用的尺寸。构件在制作时采用的尺寸称为构造尺寸。由于建筑构配件表面较粗糙，考虑到施工时各个构件之间的安装搭接方便，构件在制作时便要考虑两构件搭接时的施工缝隙，所以

构造尺寸＝标志尺寸－缝宽

实际尺寸是建筑构、配件制作完成后的实际尺寸，由于制作时的误差，所以

实际尺寸＝构造尺寸±允许误差

4.5.7 剖面图的画图步骤

图4－28剖面图的画图步骤：

（1）画室内外地坪线、最外墙（柱）身的轴线和各部高度［图4－28（a)］。

（2）画墙厚、门窗洞口及可见的主要轮廓线［图4－28（b)］。

（3）画屋面及踢脚板等细部［图4－28（c)］。

（4）加深图线，并标注尺寸数字、书写文字说明［图4－28（c)］。

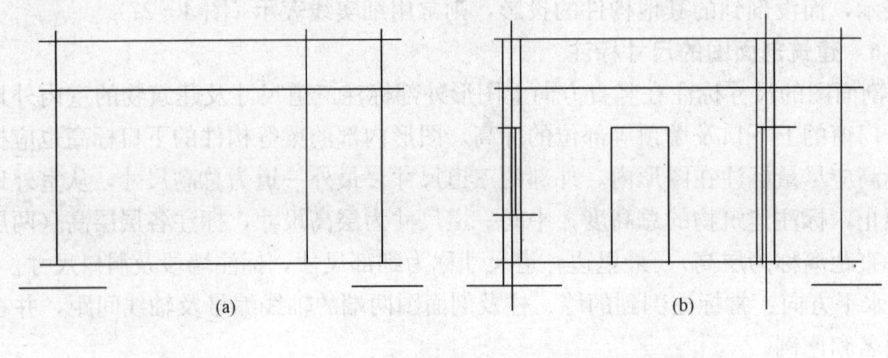

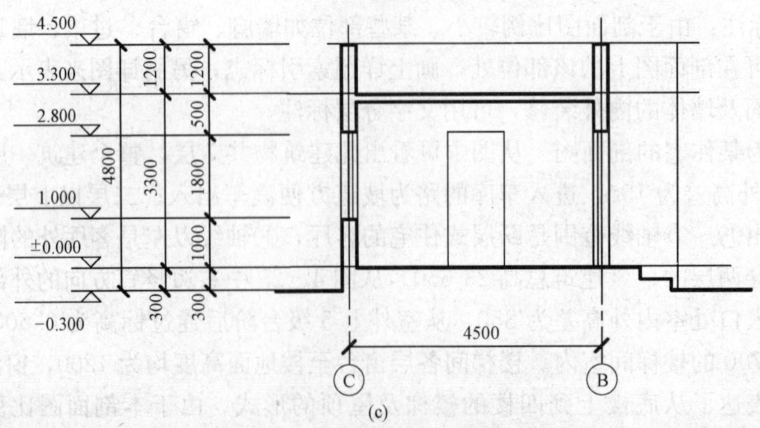

图4－28 剖面图

4.6 建筑详图

4.6.1 建筑详图的用途

房屋建筑平、立、剖面图都是用较小的比例绘制的，主要表达建筑全局性的内容，但房屋细部或构件和配件的形状、构造关系等无法表达清楚。在实际工作中，为详细表达建筑节点及建筑构、配件的形状、材料、尺寸及作法，而用较大的比例画出的图形，称为建筑详图或大样图。

4.6.2 建筑详图的比例

《房屋建筑制图统一标准》规定：详图的比例宜用 1∶1、1∶2、1∶5、1∶10、1∶20、1∶50 绘制，必要时，也可选用 1∶3、1∶4、1∶25、1∶30、1∶40 等。

4.6.3 建筑详图标志及详图索引标志

为了便于看图，常采用详图标志和详图索引标志。详图标志（又称详图符号）画在详图的下方，相当于详图的图名；详图索引标志（又称索引符号）则表示建筑平、立、剖面图中某个部位，需另画详图表示，故详图索引标志是标注在需要画出详图的位置附近，并用引出线引出。

图 4－29 为详图索引标志，其水平直径线及符号圆圈均以细实线绘制，圆的直径为 10mm，水平直径线将圆分为上下两半［图 4－29（a）］，上方注写详图编号，下方注写详图所在图纸编号［图 4－29（c）］，如详图绘在本张图纸上，则仅用细实线在索引标志的下半圆内画一段水平细实线即可［图 4－29（b）］，如索引的详图是采用标准图，应在索引标志的水平直径的延长线上加注标准图集的编号［图 4－29（d）］。索引标志的引出线宜采用水平方向的直线或与水平方向成 30°、45°、60°、90°的直线，以及经上述角度再折为水平方向的折线。文字说明宜注写在引出线横线的上方，引出线应对准索引符号的圆心。

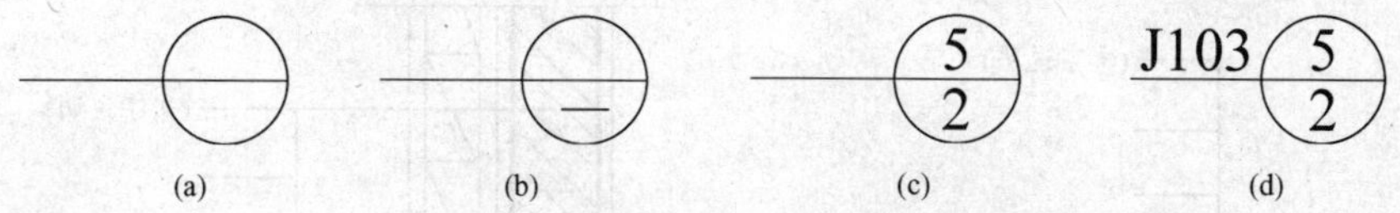

图 4－29　详图索引标志

图 4－30 为用于索引剖面详图的索引标志。应在被剖切的部位绘制剖切位置线，并以引出线引出索引标志，引出线所在的一侧应视为剖视方向，见图 4－30。图中的粗实线为剖切位置线，表示该图为剖面图。

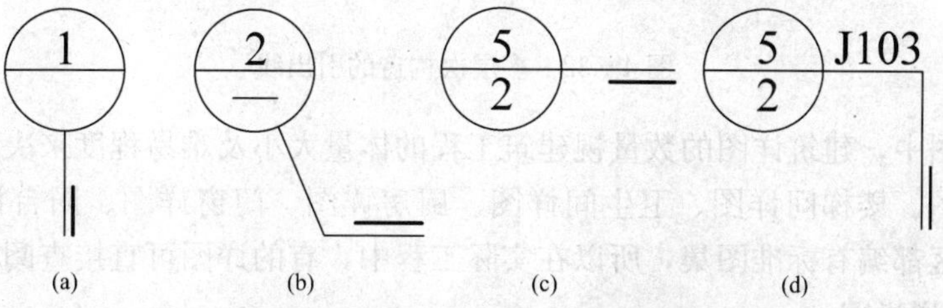

图 4－30　用于索引剖面详图的索引标志

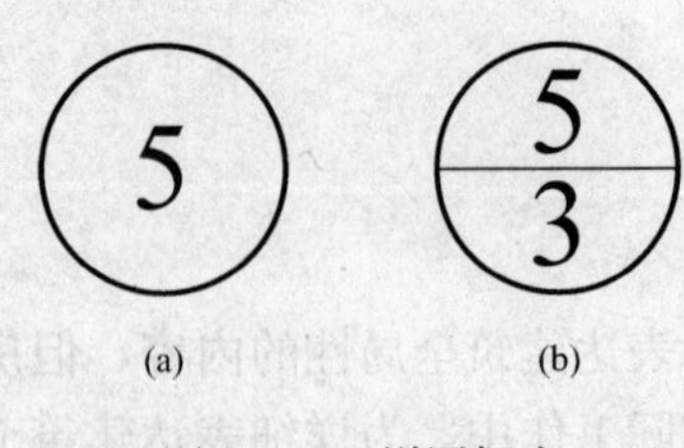

图 4-31 详图标志

详图的位置和编号，应以详图符号（详图标志）表示。详图标志应以粗实线绘制，直径为 14mm。详图与被索引的图样，同在一张图纸内时，应在详图标志内用阿拉伯数字注明详图的编号［图 4-31（a）］。如不在同一张图纸内时，也可以用细实线在详图标志内画一水平直径，上半圆中注明详图编号，下半圆内注明被索引图纸的图纸编号［图 4-31（b）］。

屋面、楼面、地面为多层次构造。多层次构造用分层说明的方法标注其构造作法。多层次构造的引出线应通过图中被引出的各个构造层次。文字说明宜用 5 号或 7 号字注写在横线的上方或横线的端部，说明的顺序由上至下，并应与被说明的层次相互一致。如层次为横向排列，则由上至下的说明顺序应由左至右的层次相互一致，如图 4-32 所示。

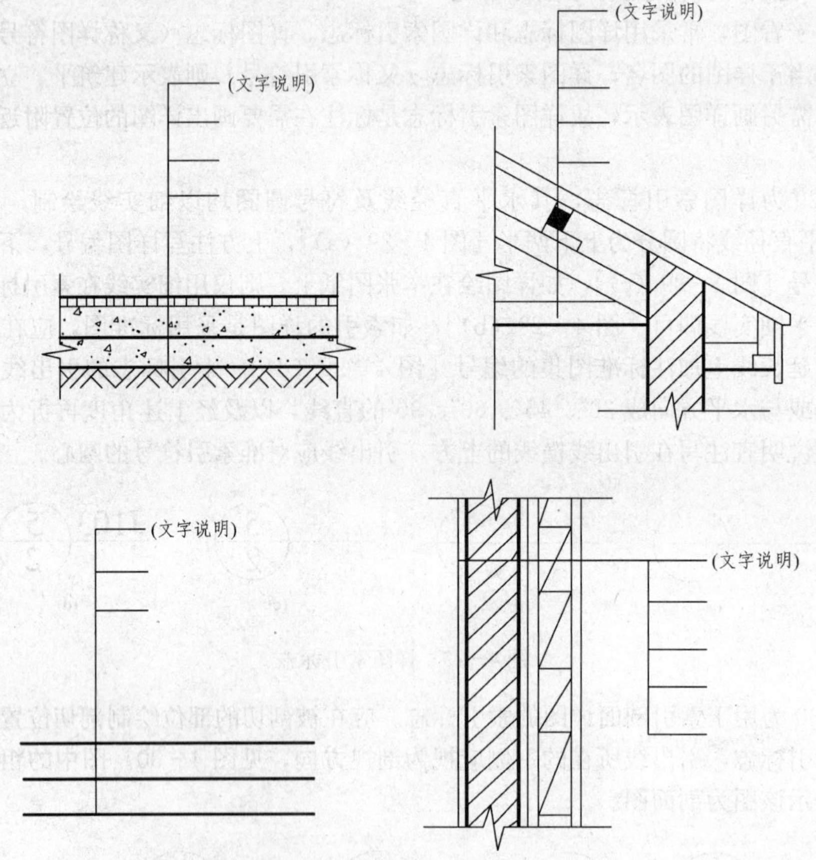

图 4-32 多层次构造的引出线

一套施工图中，建筑详图的数量视建筑工程的体量大小及难易程度来决定。常用的详图有：外墙身详图、楼梯间详图、卫生间详图、厨房详图、门窗详图、阳台详图、雨篷详图等。由于各地区都编有标准图集，所以在实际工程中，有的详图可直接查阅标准图集。

4.6.4 楼梯详图

楼梯是楼层垂直交通的必要设施。

楼梯由梯段、平台和栏杆（或栏板）扶手组成（图4-33）。

常见的楼梯平面形式有：单跑楼梯（上下两层之间只有一个梯段）、双跑楼梯（上下两层之间有两个梯段、一个中间平台）、三跑楼梯（上下两层之间有三个梯段、两个中间平台）等，如图4-34所示。

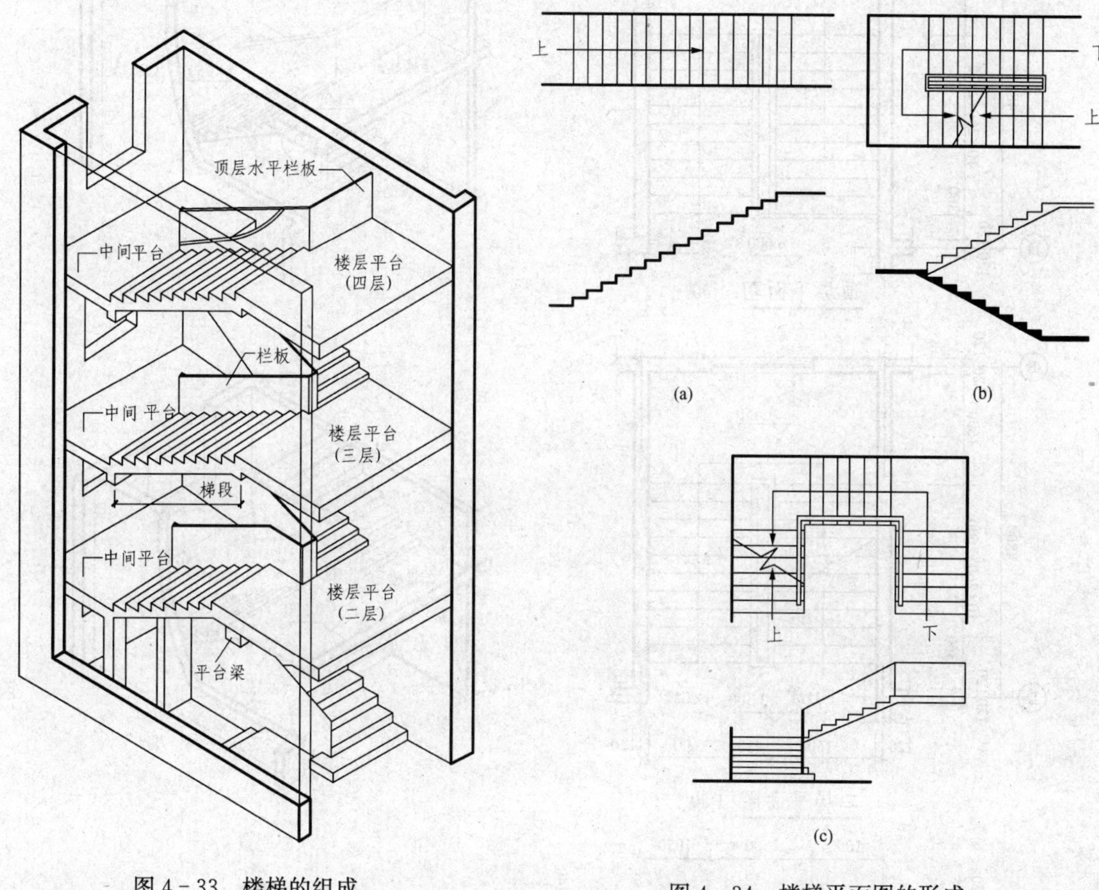

图4-33 楼梯的组成

图4-34 楼梯平面图的形成

(a) 单跑楼梯；(b) 双跑平行楼梯；(c) 三跑楼梯

楼梯间详图包括楼梯间平面图、剖面图、踏步栏杆等详图。主要表示楼梯的类型、结构形式、构造和装修等。楼梯间详图应尽量安排在同一张图纸上，以便阅读。

1. 楼梯平面图

楼梯平面图常用1∶50的比例画出。

楼梯平面图的水平剖切位置，除顶层在安全栏板（或栏杆）之上外，其余各层均在上行第一跑梯段中间（图4-35）。各层被剖切到的上行第一跑梯段，都在楼梯平面图中画一条与踢面线成30°的折断线（构成梯段的踏步与楼地面平行的面称为踏面，与楼地面垂直的面称为踢面）。各层下行梯段不予剖切。而楼梯间平面图则为房屋各层水平剖切后的正投影，如同建筑平面图，中间几层构造一致，也可只画一个标准层平面图。故楼梯平面详图常常只画出底层、中间层和顶层三个平面图。

各层楼梯平面图宜上下对齐（或左右对齐），这样既便于阅读又便于尺寸标注和省略重

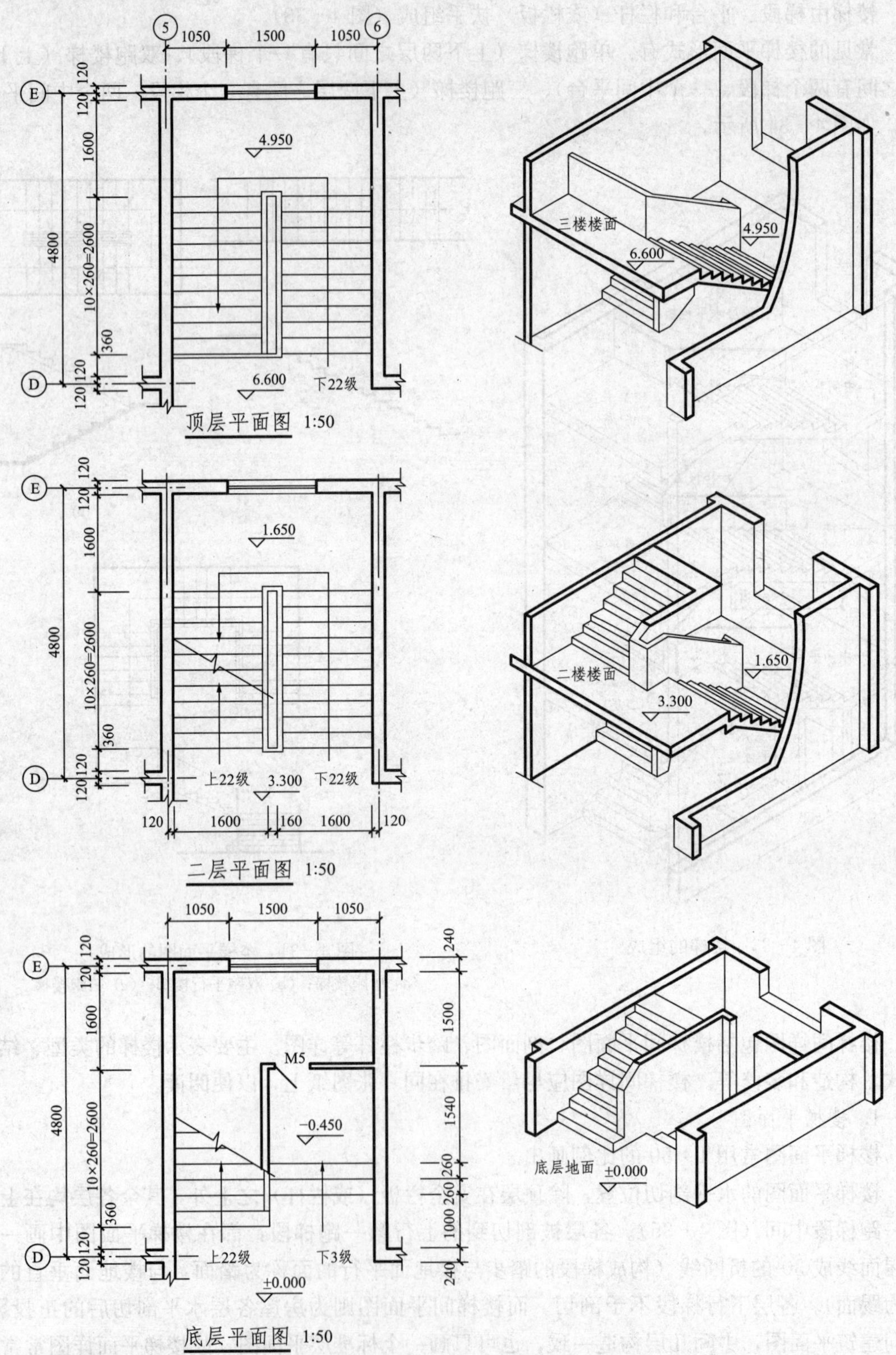

图 4－35 楼梯平面图的形成

复尺寸。平面图上应标注该楼梯间的轴线编号、开间和进深尺寸，楼地面和中间平台的标高，以及梯段长、平台宽等细部尺寸。梯段长度尺寸标为

踏面数×踏面宽=梯段长

图4-36为某住宅的楼梯平面图。底层平面图中只有一个被剖到的梯段。从Ⓑ轴线墙上的出入口出到标高为0.600的连接室内外的门斗平台处，再通过5级室外台阶下到室外。二层平面图中的踏面，上行梯段在中间被一个与踢面线成30°的折断线折断，下行梯段下10级下到标高为0.700楼梯间入口处。从二层平面图中还可以看到一层门斗上方的雨篷的投影。三、五、七层平面图和四、六层平面图上梯段的表达方式是一致的，上下两个梯段都是画成完整的；上行梯段的中间画有一个与踢面线成30°的折断线。折断线两侧的上下指引线箭头是相对的，在箭尾处分别写有"上20级"和"下20级"，是指从二层上到二层以上的各层的踏步级数均为20级，说明各层的层高是一致的。不同的是三、五、七层是跃层式住宅的下层，故图中有入户门；而四、六层是跃层式住宅的上层，所以没有入户门。

顶层平面图的踏面是完整的。只有下行，故梯段上没有折断线。楼面临空的一侧装有水平栏杆。

2. 楼梯剖面图

楼梯剖面图常用1∶50的比例画出。其剖切位置应选择在通过第一跑梯段及门窗洞口，并向未剖切到的第二跑梯段方向投影（如图4-36中的剖切位置）。图4-37为按图4-36剖切位置绘制的剖面图。

剖到梯段的步级数可直接看到，未剖到梯段的步级数因栏板遮挡或因梯段为暗步梁板式等原因而不可见时，可用虚线表示，也可直接从其高度尺寸上看出该梯段的步级数。

多层或高层建筑的楼梯间剖面图，如中间若干层构造一样，可用一层表示（图4-37中的两段折断线中间的部分），该层的楼面和平台面的标高可看出所代表的若干层情况。楼梯间的顶层楼梯栏杆以上部分，由于与楼梯无关，故可用折断线折断。

楼梯间剖面图的标注：

(1) 水平方向应标注被剖切墙的轴线编号、轴线尺寸及中间平台宽、梯段长等细部尺寸。

(2) 竖直方向应标注剖到墙的墙段、门窗洞口尺寸及梯段高度和层高尺寸。梯段高度应标为

步级数×踢面高=梯段高

(3) 标高及详图索引：楼梯间剖面图上应标出各层楼面、地面、平台面及平台梁下口的标高。如需画出踢步、扶手等的详图，则应标出其详图索引符号和其他尺寸，如栏杆（或栏板）高度。

从图4-37中可以看到：从图的右方室外通过5级室外台阶上到标高为0.600的连接室内外的门斗平台处，再进到标高为0.700楼梯间室内。除一层外，每层都有两个梯段，且每个梯段的级数都是10级。从标高为5.200的楼层平台到标高为9.700的中间平台段的两端用折断线折断，以表示此段同时表示四层，故各平台处的标高是用括号重复标注的。楼梯间的顶层楼梯栏杆以上部分以及竖直方向Ⓓ轴线以左客厅部分，由于与楼梯无关，故都用折断线折断不画。

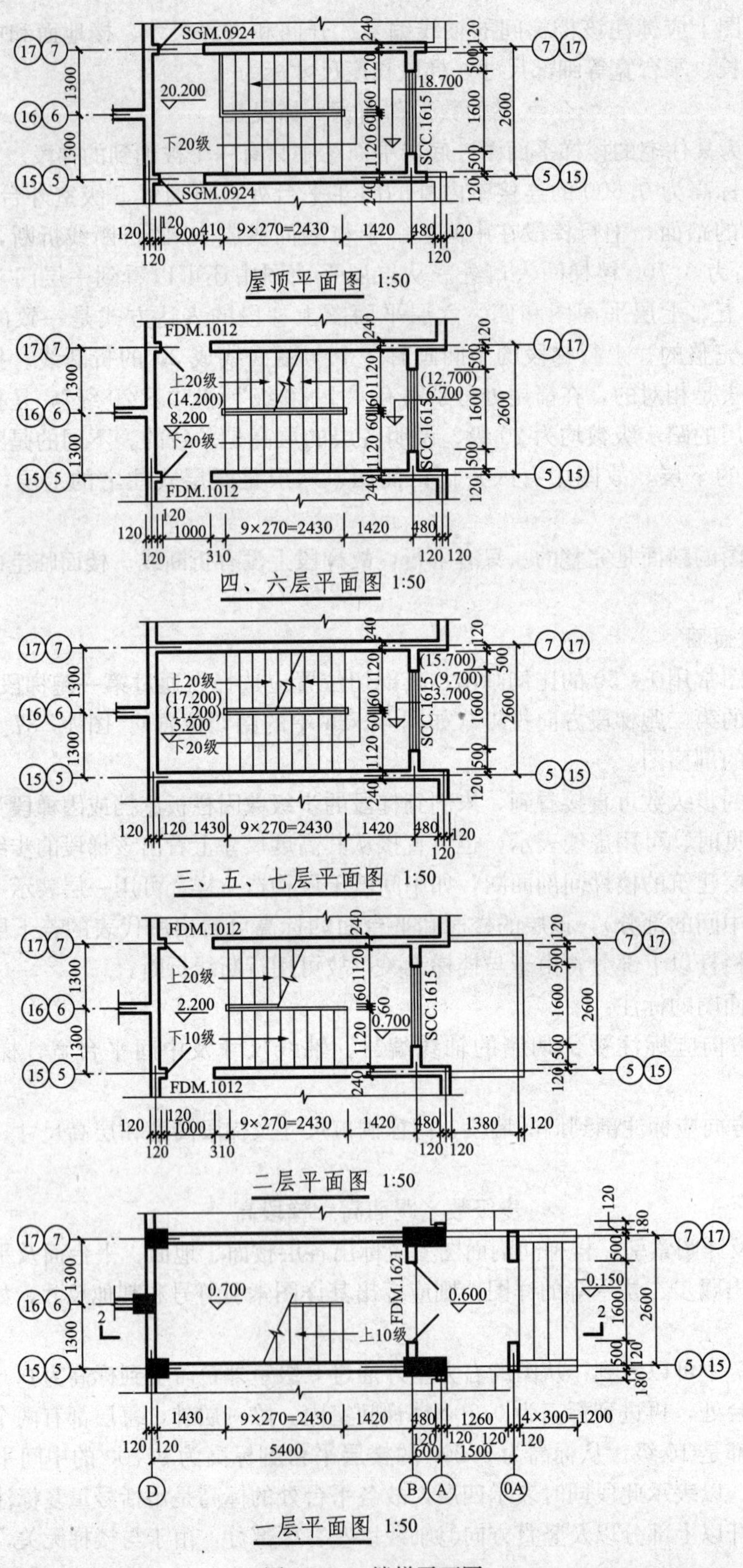

SGM.0924
20.200
下20级
18.700
SCC.1615
120 900 410 9×270=2430 1420 480 120
屋顶平面图 1:50
FDM.1012
上20级
(14.200)
8.200
下20级
(12.700)
6.700
120 1000 9×270=2430 1420 480 120
310
四、六层平面图 1:50
上20级
(17.200)
(11.200)
5.200
下20级
(15.700)
(9.700)
3.700
120 120 1430 9×270=2430 1420 480 120
三、五、七层平面图 1:50
FDM.1012
上20级
2.200
下10级
0.700
120 1000 9×270=2430 1420 480 1380 120
310
二层平面图 1:50
0.700
上10级
FDM.1621
0.600
-0.150
1430 9×270=2430 1420 480 1260 4×300=1200
120 120 5400 600 1500
D B A 0A
一层平面图 1:50

图 4－36 楼梯平面图

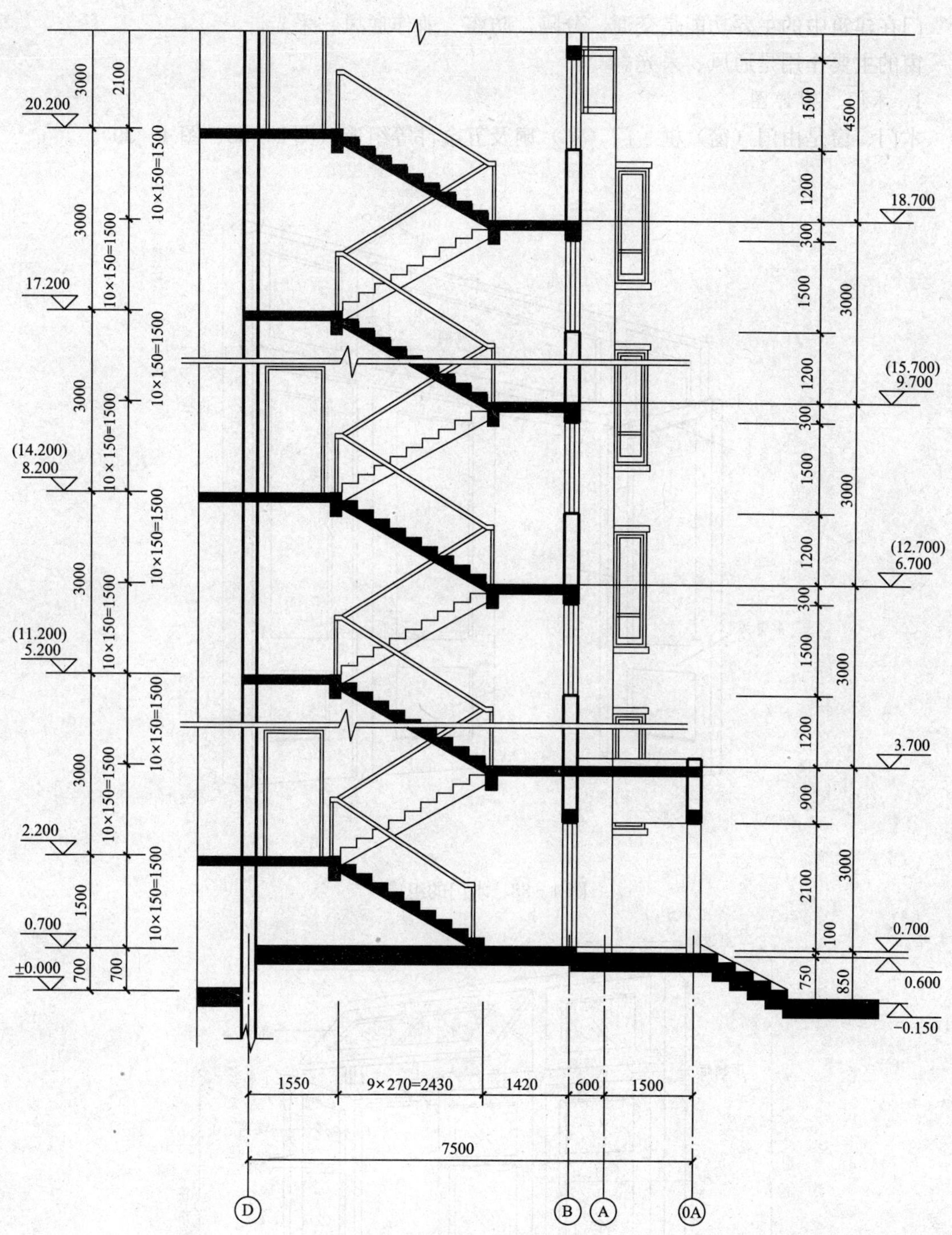

2—2剖面图 1:50

图 4－37　楼梯剖面图

4.6.5 门窗详图

门在建筑中的主要功能是交通、分隔、防盗、兼作通风、采光。

窗的主要作用是通风、采光。

1. 木门、窗详图

木门、窗是由门（窗）框、门（窗）扇及五金件等组成（图 4-38、图 4-39）。

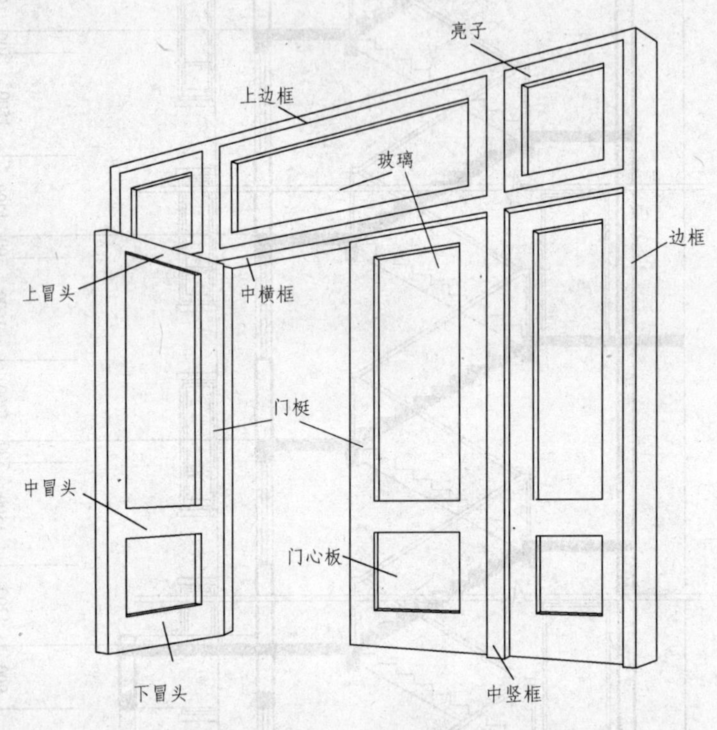

图 4-38 木门的组成

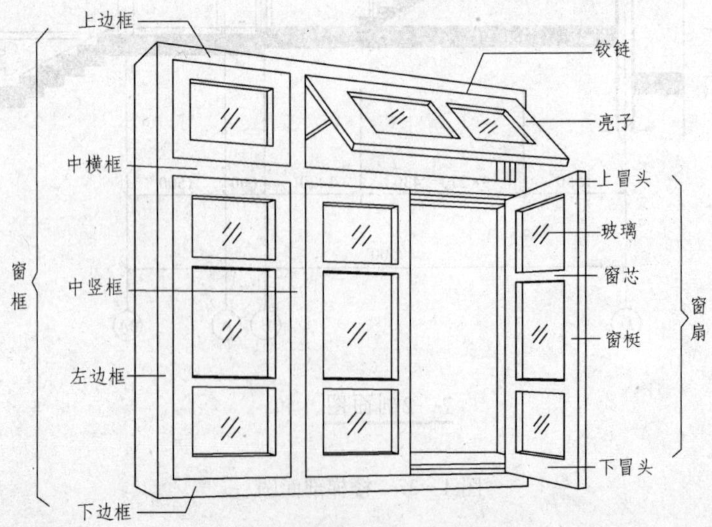

图 4-39 木窗的组成

门、窗洞口的基本尺寸，1000mm 以下时按 100mm 的增值单位增加尺寸，1000mm 以上时，按 300mm 的增值单位增加尺寸。

门、窗详图一般都由各地区建筑主管部门批准发行的各种不同规格的标准图供设计者选用。若采用标准详图，则在施工图中只需说明该详图所在标准图集中的编号即可。如果未采用标准图集时，则必须画出门、窗详图。

门、窗详图有立面图、节点图、断面图和门窗扇立面图等组成。

(1) 门、窗立面图，常用 1∶20 的比例绘制。它主要表达门、窗的外形、开启方式和分扇情况，同时还标出门窗的尺寸及需要画出节点图的详图索引符号（图 4－40）。

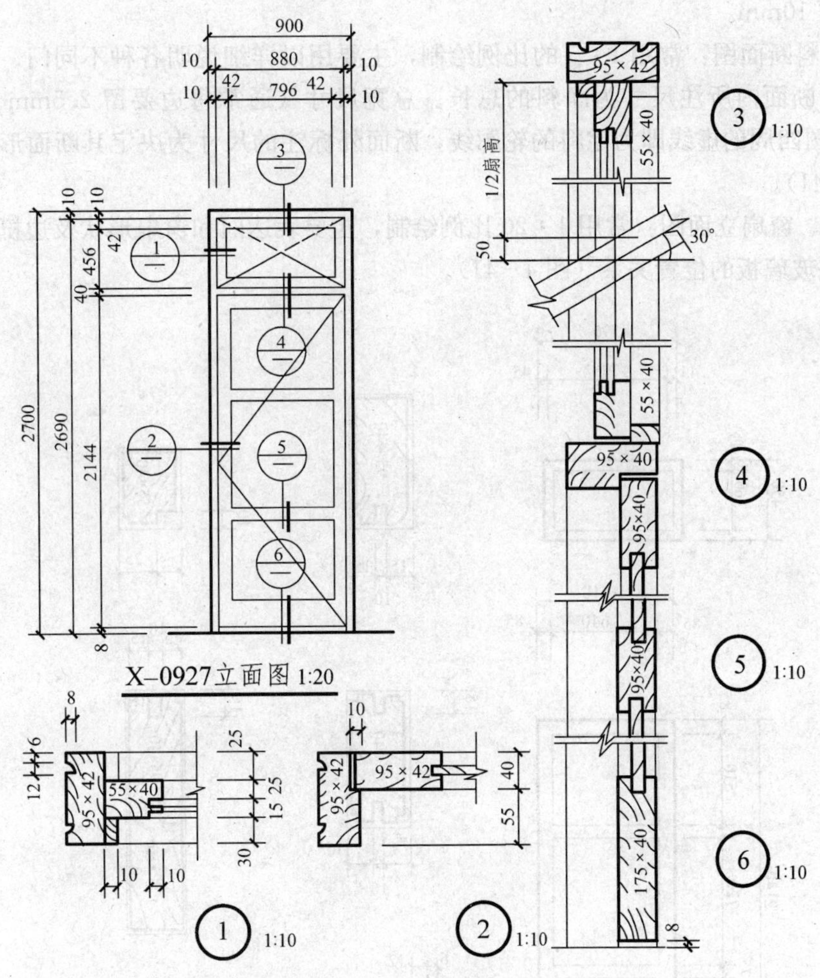

图 4－40　木门详图

一般以门、窗向着室外的面作为正立面。门、窗扇向室外开者称外开，反之为内开。“国标”规定：门、窗立面图上开启方向外开用两条细斜实线表示，如用细斜虚线表示，则为内开。斜线开口端为门、窗扇开启端，斜线相交端为安装铰链端。如图 4－40 中门扇为外开平开门，铰链装在左端，门上亮子为中悬窗，窗的上半部分转向室内，下半部分转向室外。

门、窗立面图的尺寸一般在竖直和水平方向各标注三道；最外一道为洞口尺寸，中间一道为门窗框外包尺寸，里边一道为门窗扇尺寸。

(2) 节点详图：节点详图常用 1∶10 的比例绘制。节点详图主要表达各门窗框、门窗扇的断面形状、构造关系以及门、窗扇与门窗框的连接关系等内容。

习惯上将水平（或竖直）方向上的门、窗节点详图依次排列在一起，分别注明详图编号，并相应地布置在门、窗立面图的附近（图 4-40）。

门、窗节点详图的尺寸主要为门、窗料断面的总长、总宽尺寸。如 95×42、55×40、95×40 等为“X-0927”代号门的门框和亮子窗扇上下冒头、门扇上、中冒头及边梃的断面尺寸。除此之外，还应标出门和窗扇在门、窗框内的位置尺寸。如图 4-40 ②号节点图中，门扇进门框 10mm。

(3) 窗料断面图：常用 1∶5 的比例绘制，主要用以详细说明各种不同门、窗的断面形状和尺寸。断面内所注尺寸为净料的总长、总宽尺寸（通常每边要留 2.5mm 厚的加工裕量），断面图四周的虚线即为毛料的轮廓线，断面外标注的尺寸为决定其断面形状的细部尺寸（图 4-41）。

(4) 门、窗扇立面图：常用 1∶20 比例绘制，主要表达门和窗扇形状及边梃、冒头、芯板、纱芯或玻璃板的位置关系（图 4-41）。

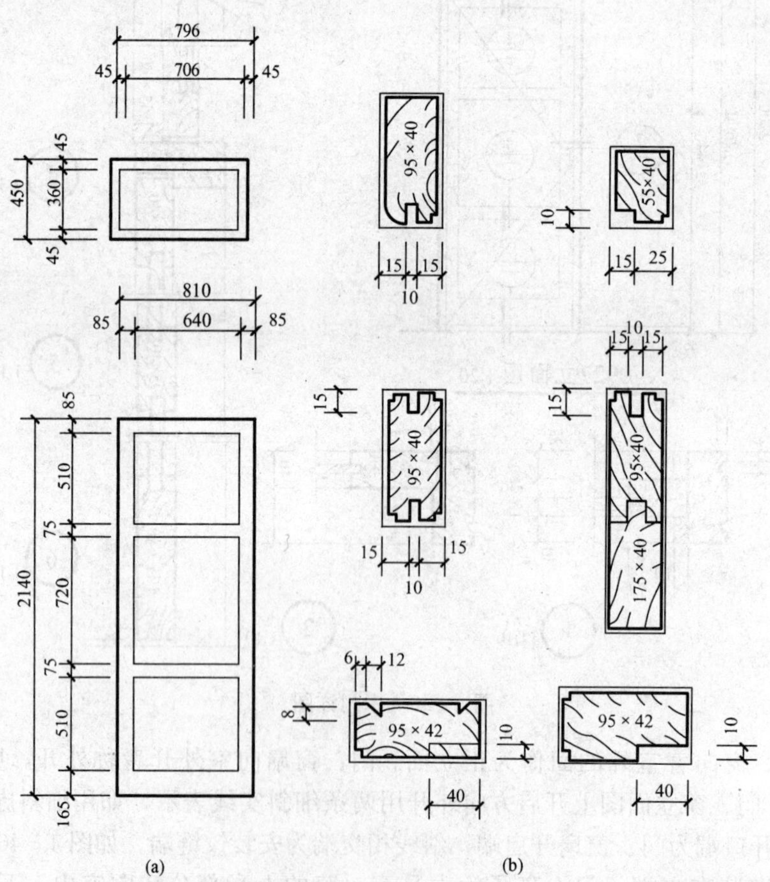

图 4-41　木门门扇详图

(a) 基本门窗；(b) 门框、门扇截面图

门、窗扇立面图在水平和竖直方向各标注两道尺寸，外边一道为门、窗扇的外包尺寸，里边一道为扣除裁口的边梃或各冒头的尺寸，以及芯板、纱芯或玻璃的尺寸（也是边梃或冒头的定位尺寸）。

2. 铝合金门、窗及塑钢门、窗详图

铝合金门窗及塑钢门、窗与木制门、窗相比，在坚固、耐久、耐火和密闭等性能上都较优越，而且节约木材，透光面积较大，各种开启方式如平开、翻转、立转、推拉等都可适应，因此已大量用于各种建筑中。铝合金门、窗及塑钢门、窗的立面图表达方式及尺寸标注与木门、窗的立面图表达方式及尺寸标注一致，其门、窗料断面形状与木门、窗断面形状不同。但图示方法及尺寸标注要求与木门、窗相同。各地区及国家已有相应的标准图集。如“国家建筑标准设计”图集有以下几种：

92SJ605　平开铝合金门

92SJ606　推拉铝合金门

92SJ607　铝合金弹簧门

92SJ712　平开铝合金窗

92SJ713　推拉铝合金窗

铝合金门、窗的代号与木制门、窗代号稍有不同，如“HPLC”为“滑轴平开铝合金窗”，“TLC”为“推拉铝合金窗”、“PLM”为“平开铝合金门”，“TLM”为“推拉铝合金门”等。

塑钢门、窗的代号与木制门、窗代号也有所不同，如图 4－15 中的“SGC. 0515”为“塑钢单框双玻中空窗”，“SGTM. 2121”为“塑钢单框双玻中空推拉门”、“SGMC. 2424”为“塑钢单框双玻中空带窗门”等。

4.6.6 卫生间、厨房详图

卫生间、厨房详图主要表达卫生间和厨房内各种设备的位置、形状及安装做法等。

卫生间、厨房详图有平面详图、全剖面详图、局部剖面详图、设备详图、断面图等。其中，平面详图是必要的，其他详图根据具体情况选取采用，只要能将所有情况表达清楚即可。

卫生间、厨房平面详图是将建筑平面图中的卫生间、厨房用较大比例，如 1∶50、1∶40、1∶30 等，把卫生设备及厨房的必要设备一并详细地画出的平面图。它表达出各种卫生设备及厨房的设备在卫生间及厨房内的布置、形状和大小。图 4－42 为某住宅的卫生间平面详图，图 4－43 为某住宅的厨房平面详图。

卫生间、厨房的平面详图的线型与建筑平面图相同，各种设备可见的投影线用细实线表示，必要的不可见线用细虚线表示。当比例≤1∶50 时，其设备按图例表示。当比例>1∶50 时，其设备应按实际情况绘制。如各层的卫生间、厨房布置完全相同，则只画其中一层的卫生间、厨房即可。

平面详图除标注墙身轴线编号、轴线间距和卫生间、厨房的开间、进深尺寸外，还要注出各卫生设备及厨房的必要设备的定量、定位尺寸和其他必要的尺寸，以及各地面的标高等，平面图上还应标注剖切线位置、投射方向及各设备详图的详图索引标志等。

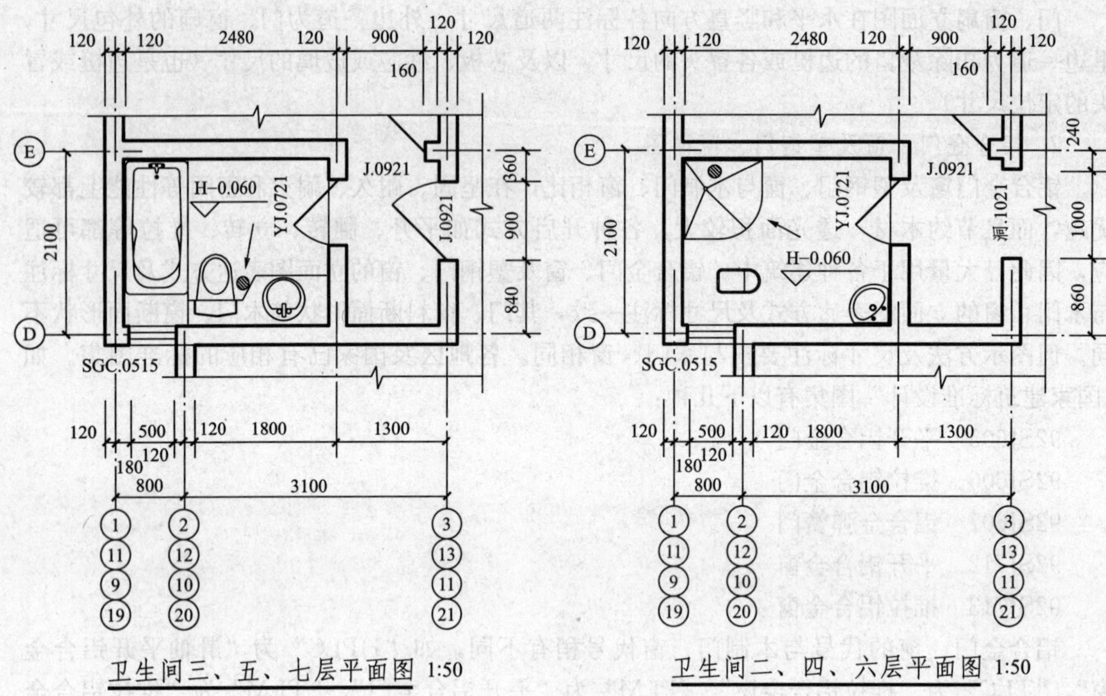

图 4-42 卫生间平面详图

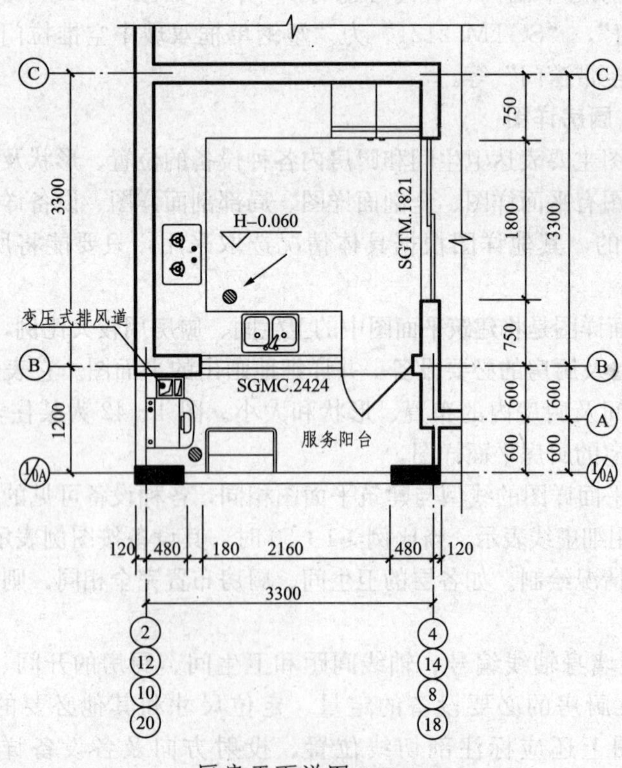

图 4-43 厨房平面详图

4.6.7 其他详图

根据工程不同需要，还可以加画其他，如墙体、凸窗、阳台、阳台栏板、线脚、女儿墙及雨篷等详图，以表达这些部分的材料、位置、形状及安装做法等，如图4-44为某住宅的凸窗及阳台栏板的剖面详图，具体表达了凸窗及阳台栏板各部分构造的剖面尺寸及材料和做法。图4-45为某住宅的女儿墙及屋顶部分装饰线脚的详图，其中⑤号详图是从图4-26中引出的女儿墙的详图，具体表达了女儿墙的尺寸及材料和做法；而④号详图则是从图4-19中引出的，具体表达了屋顶部分装饰线脚的平面及剖面位置、尺寸、材料和做法。其他详图的表达方式、尺寸标注等，都与前面所述详图大致相同，故不再重复。

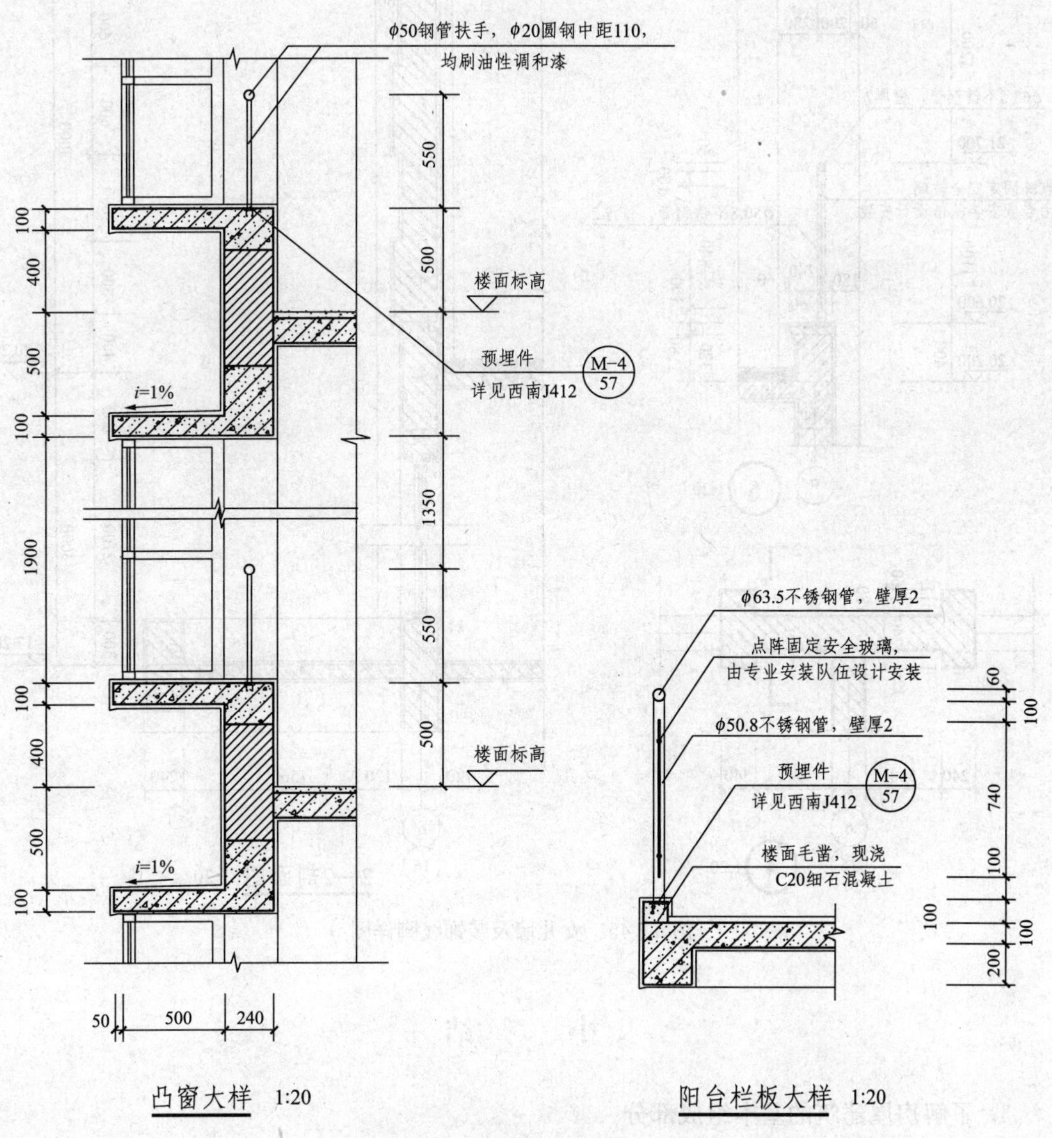

图4-44 凸窗及阳台栏板的剖面详图

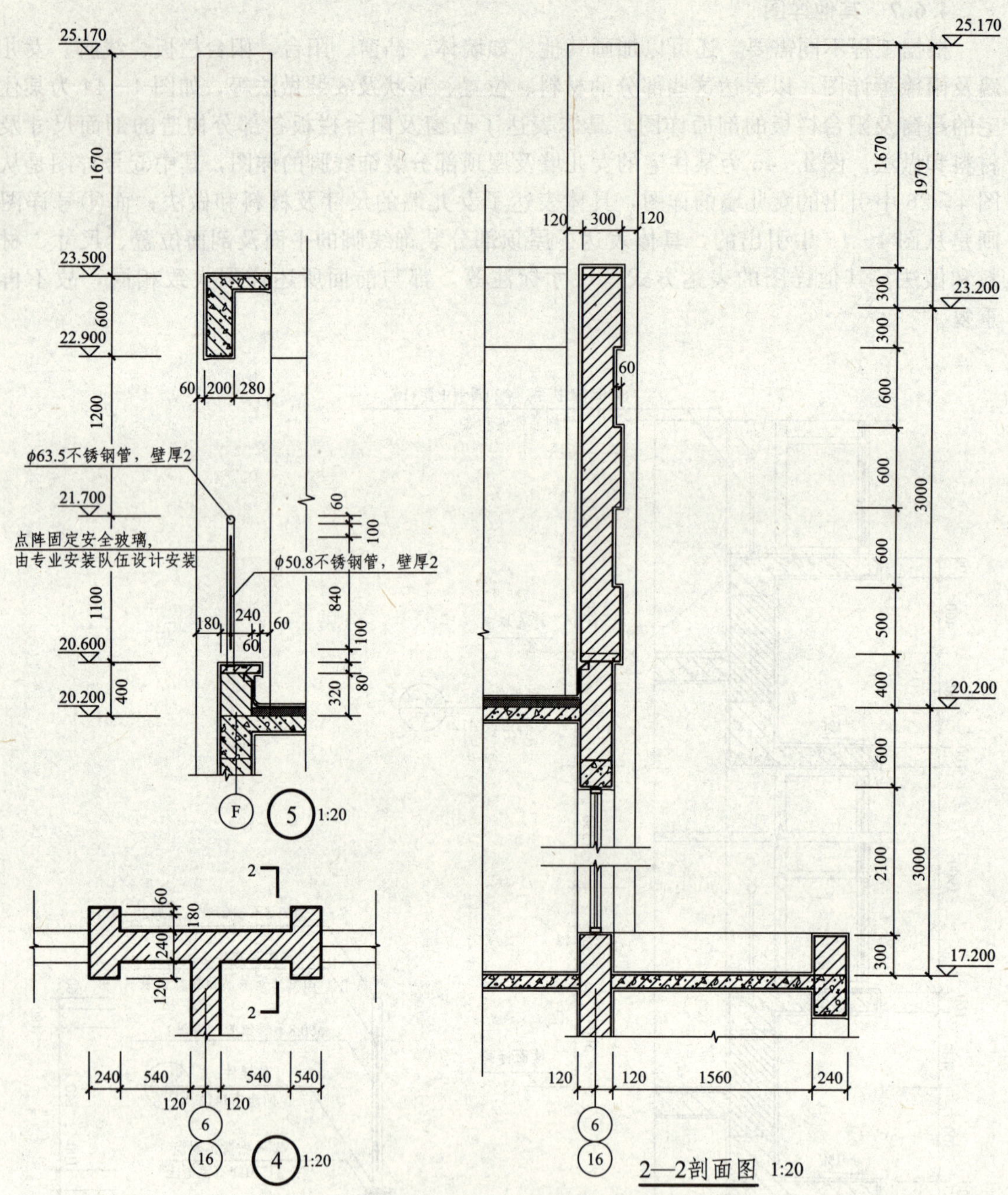

图 4-45 女儿墙及装饰线脚详图

小 结

1. 了解房屋建筑的基本组成部分。
2. 了解建筑施工图的组成及各部分图纸的名称。
3. 熟悉总平面图，各层平面图，立面图，剖面图及详图的形成、用途、比例、线型、图例、尺寸标注等要求。

4. 掌握识读和绘制总平面图、各层平面图、立面图、剖面图及详图的方法和技巧。

复习思考题

4.1 施工图根据其内容和各工程不同分为哪几种？

4.2 建筑施工图的用途是什么？

4.3 建筑施工图包括哪几种图纸？

4.4 建筑平面图的用途是什么？

4.5 建筑立面图的用途是什么？

4.6 建筑剖面图的用途是什么？

4.7 什么是定位轴线？定位轴线怎样进行编号？

4.8 什么是开间？什么是进深？

4.9 总平面图、各层平面图、立面图、剖面图及详图的常用比例是多少？

4.10 总平面图、各层平面图、立面图、剖面图及详图的尺寸单位是什么？

4.11 总平面图、各层平面图、立面图、剖面图及详图的标高单位是什么？标到小数点后几位？

4.12 各层平面图的外部尺寸一般标注几道？各道尺寸分别标注什么内容？分别称为什么尺寸？

第5章 结构施工图

本章要点

本章主要介绍结构施工图的内容，包括组成钢筋混凝土结构施工图的结构设计总说明、基础施工图、楼层结构布置图（包括梁平法施工图），以及构件详图的形成、用途、比例、线型、图例、尺寸标注等要求和绘图方法。重点应掌握识读和绘制钢筋混凝土结构施工图的方法和技巧。

5.1 概述

建筑物是由结构构件（如梁、板、墙、柱、基础等）和建筑配件（如门、窗、栏杆等）所组成。其中一些主要承重构件互相支承，连成整体，构成建筑物的承重结构体系，该体系就称为建筑结构。

结构设计是根据建筑各方面的要求，进行结构选型和构件布置，经过结构计算，确定建筑物各承重构件的形状、尺寸、材料以及内部构造和施工要求等。将结构设计的结果绘制成图即为结构施工图。结构施工图是构件制作、安装和指导施工的重要依据。

建筑结构的分类：按其主要承重构件所采用材料的不同，可分为钢结构、木结构、砖石结构、钢筋混凝土结构等；按其受力特征的不同，可分为墙体承重结构体系、骨架结构体系、空间结构体系等。如图5-5所示的某住宅楼的结构就为骨架结构体系中的框架结构。

结构施工图一般包括基础图、结构布置平面图、构件详图等。

结构构件种类繁多，为便于绘图、读图、在结施图中常用代号来表示构件的名称。构件代号采用该构件名称汉语拼音的第一个字母表示。常用构件代号见表5-1。

表5-1　　常用构件代号（摘自GB/T 50105—2001）

序号	名称	代号	序号	名称	代号	序号	名称	代号
1	板	B	12	天沟板	TGB	23	楼梯梁	TL
2	屋面板	WB	13	梁	L	24	檩条	LT
3	空心板	KB	14	屋面梁	WL	25	屋架	WJ
4	槽形板	CB	15	框架梁	KL	26	托架	TJ
5	折板	ZB	16	屋面框架梁	WKL	27	天窗架	CJ
6	密肋板	MB	17	框支梁	KZL	28	框架	KJ
7	楼梯板	TB	18	吊车梁	DL	29	刚架	GJ
8	盖板或沟盖板	GB	19	圈梁	QL	30	支架	ZJ
9	挡雨板或檐口板	YB	20	过梁	GL	31	柱	Z
10	吊车安全走道板	DB	21	剪力墙连梁	LL	32	框架柱	KZ
11	墙板	QB	22	基础梁	JL	33	框支柱	KZZ

续表

序号	名称	代号	序号	名称	代号	序号	名称	代号
34	基础	J	39	水平支撑	SC	44	预埋件	M
35	设备基础	SJ	40	梯	T	45	天窗端壁	TD
36	桩	ZH	41	雨篷	YP	46	钢筋网	W
37	柱间支撑	ZC	42	阳台	YT	47	钢筋骨架	G
38	垂直支撑	CC	43	梁垫	LD	48	混凝土墙	Q

注 预应力钢筋混凝土构件代号，应在构件代号前加注“Y-”，如 Y-KB 表示预应力空心板。

5.2 基础施工图

基础是建筑物地面以下承受建筑物全部荷载的构件。基础下面承受基础传来荷载的地层称为地基。基础的组成如图 5-1 所示。地基不属于建筑物的组成部分，但与基础形式密切相关。

根据基础构造形式的不同，可采用不同的材料。按其构造形式可分为墙下条型基础［图 5-2 (a)］、柱下独立基础［图 5-2 (b)］等；按其材料的不同一般可分为砖（石）基础、混凝土基础和钢筋混凝土基础。

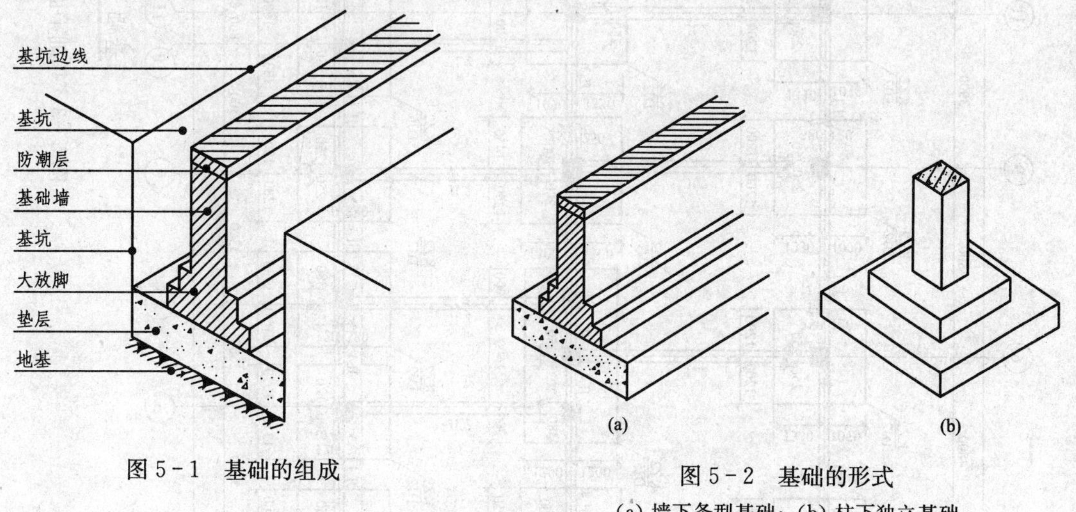

图 5-1 基础的组成

图 5-2 基础的形式
(a) 墙下条型基础；(b) 柱下独立基础

基础图一般包括基础平面图、基础详图和文字说明三部分。现以上述住宅楼的柱下独立基础为例，说明基础图的内容和特点。

1. 基础平面图

基础平面图是假想用一水平剖切平面，沿房屋的底层地面将房屋剖开，移去剖切平面以上的房屋和基础回填土后所作的水平投影。

图的比例通常与建筑平面图相同，采用 1∶50、1∶100、1∶150、1∶200 等。

从图 5-3 可以看出，整幢房屋采用钢筋混凝土柱下独立基础，填充墙由基础梁承担。以①轴线的基础为例，轴线两侧的细实线为基础梁的边线，基础梁编号为 JL1，梁宽为 300mm；

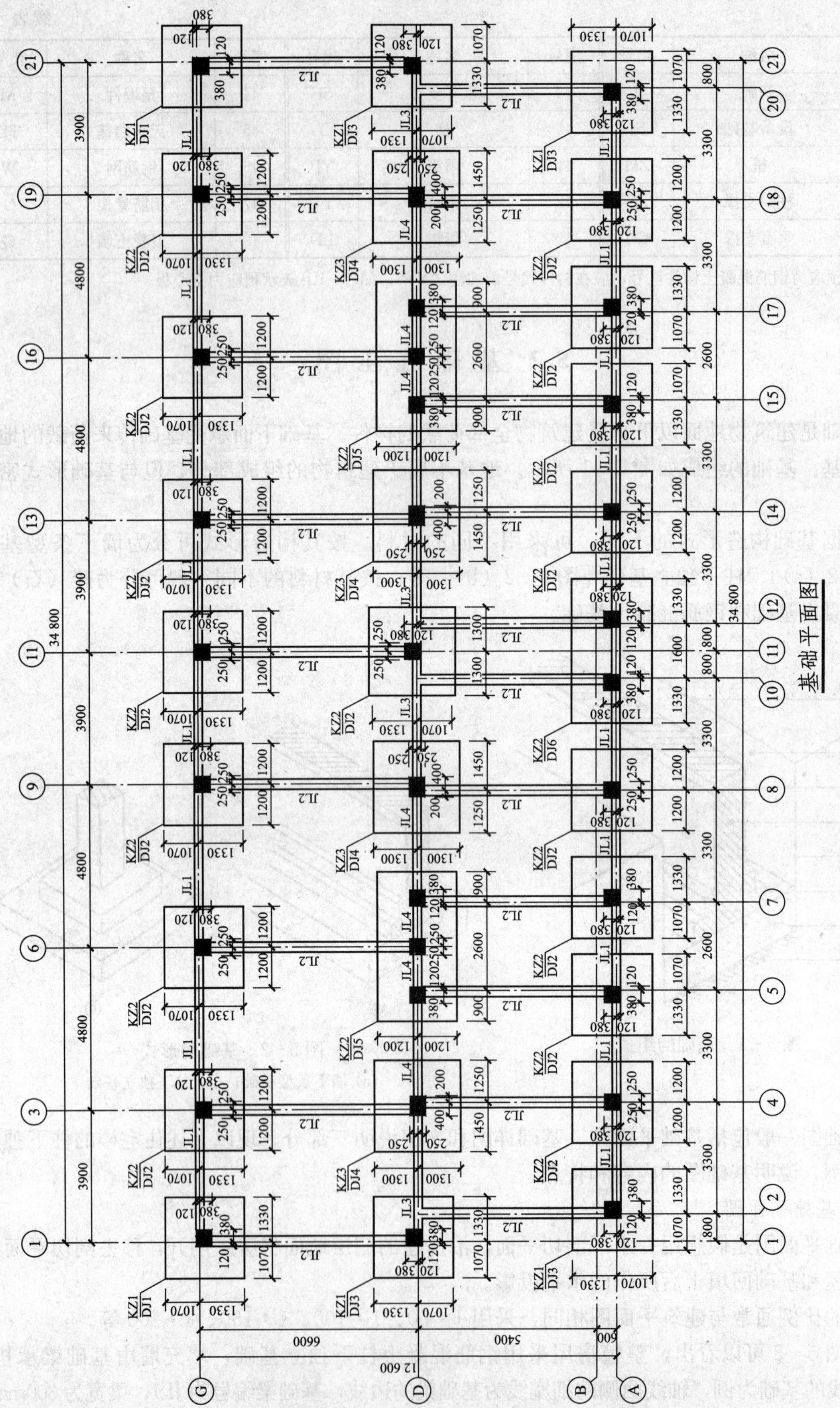

图 5-3 基础平面图

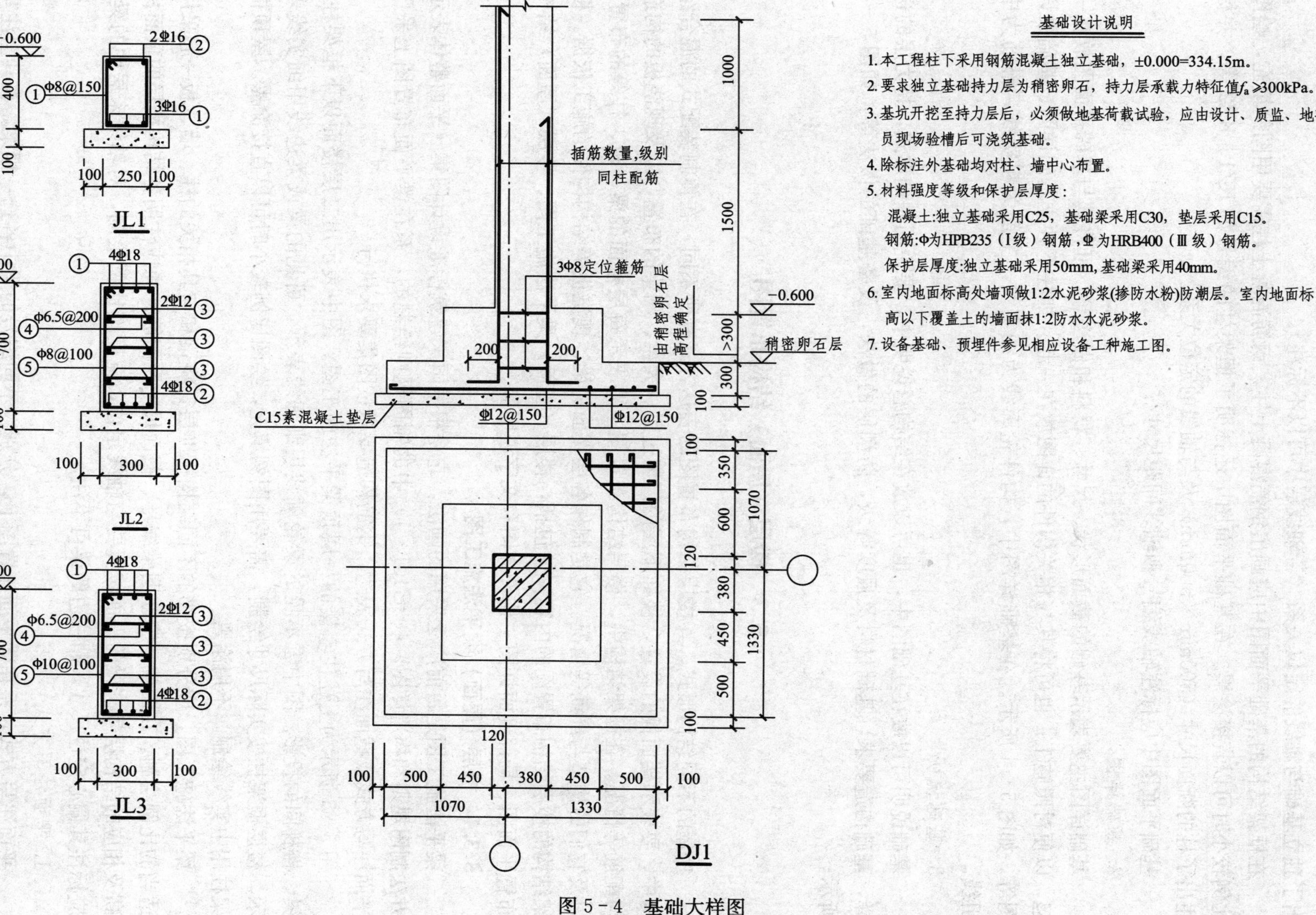
基础设计说明
1. 本工程柱下采用钢筋混凝土独立基础，±0.000=334.15m。
2. 要求独立基础持力层为稍密卵石，持力层承载力特征值f_a≥300kPa。
3. 基坑开挖至持力层后，必须做地基荷载试验，应由设计、质监、地勘人员现场验槽后可浇筑基础。
4. 除标注外基础均对柱、墙中心布置。
5. 材料强度等级和保护层厚度：
混凝土:独立基础采用C25，基础梁采用C30，垫层采用C15。
钢筋:Φ为HPB235（Ⅰ级）钢筋，Φ为HRB400（Ⅲ级）钢筋。
保护层厚度:独立基础采用50mm，基础梁采用40mm。
6. 室内地面标高处墙顶做1:2水泥砂浆(掺防水粉)防潮层。室内地面标高以下覆盖土的墙面抹1:2防水水泥砂浆。
7. 设备基础、预埋件参见相应设备工种施工图。
插筋数量，级别同柱配筋
3Φ8定位箍筋
由稍密卵石层高程确定
稍密卵石层
-0.600
C15素混凝土垫层
Φ12@150
DJ1
JL1
JL2
JL3
Φ8@150
2Φ16
3Φ16
4Φ18
2Φ12
Φ6.5@200
Φ8@100
Φ10@100

图5-4 基础大样图

独立基础编号为 DJ1 和 DJ3，其轮廓线为中实线，其尺寸均为 2400mm×2400mm，还标注出了独立基础与轴线的定位关系（若轴线居中可以不标注）。

在框架结构的基础平面图中应画出钢筋混凝土柱，钢筋混凝土柱需要用图例填充，绘图比例较小时可以直接涂黑。在基础平面图中还标明了框架柱的编号如 KZ1、KZ2 等，并标注出了柱的断面尺寸（500mm×500mm）及与轴线的定位关系。

基础平面图中应标注轴线编号和轴线间距尺寸。

2. 基础详图

基础详图主要表示基础的截面形状、尺寸、材料和做法等，可将其与基础平面图放在一起，以便对照施工；也可将其与相关构件的详图放在一起。如柱下独立基础详图、基础梁详图等，如图 5-4 所示。在基础详图中，构件轮廓线为细实线，主筋为粗实线，箍筋为中粗线。

3. 基础说明

基础说明可以放在基础图中，也可以放在结构总说明中，要说明基础形式，持力层的选择，基础构造要求，基础材料及强度等级，防潮层的做法，设备基础的做法等，如图 5-4 所示。

5.3 楼层（屋面）结构布置图

房屋的不同结构形式，其楼层结构布置图的表达方式有所不同，在预制装配式的混合结构中，要表示楼面板的设置，楼面下层的门窗过梁、大梁、圈梁的布置，以及现浇板的构造与配筋等情况。在框架结构中，楼层结构布置图主要表示每层楼面的梁、板、柱等的布置，以及它们的构造与配筋等情况。它是制作各层楼面的梁、现浇板等结构构件的施工依据。框架结构的楼层结构布置图的内容一般包括：楼层（屋面）梁平法施工图、楼层（屋面）结构布置平面图、局部剖面详图、构件详图和文字说明等。

5.3.1 楼层（屋面）梁平法施工图

梁平法施工图是目前广泛采用的画法，它是根据国家建筑标准设计图集《平面整体表示方法制图规则和构造详图》（03G101-1）中的制图规则绘制的，系在梁平面布置图上采用平面注写方式或截面注写方式表达，钢筋构造要求按图集要求执行。

图 5-5 所示为上述住宅楼的一层顶梁平法施工图。图中表示出二层楼面以下框架柱、梁、楼梯间的投影。图中看不见的梁轮廓线用细虚线表示，可见的梁或梁边线用细实线表示。楼层框架柱按实际尺寸绘制，需要用图例填充，绘图比例较小时可以直接涂黑。屋顶框架柱用中实线绘制，不用涂黑。

梁平法施工图，应分别按梁的不同结构标准层，将梁和与其相关的柱、墙、板一起采用适当的比例绘制。在图中，应注明梁编号、截面尺寸及配筋。尚应注明各结构楼层的顶面标高及相应的结构层号。梁的平面位置要与轴线定位，宽度按比例绘制，对轴线未居中的梁，应标注其偏心定位尺寸，贴柱边的梁可不注。

1. 平面注写方式

平面注写方式，系在梁平面布置图上，分别在不同编号的梁中各选一根梁，在其上注写截面尺寸、配筋和标高的方式来达梁平法施工图。

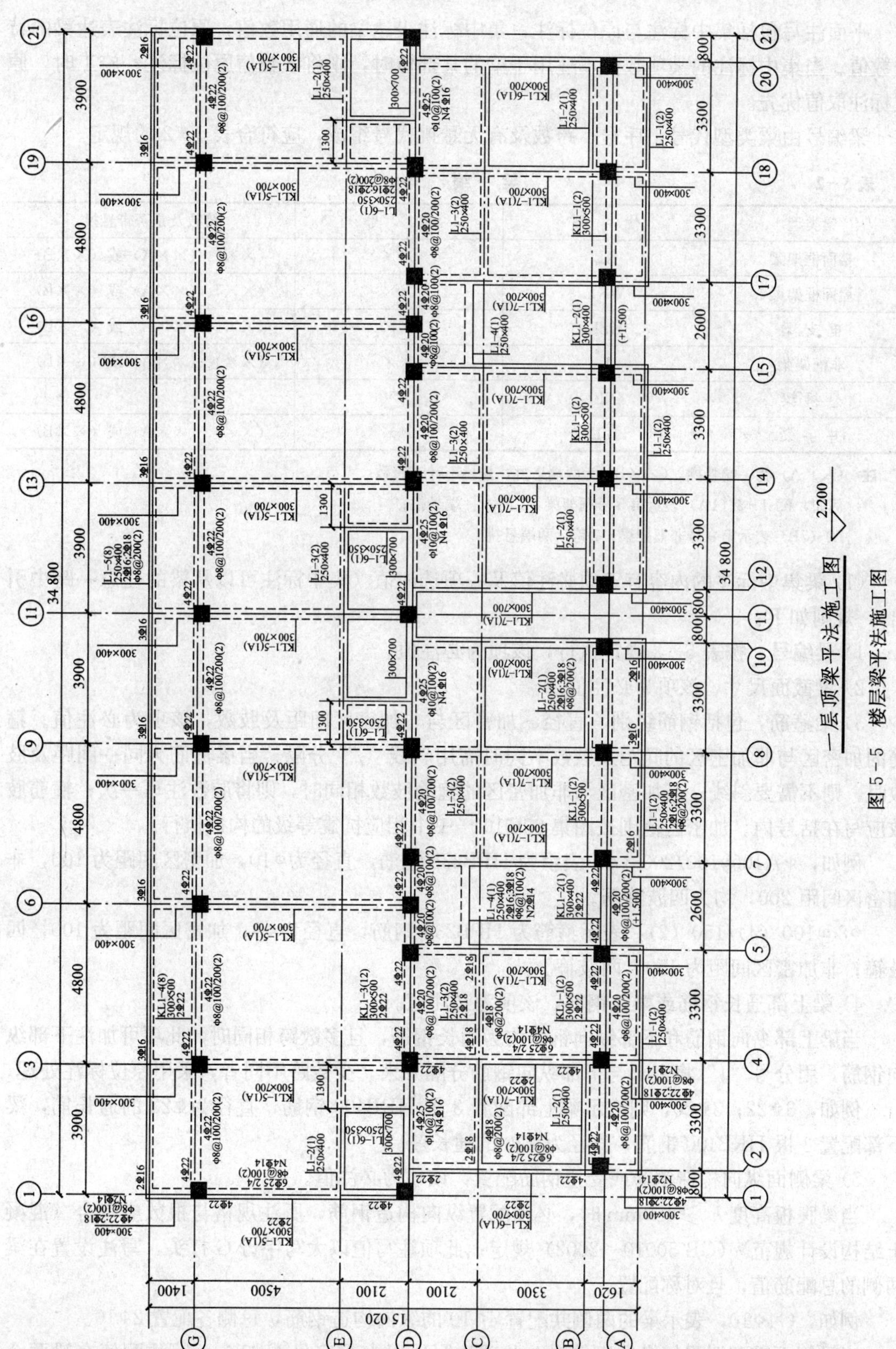

图5-5 楼层梁平法施工图

平面注写包括集中标注与原位标注，集中标注表达梁的通用数值，原位标注表达梁的特殊数值。当集中标注的某项数值不适用于梁的某部位时，则将该数值原位标注，施工时，原位标注取值优先。

梁编号由梁类型代号、序号、跨数及有无悬挑代号组成，应符合表 5－2 的规定。

表 5－2　　　　梁　编　号

梁类型	代　号	序　号	跨数及是否带悬挑
楼面框架梁	KL	××	(××)、(××A) 或 (××B)
屋面框架梁	WKL	××	(××)、(××A) 或 (××B)
框 支 梁	KZL	××	(××)、(××A) 或 (××B)
非框架梁	L	××	(××)、(××A) 或 (××B)
悬 挑 梁	XL	××	
井 字 梁	JZL	××	(××)、(××A) 或 (××B)

注　(××A) 为一端悬挑，(××B) 为两端悬挑，悬挑不计入跨数。
例如，KL1－5 (1A) 表示第 5 号框架梁，1 跨，一端悬挑；
L9 (7B) 表示第 9 号非框架梁，7 跨，两端悬挑。

(1) 梁集中标注的内容有五项必注值及一项选注值（集中标注可以从梁的任意一跨中引出），规则如下：

1) 梁编号，按表 5－2 规定执行，该项为必注值。

2) 梁截面尺寸，该项为必注值。

3) 梁箍筋，包括钢筋级别、直径、加密区与非加密区间距及肢数，该项为必注值。箍筋的加密区与非加密区的间距及肢数不同时需用斜线“/”分隔；当梁箍筋为同一间距及肢数时，则不需要斜线；当加密区与非加密区的箍筋肢数相同时，则将肢数注写一次；箍筋肢数应写在括号内。加密区范围按图集 03G101－1 中相应抗震等级的构造执行。

例如，ΦA10@100/200 (4) 表示为 HPB235 钢筋，直径为Φ10，加密区间距为 100，非加密区间距 200，均为四肢箍筋。

Φ8@100 (4)/150 (2)，表示箍筋为 HPB235 钢筋，直径为Φ8，加密区间距为 100，四肢箍；非加密区间距为 150，两肢箍。

4) 梁上部通长钢筋或架立钢筋，该项为必注值。

当梁上部纵向钢筋和下部纵向钢筋均为通长钢筋，且多数跨相同时，此项可加注下部纵向钢筋，用分号“;”将上部与下部纵向钢筋分隔开来，少数跨不同者，采用原位标注处理。

例如，3Φ22；3Φ20，则表示梁上部配置 3 根 HRB400 钢筋，直径为Φ22 的通长筋，梁下部配置 3 根 HRB400 钢筋，直径为Φ20 的通长筋。

5) 梁侧面纵向构造钢筋或受扭钢筋配置，该项为必注值。

当梁腹板高度 $h_w \geq 450$mm 时，必须配置纵向构造钢筋，所注规格与根数应符合《混凝土结构设计规范》(GB 50010—2002) 规定。此项注写值以大写字母 G 打头，写注设置在梁两侧的总配筋值，且对称配置。

例如，G4Φ10，表示梁的两侧共配置 4Φ10 的纵向构造钢筋，每侧各配置 2Φ10。

当梁侧面需配置受扭纵向钢筋时，此项注写值以大写字母 N 打头，写注配值在梁两个侧面的总配筋值，且对称配置。

例如，N6Φ16，表示梁的两侧共配置6Φ16的纵向构造钢筋。每侧各配置3Φ16。

6）梁顶面标高与楼面标高的高差，该项为选注值。

例如，图5-5中KL1-2（1）在梁下部标注（+1.500），表示梁顶标高比相对应的楼面标高高1500mm。

（2）梁原位标注的内容规定如下：

1）梁支座上部钢筋，该部位含通长钢筋在内的所有纵筋。

① 当上部钢筋多于一排时，用斜线“/”将各排纵筋自上而下分开。

例如，梁上部纵向钢筋注写为6Φ22 4/2，则表示梁上部纵向钢筋的上一排纵向钢筋为4Φ22，下一排纵向钢筋为2Φ22。

② 当同排纵筋有两种直径时，用加号“+”将两种直径的纵筋相连，注写时将角部纵向钢筋写在前面。

例如，梁上部纵向钢筋注写为2Φ22+2Φ20，则表示梁支座上部钢筋为四根，2Φ22放在角部，2Φ20放在中部。

③ 当梁中支座两边的上部钢筋不同时，需在支座两边分别标注；当梁中支座两边的上部钢筋相同时，仅需在支座的一边标注钢筋值，另一边省去不注。

2）梁下部钢筋。

① 当下部钢筋多于一排时，用斜线“/”将各排纵筋自上而下分开。

例如，梁下部纵向钢筋注写为6Φ22 2/4，则表示梁下部纵向钢筋的上一排纵向钢筋为2Φ22，下一排纵向钢筋为4Φ22，全部伸入支座。

② 当同排纵筋有两种直径时，用加号“+”将两种直径的纵筋相连，注写时将角部纵向钢筋写在前面。

③ 当梁的集中标注中已标注梁上部和下部钢筋均为通长值，且此处的梁下部钢筋与集中标注相同时，则不需要在梁下部重复做原位标注。

（3）附加箍筋或吊筋，将其直接画在平面图中的主梁上，用引线引注总配筋值（附加箍筋的肢数注在括号内），多数附加箍筋或吊筋相同时，可在梁平法施工图中统一注明，少数与统一注明值不同时，再原位引注。

（4）当在梁上集中标注的内容（即梁截面尺寸、箍筋、上部通长筋或架立筋，两侧向构造筋或受扭筋，以及梁顶面标高差的某一项或几项值）不适用于某跨或某悬挑部分时，则将其不同数值原位标注在该跨或某悬挑梁部位，施工时应按原位标注数值取用。

2. 截面注写方式

截面注写方式，系在标准层绘制的梁平面布置图上，分别在不同编号的梁中各选择一根梁用剖面号引出配筋图，并在其上注写配筋尺寸和配筋具体数值的方式来表达梁平法施工图。

5.3.2 楼层结构布置平面图

楼层（屋面）结构布置图是假想沿楼面（屋面）将建筑物水平剖切后所得的楼面（屋面）的水平投影。它反映出每层楼面（屋面）上板、梁及楼面（屋面）下层的门窗过梁布置，以及现浇楼面（屋面）板的构造及配筋情况。

图5-6所示为上述住宅楼的一层顶板结构布置平面图。图中表示出该层楼面现浇板的

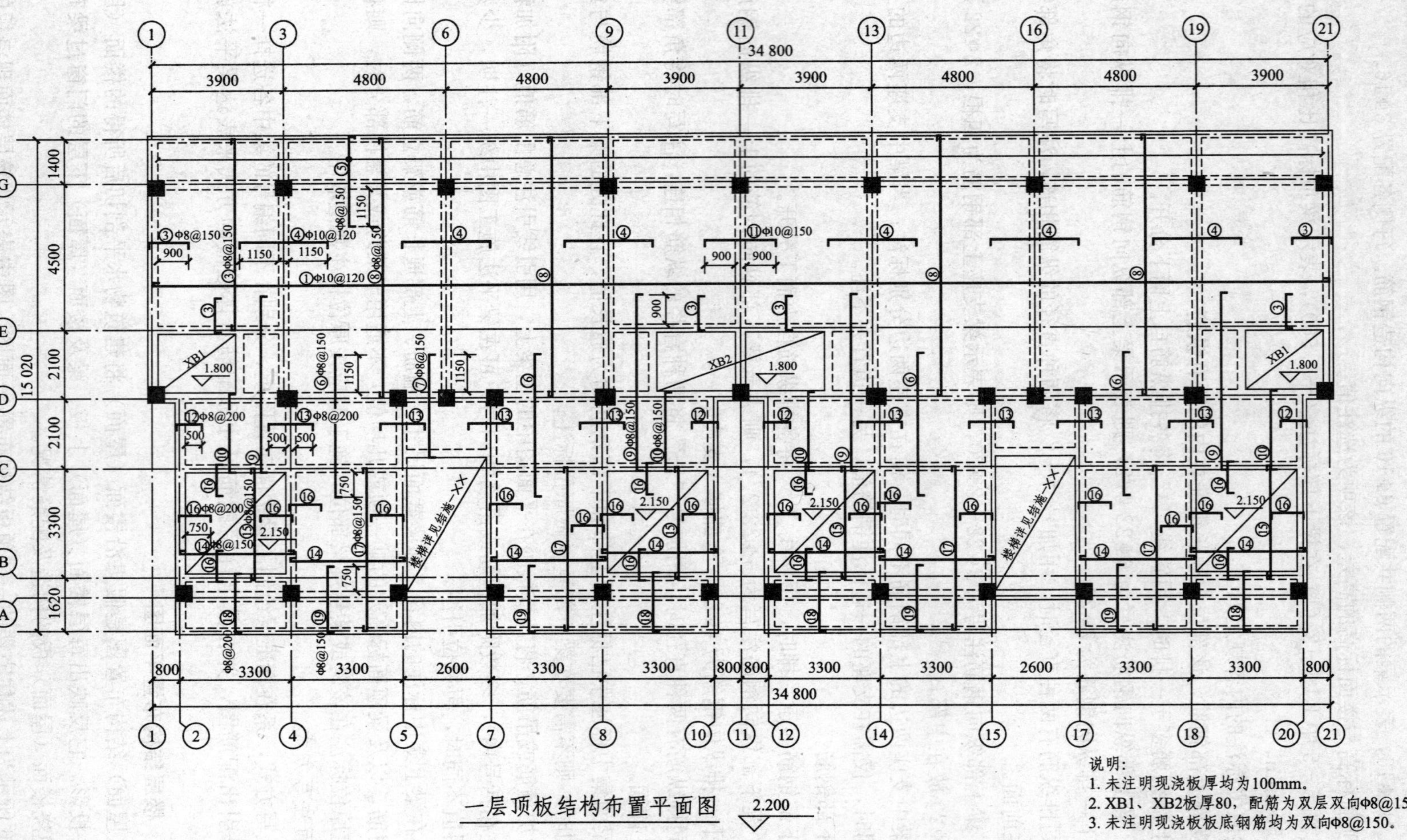

图 5-6 楼层结构布置平面图

配筋及梁、柱、雨篷、楼梯洞口的投影。图中用细实线画出梁、板可见轮廓线，用细虚线画出被现浇板遮盖住的梁不可见轮廓线，并以粗实线画出受力筋。

从图5-6可看出：本层为现浇钢筋混凝土楼盖，钢筋采用HPB235钢筋，现浇板厚为100mm。图中应标注轴线编号和轴线间距尺寸以及各梁与轴线的关系尺寸，还应标注该层顶板的平面标高，如第一层梁板的标高为2.200m。对于卫生间、阳台等需要降低楼板标高的房间应在该房间注明板面标高，如①～③轴间的卫生间板面标高为1.800m。某个房间的板厚与注明的板厚不同时应单独注明。

在结构平面图中配置双层钢筋时，底层的钢筋应向上或向左，如图5-7中①、②号钢筋；顶层的钢筋应向下或向右，如图5-7中③、④号钢筋。

现浇楼板中的钢筋应进行编号。对于型号、形状、长度及间距相同的钢筋采用相同编号，底层钢筋与顶层钢筋应分开编号。相同编号的钢筋可以仅对其中一根钢筋的长度、型号及间距进行标注。对于较小的房间如图5-6中的卫生间钢筋在平面图中不容易表达，可以对房间编号单独出大样图或直接用文字说明配筋和板厚。现浇板底层钢筋若是采用相同间距及直径的，也可以直接用文字说明其配筋，如图5-6中Ⓒ～Ⓓ轴交②～⑤轴房间的底层钢筋是在说明中统一说明的。

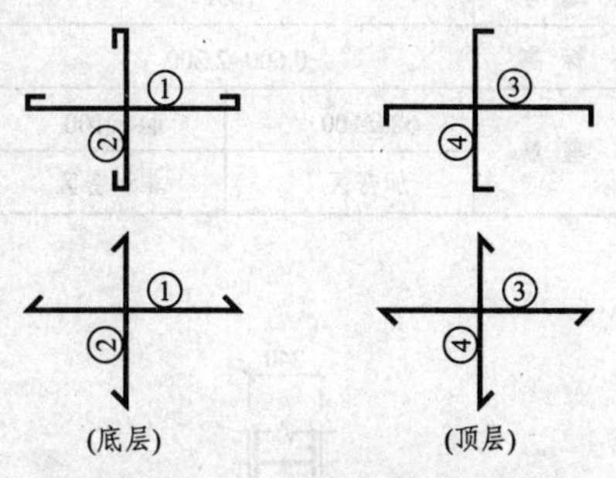

图5-7 钢筋画法

每一组相同的钢筋可以用一根粗实线表示。在一个梁区格或由墙围成房间范围内相同的钢筋仅画一次。对于多房间相同的钢筋，也可以用简化标注方法。如图5-6中⑤号钢筋仅画出一根，同时用一根带斜短画线的横穿细线表示其余钢筋的起始位置是①轴，终止位置是㉑轴。

5.3.3 柱平法施工图

柱平法施工图是目前比较常用的画法，它是根据国家建筑标准设计图集《平面整体表示方法制图规则和构造详图》（03G101-1）中的制图规则绘制的，该规则分为列表注写方式和截面注写方式。

列表注写方式，系在柱平面布置图上（或在基础平面图上），分别在同一编号的柱中选择一个（有时需选择几个）截面标注几何参数代号；在柱表中注写柱号、柱段起止标高、几何尺寸与配筋的具体参数，并配以各种柱截面形状及箍筋类型图的方式，来表达柱平法施工图。柱钢筋的构造详图按《平面整体表示方法制图规则和构造详图》（03G101-1）中的标准构造详图执行。图5-8所示为上述住宅楼的框架柱列表注写方式配筋图。

5.3.4 圈梁布置图

在预制装配式的混合结构的房屋中，为了加强房屋的整体性，提高房屋的抗震性能，防止由于地基的不均匀沉降对房屋的不利影响，应按规定设置圈梁。圈梁常沿墙体通长布置成闭合形。圈梁布置图可在楼层（屋面）结构布置平面图中表示，也可单独画出。

图5-9为单独画出的圈梁布置图。图中以粗实线表示圈梁的平面布置。要标注圈梁所在墙体的轴线及其编号、轴线间距尺寸和圈梁的梁底标高，表明圈梁不同断面的剖切位置。为表明圈梁1—1断面的配筋、圈梁垂直接头、圈梁转角的配筋以及钢筋的规格、数量等，图5-9中还画出了局部详图。

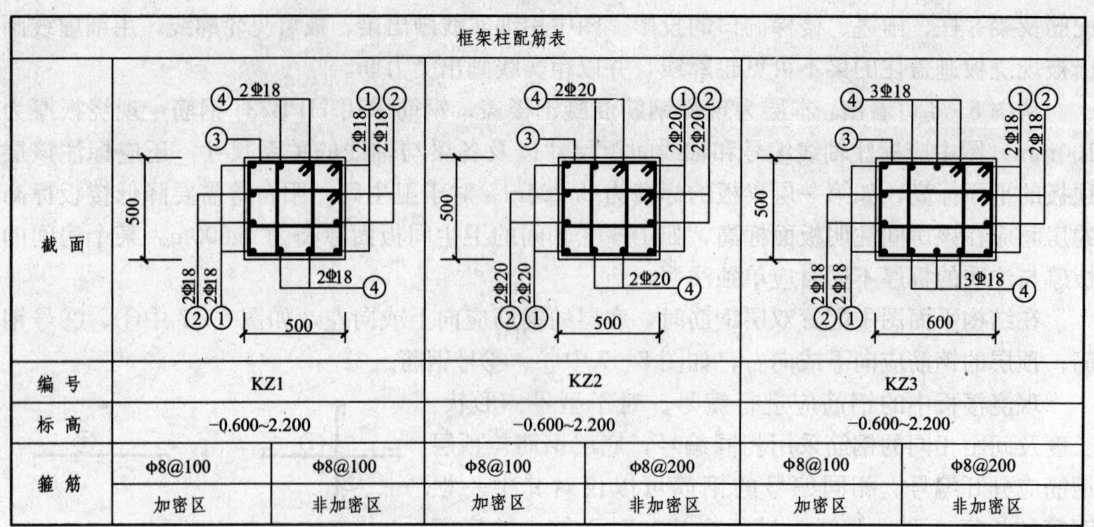

框架柱配筋表						
截面						
编号	KZ1		KZ2		KZ3	
标高	−0.600~2.200		−0.600~2.200		−0.600~2.200	
箍筋	Φ8@100	Φ8@100	Φ8@100	Φ8@200	Φ8@100	Φ8@200
	加密区	非加密区	加密区	非加密区	加密区	非加密区

图 5－8　柱配筋图

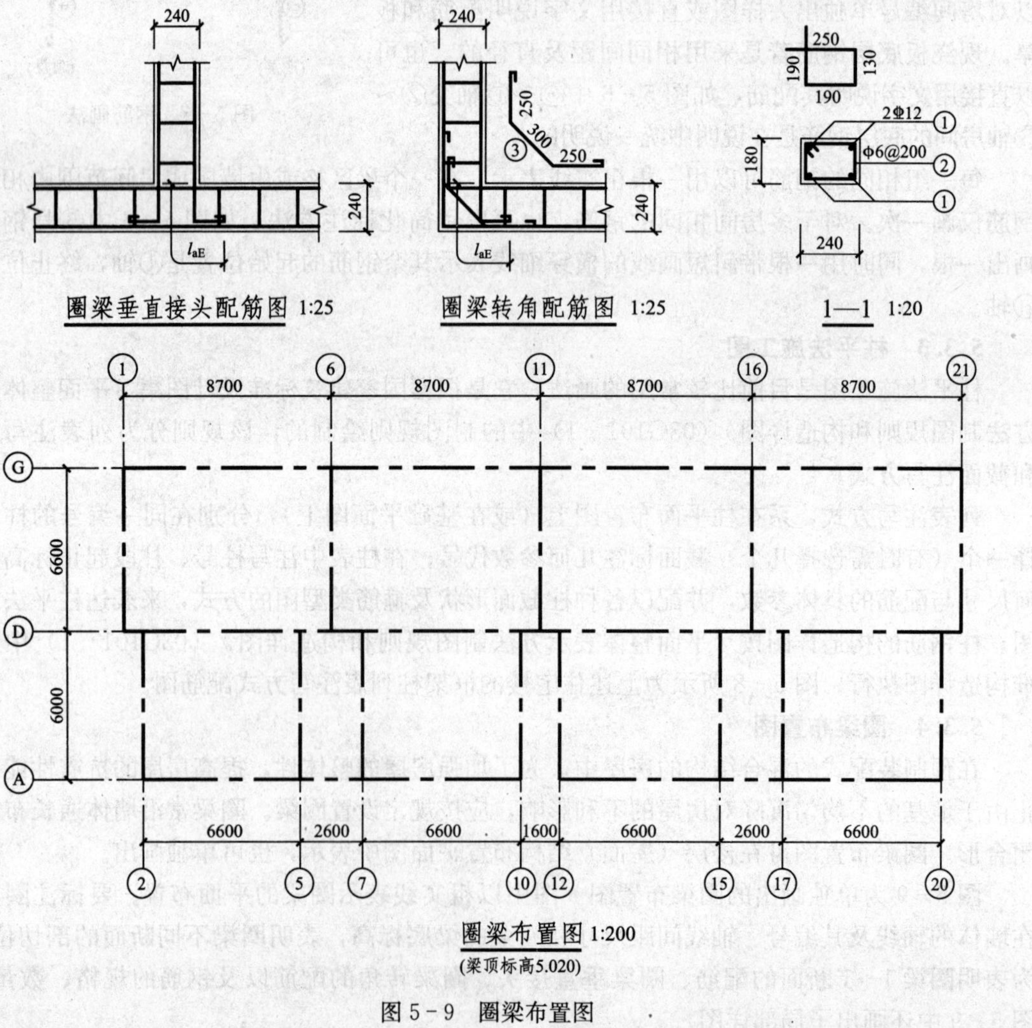

圈梁垂直接头配筋图 1:25

圈梁转角配筋图 1:25

1—1 1:20

圈梁布置图 1:200

(梁顶标高5.020)

图 5－9　圈梁布置图

5.4 构件详图

5.4.1 钢筋混凝土构件简介

混凝土是由水泥、砂子、石子和水按一定比例拌和而成的一种人工石材，其凝固后坚硬如石，抗压能力强，但抗拉能力较弱。一根简支（素）混凝土梁在荷载作用下将发生弯曲，其中性层以上部分受压，中性层以下部分受拉。由于混凝土抗拉能力较弱，在较小荷载作用下，梁的下部就会因拉裂而折断。若在该梁下部受拉区布置适量的钢筋，用钢筋代替混凝土受拉，由混凝土承担受压区的压力（有时也可在受压区布置适量钢筋，以帮助混凝土受压），这样就能极大地提高梁的承载能力（图 5-10）。

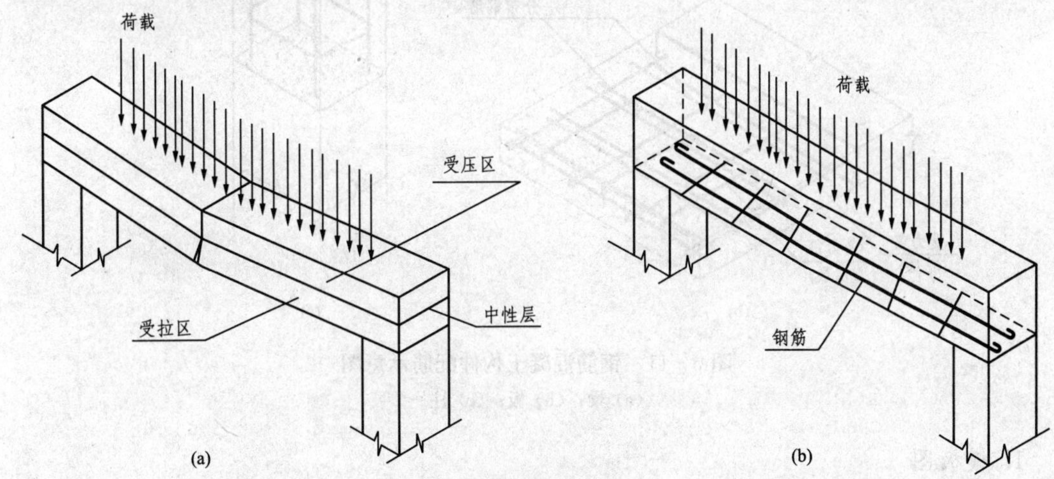

图 5-10 素混凝土梁及钢筋混凝土梁受力示意图

(a) 素混凝土梁；(b) 钢筋混凝土梁

配有钢筋的混凝土构件称为钢筋混凝土构件，如钢筋混凝土梁、板、柱等。在制作钢筋混凝土构件时，通过张拉钢筋，对混凝土施加预应力，以提高构件的强度和抗裂性能，这样的构件称为预应力钢筋混凝土构件。

钢筋混凝土构件的钢筋按其作用可分为以下几种（图 5-11）：

(1) 受力筋：在构件中起主要受力作用（受拉或受压），可分为直筋和弯筋两种。

(2) 箍筋：主要承受一部分剪力，并固定受力筋的位置，多用于梁、柱等构件。

(3) 架立筋：用于固定箍筋位置，将纵向受力筋与箍筋连成钢筋骨架。

(4) 分布筋：用于板内，与板内受力筋垂直布置，其作用是将板承受的荷载均匀地传递给受力筋，并固定受力筋的位置。此外还能抵抗因混凝土的收缩和外界温度变化在垂直于板跨方向的变形。

(5) 构造筋：由于构件的构造要求和施工安装需要而设置的钢筋，如吊筋、拉结筋、预埋锚固筋等。

5.4.2 钢筋混凝土构件详图

钢筋混凝土构件详图是加工钢筋、制作、安装模板、浇灌构件的依据。其图示内容包括模板图、配筋图、钢筋明细表及文字说明。

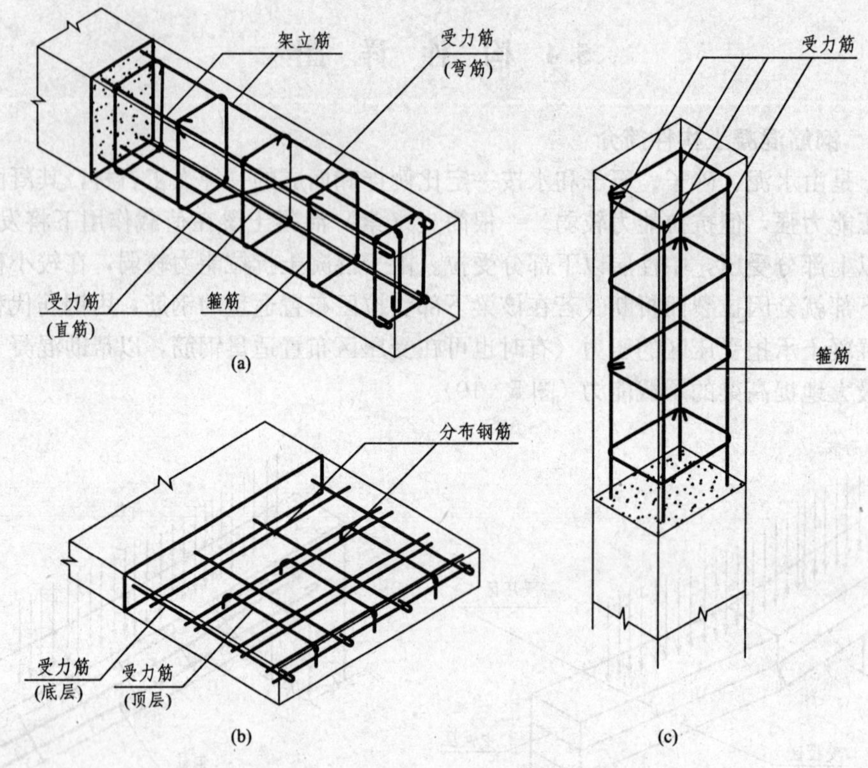

图 5－11　钢筋混凝土构件配筋示意图

(a) 梁；(b) 板；(c) 柱

1. 模板图

模板图是为浇筑构件、安装模板而绘制的图样。主要表示构件的形状、尺寸、孔洞及预埋件的位置，并详细标注其定量及定位尺寸。对于外形较简单的构件，一般不必单独画模板图，只需在配筋立面图中将构件的外形尺寸表示清楚即可。

2. 配筋图

配筋图主要表示构件内部各种钢筋的布置情况，以及各种钢筋的形状、尺寸、数量、规格等。其内容包括配筋立面图、断面图和钢筋详图。

(1) 比例：配筋立面图常用比例为 1∶20，断面图应比立面图放大一倍。

(2) 梁的可见、不可见轮廓线以细实线、细虚线表示。

(3) 图中钢筋一律以粗实线绘制，钢筋断面以小黑圆点表示。箍筋若沿梁全长等距离布置，则在立面图中部画出三、四个即可，但应注明其间距。钢筋与构件轮廓线应有适当距离，以表示混凝土保护层厚度（按照规范规定，梁的保护层厚度为 25～30mm，板为 15～20mm）。

(4) 断面图的数量应视钢筋布置的情况而定，以将各种钢筋布置表示清楚为宜。

(5) 所有钢筋均应以阿拉伯数字顺序进行编号。编号圆圈直径为 6mm。采用引出线标注钢筋的数量及规格。形状、规格完全相同的钢筋用同一编号表示。编号圆圈宜整齐排列。

(6) 尺寸标注：在钢筋立面图中应标注梁的长度、高度尺寸；在断面图中应标注梁的宽度、高度尺寸。

(7) 对于配筋较复杂的构件，应将各种编号的钢筋从构件中分离出来，用与立面图相同的比例画成钢筋详图，画在立面图的下方，分别标注各种钢筋的编号、根数、直径以及各段的长度（不包括弯钩长度）和总长。

下面以图 5-12 为例，说明一根现浇梁的图示内容。

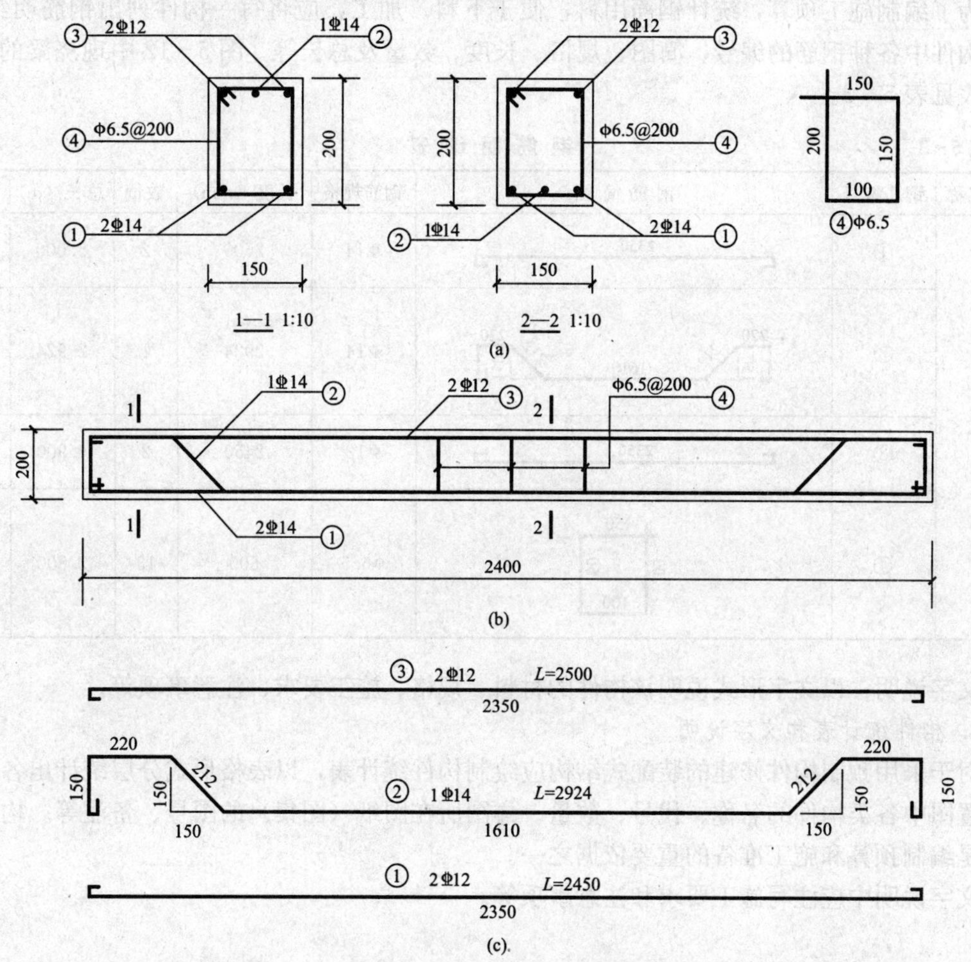

图 5-12 钢筋混凝土梁的配筋图

(a) 断面图；(b) 立面图；(c) 钢筋详图

该梁为一矩形截面梁。梁长 2400、宽 150、高 200。

立面图中表示出梁内钢筋的上下和左右排列情况；断面图则表示钢筋的上下、前后排列情况。该梁有 1—1、2—2 两个断面图。

①号钢筋的标注为 2Φ12，即两根直径为 12 的 HRB400 钢筋。从 1—1、2—2 两个断面图中可以看出，①号钢筋位于梁下部的前、后转角处，是通长的直筋。

②号钢筋标注为 1Φ14，即 1 根直径为 14 的 HRB400 钢筋。该钢筋在 1—1 断面位于梁的上部，在 2—2 断面位于梁的下部，说明此筋为弯起钢筋，其形状从钢筋详图中清楚可见。

③号钢筋的标注为 2Φ12，即两根直径为 12 的 HRB400 钢筋。该筋位于梁上部的前、后转角处，是通长的直筋。

④号钢筋标注为Φ6.5@200，表示沿梁通长布置直径为 6.5 的 HPB235 箍筋，其间距

为 200。

钢筋详图详细地表示出各种编号的钢筋形状、根数、规格及分段尺寸。

3. 钢筋明细表

为了编制施工预算，统计钢筋用料，便于下料、加工，应将每一构件列出钢筋明细表，注明构件中各种钢筋的编号、简图、规格、长度、数量及总长等。图 5－12 中现浇梁的钢筋明细表见表 5－3。

表 5－3　　钢筋明细表

构件名称	钢筋编号	钢筋简图	钢筋规格	长度（mm）	数量	总长（m）	备注
L－1	①	2350	Φ14	2500	2	5.000	
	②	220　212　150　1610　212　150　220	Φ14	2924	1	2.924	
	③	2350	Φ12	2450	2	4.900	
	④	150　200　150　100	Φ6.5	600	13	7.800	

文字说明：以文字形式说明该构件的材料、规格、施工要求、注意事项等。

4. 构件统计表和文字说明

对于采用预制构件修建的装配式结构应绘制构件统计表，以表格形式分层统计出各层平面布置图中各类构件的名称、代号、数量、详图所在图纸（图集）的图号、备注等。构件统计表是编制预算和施工准备的重要依据之一。

文字说明中应注写施工要求和注意事项等。

小　结

1. 了解房屋建筑的结构分类。
2. 了解钢筋混凝土结构施工图的组成及各部分图纸的名称。
3. 熟悉基础施工图、结构布置平面图（包括梁平法施工图）、构件详图等形成、用途、比例、线型、图例、尺寸标注等要求。
4. 掌握识读和绘制基础施工图、结构布置平面图（包括梁平法施工图）、构件详图的方法和技巧。

复习思考题

5.1　建筑结构按其主要承重构件所采用材料的不同可分为哪几种结构形式？

5.2　结构施工图包括哪几种图纸？

5.3 梁、圈梁、过梁、板、楼梯、框架柱、基础分别用什么字母表示？

5.4 基础图一般包括哪几种图？

5.5 基础平面图的比例常用多大？

5.6 基础详图主要表示什么？

5.7 什么是条形基础？什么是独立基础？

5.8 在梁平法施工图中，看不见的梁轮廓线用什么线型表示，可见的梁或梁边线用什么线型表示？

5.9 在梁平法施工图中，KL1－6（1A）的含义是什么？

5.10 在梁平法施工图中，φ10@100/200（4）的含义是什么？

5.11 钢筋混凝土构件的钢筋按其作用可分为哪几种？

5.12 在钢筋混凝土构件详图中，φ6.5@200的含义是什么？

第6章 设备施工图

本章要点

本章主要介绍室内给、排水施工图的内容，包括组成室内给水排水平面图、给水系统图、排水系统图及必要的详图的形成、用途、比例、线型、图例、尺寸标注等要求和绘图方法。重点应掌握识读和绘制室内给、排水施工图的方法和技巧。

6.1 概述

表达建筑物内的给水、排水管道，与电气线路、燃气管道、采暖通风空调等管道，以及相应的设施、装置的工程施工图称为设备施工图。由于设备工程是服务于建筑物，但不属于其土木建筑部分。所以建筑设备施工图是根据已有的相应建筑施工图来绘制的。

建筑设备施工图，无论是水、电、气中的任意一种专业图，一般都是由平面图、系统图、详图及统计表、文字说明组成。在图示方法上有两个主要特点：第一，建筑设备的管道或线路是设备施工图的重点，通常用单粗线绘制；第二，建筑设备施工图中的建筑图部分不是为土建施工而绘制的，而是作为建筑设备的定位基准而画出的，一般用细线绘制，不画建筑细部。

建筑设备施工图简称"设施图"，而室内给、排水施工图一起统称为建筑给、排水施工图，简称"水施图"。它一般由给水排水平面图、给水系统图、排水系统图及必要的详图和设计说明组成。本章将介绍建筑给水排水系统的组成、建筑给水、排水图例、阅读及绘制方法。

6.2 室内给、排水施工图

6.2.1 建筑给水排水系统组成

1. 建筑给水

民用建筑给水通常分生活给水系统和消防给水系统。生活给水系统一般含冷热水系统；消防给水系统一般含消火栓给水系统与自动喷水灭火系统。现以生活、消防给水为例说明建筑给水的主要组成，见图6-1。

(1) 引入管。

引入管又称进户管，是从室外供水管网接出，一般穿过建筑物基础或外墙，引入建筑物内的给水连接管段。每条引入管应有不小于3‰的坡度坡向外供水管网，并应安装阀门，必要时还要设泄水装置，以便管网检修时放水用。

(2) 配水管网。

配水管网即将引入管送来的给水输送给建筑物内各用水点的管道，包括水平干管、给水立管和支管。

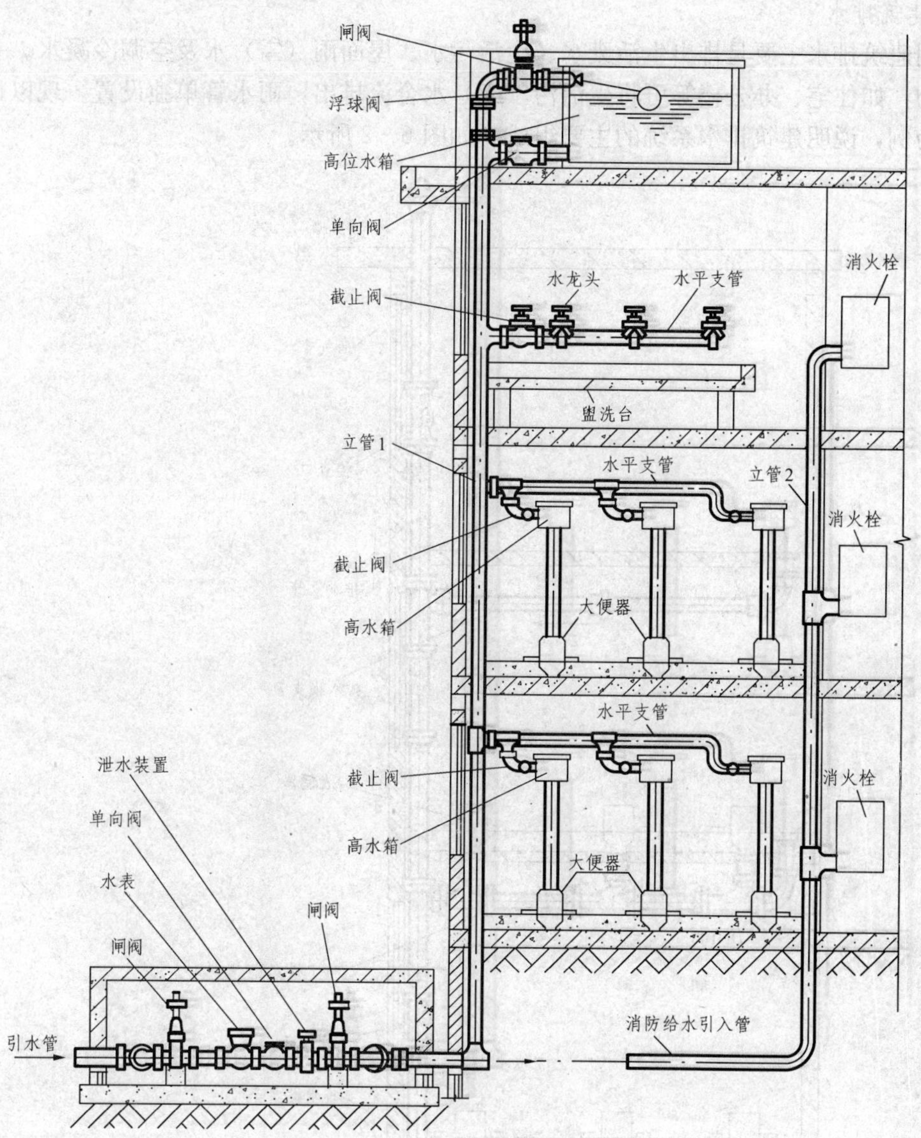

图6-1 建筑给水系统的组成

(3) 配水器具。

配水器具包括与配水管网相接的各种阀门、给水配件（放水龙头、皮带龙头等)。

(4) 水池、水箱及加压装置。

当外部供水管网的水压、流量经常或间断不足，不能满足建筑给水的水压、水量要求，需设贮水池或高位水箱及水泵等加压装置。

(5) 水表。

水表用来记录用水量。根据具体情况可在每个用户、每个单元、每幢建筑物或一个居住区内设置水表。需单独计算用水量的建筑物，水表应安装在引入管上，并装设检修阀门、旁通管、泄水装置等。通常把水表及这些设施通称为水表节点。室外水表节点应设置在水表井内。

2. 建筑排水

民用建筑排水主要是排出生活废水、生活污水、屋面雨（雪）水及空调冷凝水。一般民用建筑物，如住宅、办公楼等可将生活污（废）水合流排出，雨水管单独设置。现以排除生活污水为例，说明建筑排水系统的主要组成，如图 6-2 所示。

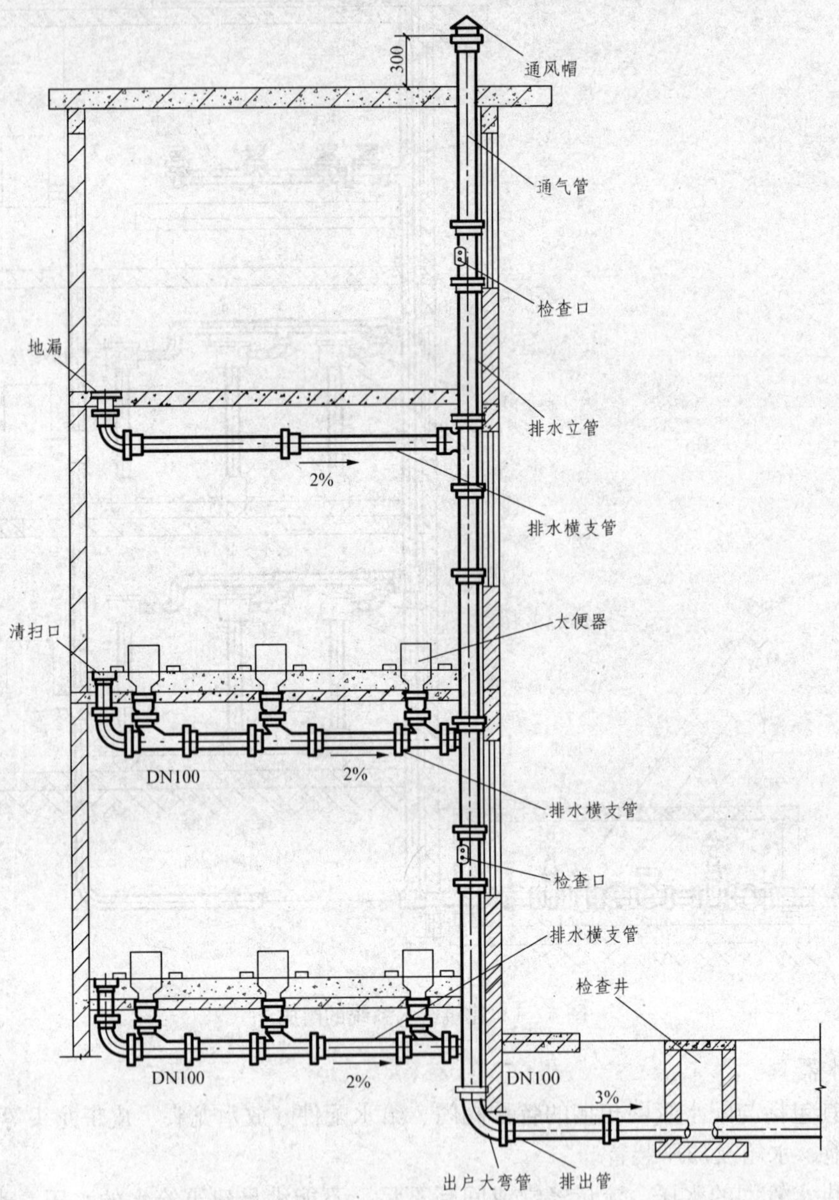

图 6-2 建筑排水系统的组成

（1）卫生器具及地漏等排水泄水口。

（2）排水管道及附件。

1）存水弯（水封段）。存水弯的水封将隔绝和防止有异味、有害、易燃气体及虫类通过卫生器具泄水口侵入室内。常用的管式存水弯有 N（S）型和 P 型。

2）连接管。连接管即连接卫生器具及地漏等泄水口与排水横支管的短管（除坐式大便器、钟罩式地漏外，均包括存水弯），亦称卫生器具排水管。

3）排水横支管。排水横支管接纳连接管的排水并将排水转送到排水立管，且坡向排水立管。若与大便器连接管相接，排水横支管管径应不小于100mm，坡向排水立管的标准坡度为0.02。

4）排水立管。排水立管即接纳排水横支管的排水并转送到排水排出管（有时送到排水横干管）的竖直管段。其管径不能小于DN50或所连横支管管径。

5）排出管。排出管是将排水立管或排水横干管送来的建筑排水排入室外检查井（窨井）并坡向检查井的横管。其管径应大于或等于排水立管（或排水横干管）的管径，坡度为1%到3%，最大坡度不宜大于15%，在条件允许的情况下，尽可能取高限，以利尽快排水。

6）检查井。建筑排水检查井在室内排水排出管与室外排水管的连接处设置，将室内排水安全地输至室外排水管道中。

7）通气管。通气管及顶层检查口以上的立管管段。它排除有害气体，并向排水管网补充新鲜空气，利于水流畅通，保护存水弯水封。其管径一般与排水立管相同。通气管口高出屋面的高度不得小于0.3m，且应大于屋面最大积雪厚度，在经常有人停留的平屋面上，通气管口应高出屋面2m。

8）管道检查、清堵装置。管道检查、清堵装置（如清扫口、检查口）。清扫口可单向清通，常用于排水横管上。检查口则为双向清通的管道维修口。立管上的检查口之间距离不大于10m，通常每隔一层设一个检查口，但底层和顶层必须设置检查口。其中心应在相应楼（地）面以上1.00m处，并应高出该层卫生器具上边缘0.15m。

6.2.2 建筑给排水图例

按照《给水排水制图标准》（GB/T 50106—2001），建筑给水排水常见图例见表6-1。

表6-1 建筑给水排水图例（摘自GB/T 50106—2001）

序号	名称	图例	说明
1	管道	——J—— ——W—— ——J_1—— ——J_2——	用汉语拼音字头表示于管道类别 若用同类管道需要详细区分，常在字母右下角依次加注数字编号，如表中“J_1”，“J_2”分别表示两种给水管道
			用图例表示于管道类别
2	管道立管	XL 平面 XL 系统	X：管道类别代号；L：立管；1：编号
3	存水弯	P型 N（S）型	
4	坡向		

续表

序号	名称	图例	说明
5	检查孔	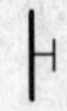	
6	清扫口	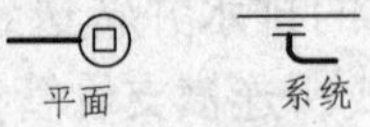 平面 系统	
7	通气帽	 成品 铅丝球	
8	圆形地漏		
9	自动冲洗箱		
10	闸阀		
11	截止阀	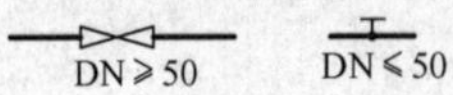 DN≥50 DN≤50	
12	放水龙头		
13	污水池		
14	蹲式大便器	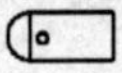	
15	小便槽	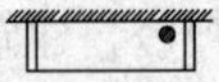	

6.2.3 建筑给水排水平面图

1. 建筑给排水平面图的图示特点

为方便读图和画图，把同一建筑相应的给水平面图和排水平面图画在同一张图纸上，称其为建筑给水排水平面图，如图 6-3～图 6-5 所示为某职工住宅的给水排水平面图。

建筑给水排水平面图应按直接正投影法绘制，它与相应的建筑平面图、卫生器具以及管道布置等密切相关，具有如下特点。

(1) 比例。

常用比例有：1∶200、1∶150、1∶100、1∶50。一般采用与其建筑平面图相同的比例，如1∶100、1∶50。有时可将有些公共建筑中，如集体宿舍、教学楼的集中用水房间，单独抽出用较其建筑平面图大的比例绘制。

(2) 布图方向。

按照《房屋建筑制图统一标准》(GB/T 50001—2001) 的规定：不同专业的单体建(构) 筑物的平面图，在图纸上的布图方向均应一致。因此，建筑给水排水平面图在图纸上的布图方向应与相应的建筑平面图一致。

(3) 平面图的数量。

建筑给水排水平面图原则上应分层绘制，并在图下方注写其图名。若各楼层建筑平面、

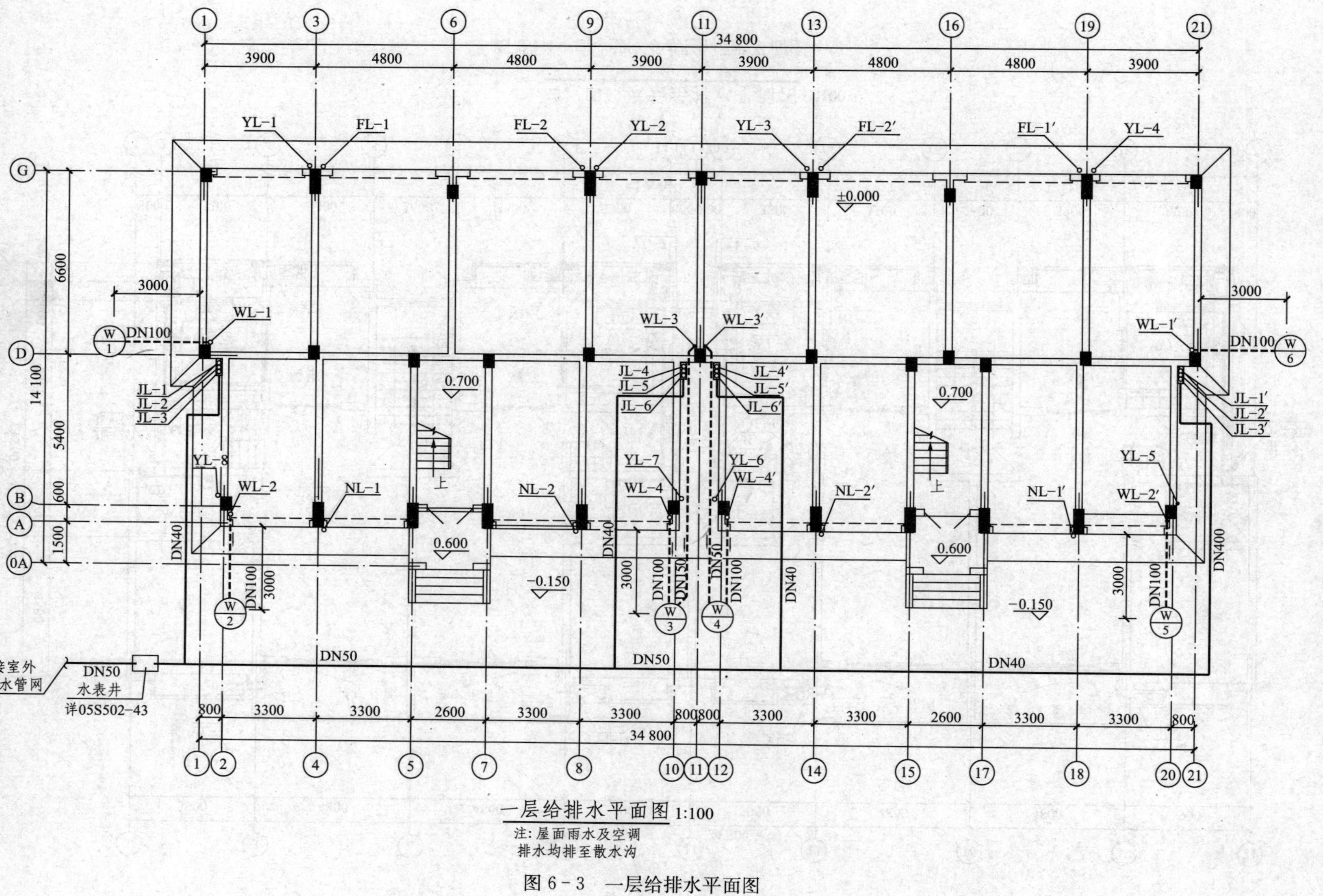

图 6-3　一层给排水平面图

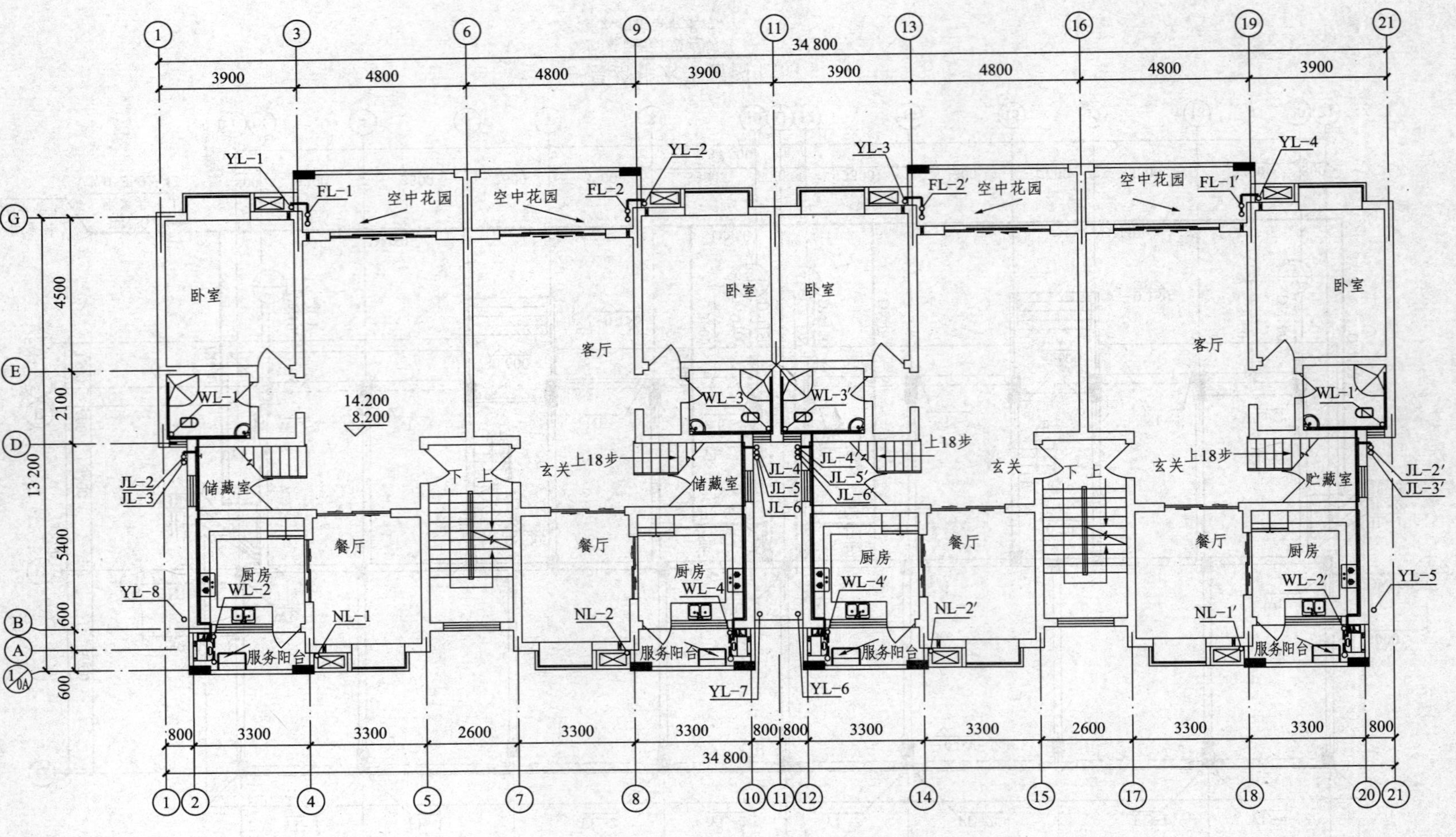

二、四、六层给排水平面图 1:100

图 6-4 二、四、六层给排水平面图

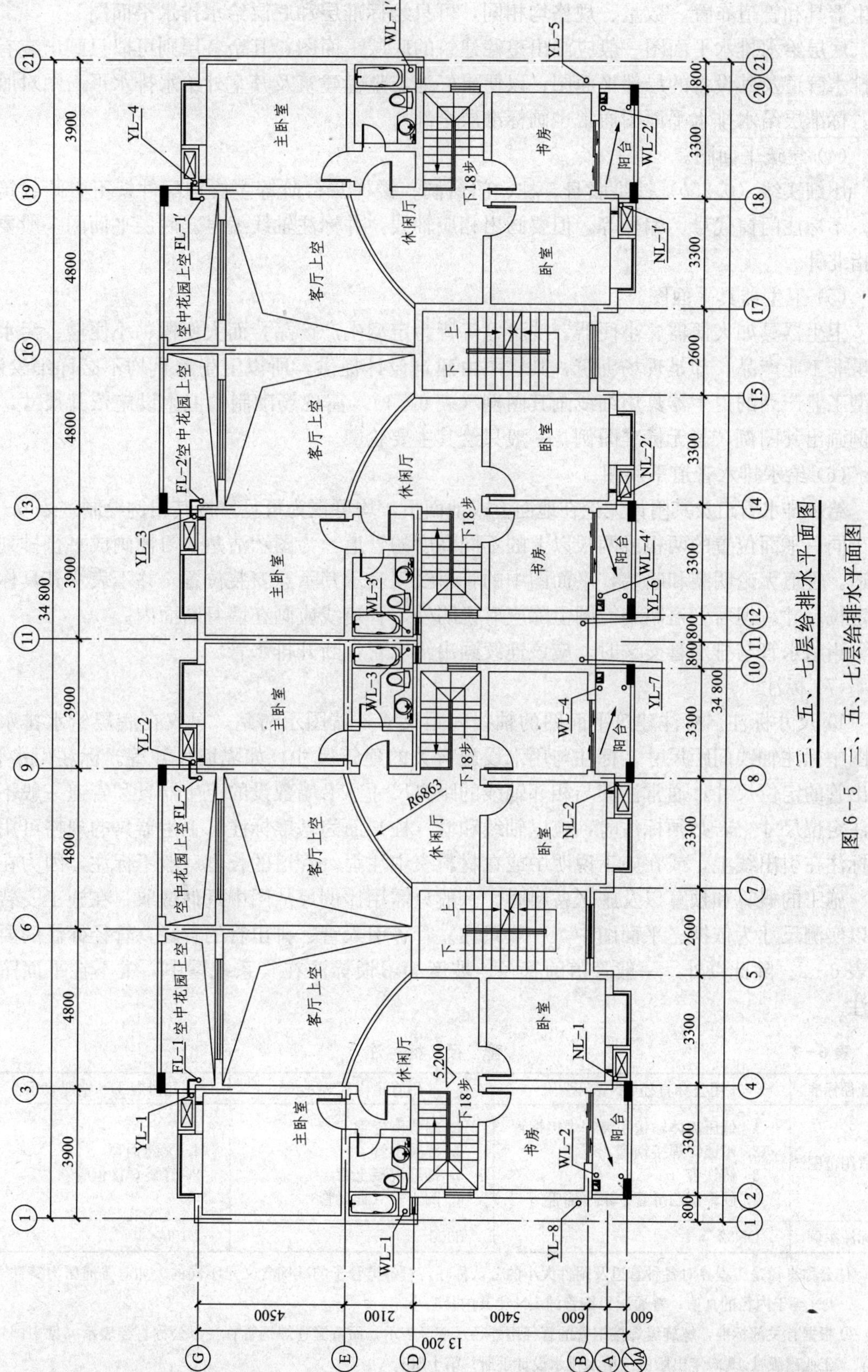

图6-5 三、五、七层给排水平面图

卫生器具和管道布置、数量、规格均相同，可只绘标准层和底层给水排水平面图。

底层给水排水平面图一般应画出整幢建筑的底层平面图，其余各层则可以只画出装有给水排水管道及其设备的局部平面图，以便更好地与整幢建筑及其室外给水排水平面图对照阅读。标准层给水排水平面图通常也画标准层全部。

(4) 建筑平面图。

用细实线（0.25b）抄绘墙身、柱、门窗洞、楼梯及台阶等主要构配件，不必画建筑细部，不标注门窗代号、编号等，但要画出相应轴线，并标注轴线编号。底层平面图一般要画出指北针。

(5) 卫生器具平面图。

卫生器具如大便器、小便器、洗脸盆等皆为定型生产产品，而大便槽、小便槽、污水池等虽非工业产品，却是现场砌筑，其详图由建筑设计提供，所以卫生器具均不必详细绘制，定型工业产品的卫生器具用细线画其图例（表6-1），需现场砌制的卫生设施依其尺寸，按比例画出其图例，若无标准图例，一般只绘其主要轮廓。

(6) 给水排水管道平面图。

给水排水管道及其附件无论在地面上或地面下，均可视为可见，按其图例绘制（表6-1）位于同一平面位置的两根或两根以上的不同高度的管道，为图示清楚，习惯画成平行排列的管道。管道无论明装和暗装，平面图中的管道线仅表示其示意安装位置，并不表示其具体平面定位尺寸。但若管道暗装，图上除应有说明外，管道线应画在墙身断面内。

当给水管与排水管交叉时，应该连续画出给水管，断开排水管。

(7) 标注。

1) 尺寸标注。标注建筑平面图的轴线间距尺寸，若图示清楚，可仅在底层给水排水平面图中标注轴线间距尺寸。标注与用水设施有关的建筑尺寸，如隔墙尺寸等。标注引水管、排出管的定位尺寸，通常注其与相邻轴线的距离尺寸。沿墙敷设的卫生器具和管道一般不必标注定位尺寸，若必须标注时，应以轴线和墙（柱）面为基准标注。卫生器具的规格可用文字标注在引出线上，或在施工说明中或在材料表中注写。管道的长度一般不标注，因为在设计、施工的概算和预算以及施工备料时，一般只需用比例尺从图中近似量取，在施工安装时则以实测尺寸为依据。平面图中，一般只注立管、引入管、排出管的管径，管径标注的要求见表6-2。除此以外，一般管道的管径、坡度等习惯标注在其系统图中，常不在平面图中标注。

表6-2　　管径标注

管径标准	用公称直径DN表示①	用管道内径表示	用外径D×壁厚表示
适用范围	1. 低压流体输送用镀锌焊接钢管 2. 不镀锌焊接钢管 3. 铸铁管 4. 硬聚氯乙烯管、聚丙烯管	1. 耐酸陶瓷管 2. 混凝土管 3. 钢筋混凝土管 4. 陶土管（缸瓦管）	1. 无缝钢管 2. 螺旋焊接钢管②
标注举例	DN32	d300	D108×4

① 公称直径是工程界对各种管道及附件大小的公认称呼，对各类管子的准确含义是不同的。如对普通压力铸铁管等DN等于内径的真值；普通压力钢管的DN比其内径略小。

② 根据有关部标准，螺旋缝焊接钢管的管径用外径×壁厚表示，而直缝卷焊钢管管径以公称直径表示（见中国建筑工业出版社1986年出版的《给水排水设计手册》第十册）。

2）标高标注。底层给水排水平面图中需标注室内地面标高及室外地面整平标高。标准层、楼层给水排水平面图应标注适用楼层的标高，有时还要标注用水房间附近的楼面标高。所注标高均为相对标高，并应取至小数点后三位。

3）符号标注。对于建筑物的给水排水进口、出口，宜标注管道类别代号，其代号通常采用管道类别的第一个汉语拼音字母，如“J”即给水，“W”即排水。当建筑物的给水排水进、出口数量多于1个时，宜用阿拉伯数字编号，以便查找和绘制系统图。编号宜按图6-6的方式表示（该图表示1号排出管或1号排出口）。

对于建筑物内穿过一层及多于一层楼层的立管，在平面图中用小圆圈表示，直径约为2mm，并在旁边标注立管代号，如“JL”、“WL”分别表示给水立管、排水立管。当立管数量多于一个时，宜用阿拉伯数字编号。编号宜按图6-7的方式表示（该图即表示1号给水立管）。

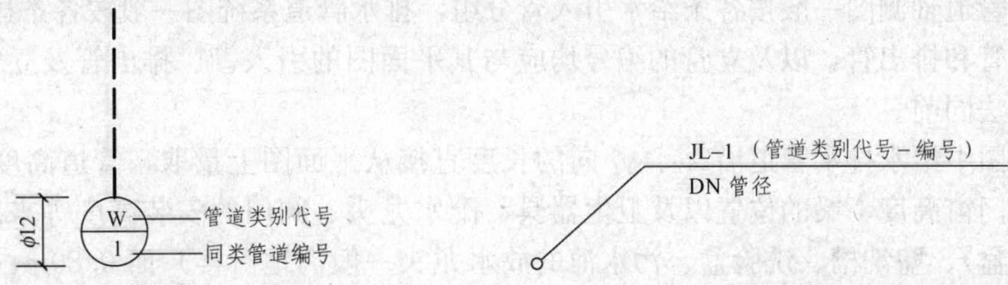

图6-6　给水排水进出口编号表示法　　图6-7　平面图上立管编号表示法

4）文字注写。注写相应平面的功能及必要的文字说明。

2. 建筑给水排水平面图的绘制

绘制建筑给水排水施工图，通常首先绘制给水排水平面图，然后绘其系统图。绘制建筑给水排水平面图时，一般先绘底层给水排水平面图，再画标准层或其余楼层给水排水平面图。绘制一层给水排水平面图底稿的画图步骤如下：

（1）画建筑平面图。

建筑给水排水平面图的建筑轮廓应与建筑专业一致，其画图步骤也与建筑图中绘制建筑平面图一样，先画定位轴线，再画墙身和门窗洞，最后画必要的构配件。

（2）画卫生器具平面图。

（3）画给水排水管道平面图。

简单地说，画建筑给水平面图就是用沿墙的直线连接各用水点，画建筑排水平面图就是用沿墙的直线将卫生器具连接起来。

画建筑给水排水平面图时，一般先画立管，然后画给水引入管和排水排出管，最后按照水流方向画出各干管、支管及管道附件。

（4）画必要的图例。

若只用了《给水排水制图标准》（GB/T 50106—2001）中的标准图例，一般可不另画图例，否则必须列出图例。

（5）布置应标注的尺寸、标高、编号和必要的文字。

所谓“布置”即用轻淡细线安排上述需标注内容的位置。

6.2.4　建筑给水排水轴测图和系统原理图

1. 建筑给水排水轴测图

给水排水轴测图反映给水排水管道系统的上下层之间、前、后、左、右间的空间关系，各管段的管径、坡度标高以及管道附件位置等。它与建筑给水排水平面图一起表达建筑给水排水工程空间布置情况。

给水排水轴测图是按正面斜等轴测或侧面斜等轴测投影法绘制的，具有下列主要特点：

(1) 比例。

通常采用与之对应的给水排水平面图相同的比例，常用的有 1∶200、1∶150、1∶100、1∶50。当局部管道按比例不易表示清楚时，例如在管道和管道附件被遮挡，或者转弯管道变成直线等情况下，这些局部管道可不按比例绘制。

(2) 布图方向。

给水排水轴测图的布图方向应该与相应的给水排水平面图一致。

(3) 给水排水管道。

给水管道轴测图一般按各条给水引入管分组，排水管道系统图一般按各条排水排出管分组。引入管和排出管，以及立管的编号均应与其平面图的引入管、排出管及立管对应一致，编号表示法同前。

轴测图中给水排水管道沿 x_1、y_1 向的长度直接从平面图上量取，管道高度一般根据建筑层高、门窗高度、梁的位置以及卫生器具、配水龙头、阀门的安装高度等来决定。例如，洗涤池（盆）、盥洗槽、洗脸盆、污水池的放水龙头一般离地（楼）面 0.80m，淋浴器喷头的安装高度一般离地（楼）面 2.100m。设计安装高度一般由安装详图查得，亦可根据具体情况自行设计。有坡向的管道按水平管绘制出。管道附件、阀门及附属构筑物等按图例表示，见表 6-1。

当空间交叉的管道在图中相交时，应判别其可见性，在交叉处，可见管道连续画出，不可见管道线应断开画出。

当管道相对集中，即使局部不按比例也不能清楚地反映管道的空间走向时，可将某部分管道断开，移到图面合适的地方绘制，在两者需连的断开部位，应标注相同的大写拉丁字母表示连接编号，如图 6-8 所示。

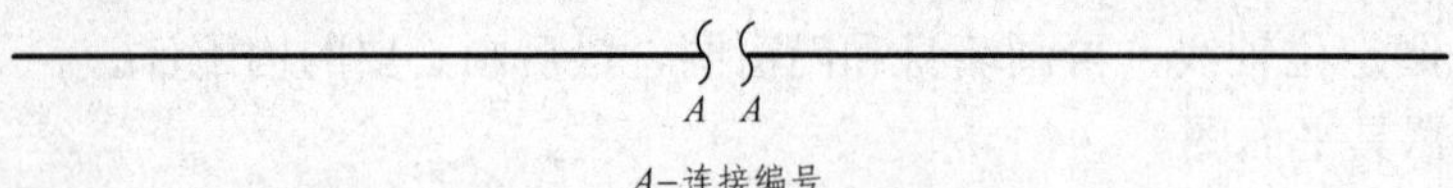

图 6-8 管道连接符号

(4) 与建筑物位置的关系的表示。

为反映给水排水管道与相应建筑物的位置关系，轴测图中要用细实线（0.25b）画出管道所穿过的地面、楼面、屋面及墙身等建筑构件的示意位置，所用图例见表 6-1。

(5) 标注。

1) 管径标注。管径标注的要求见表 6-2。可将管径直径注写在管道旁边，或注在引出线上。有时连续多段相同管径时，可只注出始、末段管径，中间管段管径可省略不标注。

2) 标高标注。系统图仍然标注相对标高，并应与建筑图一致。对于建筑物，应标注室内地面、各层楼面及建筑屋面等部位的标高。对于给水管道，标注管道中心标高，通常要标注横管、阀门和放水龙头等部位的标高。对于排水管道，一般要标注立管或通气管的顶部、排出管的起点及检查口等的标高；其他排水横管标高通常由相关的卫生器具和管件尺寸来决定，一般可不标注其标高。必要时，一般标注横管起点的管内底标高。系统图中标高符号画法与建筑图的标高画法相同，但应注意横线要平行于所标注的管线。

(6) 简化图示。

当楼层管道布置、规格等完全相同时，给水系统图和排水轴测图上的中间楼层管道可以不画，仅在折断的支管上注写同某层即可。习惯上将底层和顶层系统图完整画出。

2. 建筑给水排水系统原理图

由于高层建筑越来越多，按原来绘制轴测图的方法绘制管道系统的轴测图已很难表示清楚，而且效率低。所以《给水排水制图标准》(GB/T 50106—2001) 按照国际通用的规定，对整栋建筑绘制以立管为主的系统原理图，如图6-9、图6-10所示，代替以往的轴测图。给水排水系统原理图主要表示给水排水系统的原理。多层建筑，中高层建筑和高层建筑的管道以立管为主要表示对象，按管道类别分别绘制立管系统原理图。

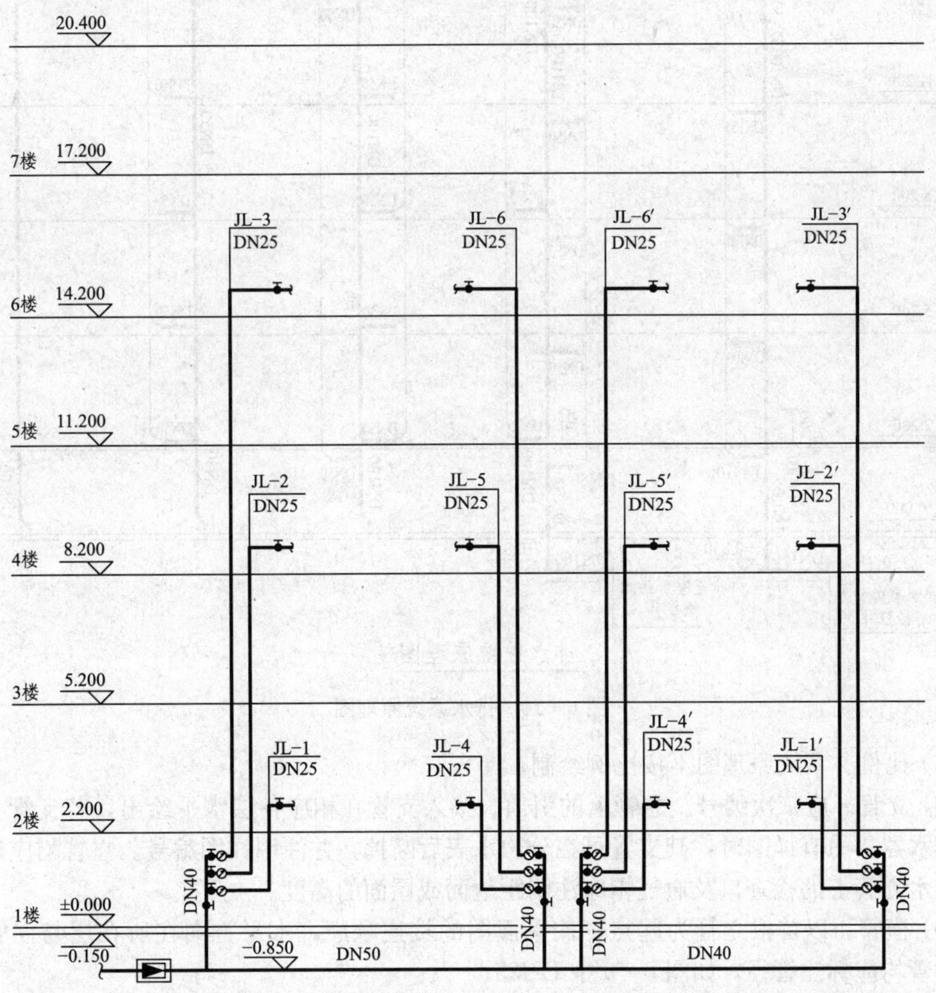

图6-9 给水系统原理图

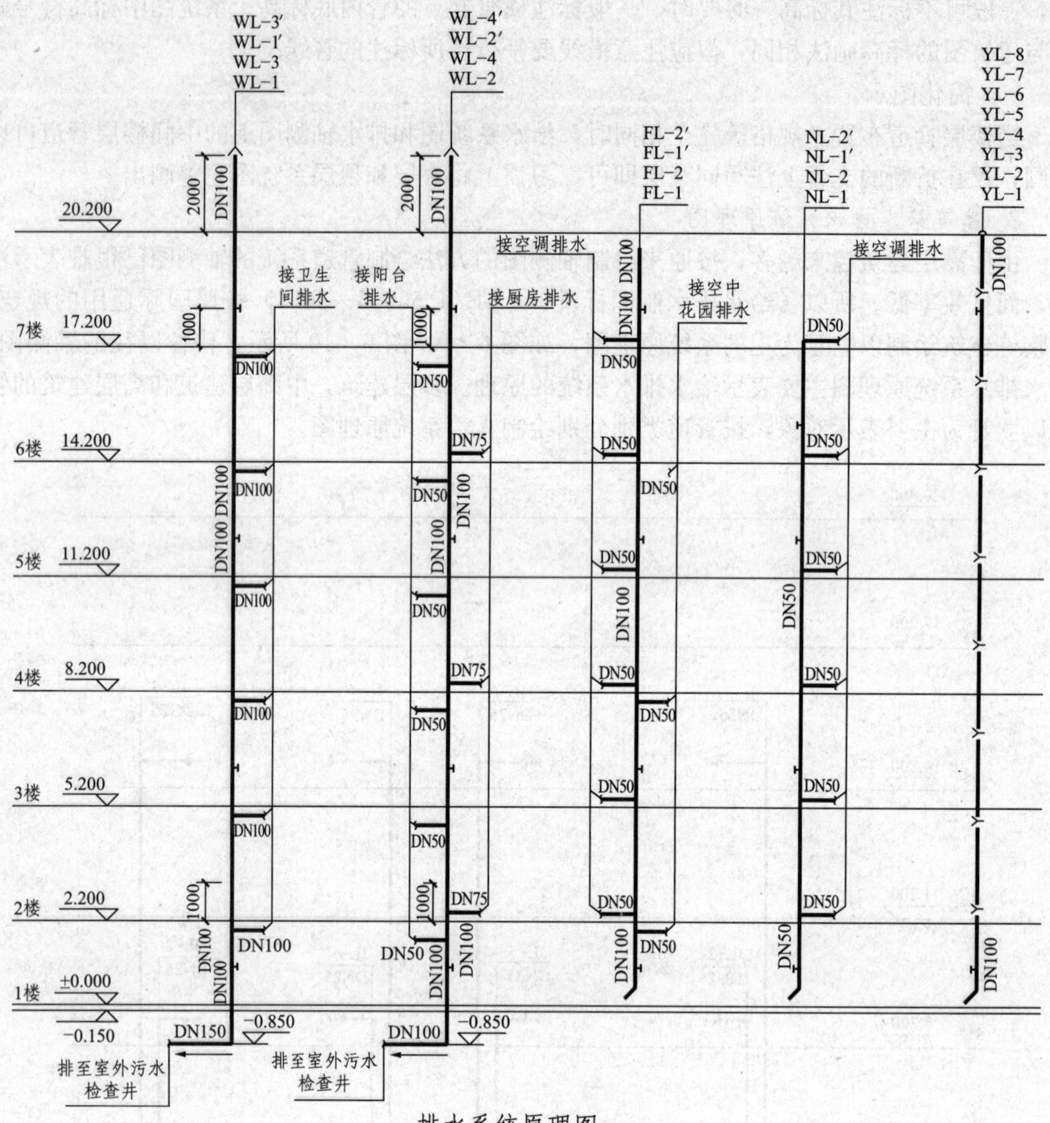

图 6 - 10 排水系统原理图

（1）比例。系统原理图不按比例绘制。

（2）立管。应依次编号。立管上的引出、接入支管在相应各层水平绘出，若支管上的用水或排水器具另有详图时，其支管可在分户水表后断掉，并注明详图编号。立管均应标注管径，排水立管上的检查口及通气帽应注明距地面或屋面的高度。

（3）横管。以首根立管为起点，按平面图的接连顺序，水平方向在所在层与立管相连接。横管均应标注管径，如图 6 - 9 中 DN25。

（4）楼地面线。层高相同时应等距离绘制楼地面线，夹层、越层、同层升降部分应以楼地面线反映，并在图纸的左端注明楼层层数和建筑标高，如图 6 - 9 中的 3 楼 5.200 等。

（5）系统引入管和排出管。绘出其穿墙轴线号。

（6）管道阀门及附件。如检查口、通气帽、波纹管、固定支架等，以及水池、水箱、增压水泵，仪表等均应尽量按规定图例示意绘出。

小 结

1. 了解设备施工图的组成及各部分图纸的内容。

2. 了解室内给、排水施工图的组成及各部分图纸的名称。

3. 熟悉给水排水平面图、给水系统图、排水系统图及必要的详图的形成、用途、比例、线型、图例、尺寸标注等要求。

4. 掌握识读和绘制给水排水平面图、给水系统图、排水系统图及必要的详图的方法和技巧。

复习思考题

6.1 建筑设备施工图的内容有哪些？

6.2 “水施图”包括哪几种图纸？

6.3 建筑给水系统由哪几部分组成？

6.4 建筑排水系统由哪几部分组成？

6.5 建筑给水排水平面图的用途是什么？

6.6 建筑给水排水平面图的比例为多少？

6.7 “J”表示什么含义？“W”表示什么含义？

6.8 “JL”、“WL”分别表示什么？

第7章 计算机绘图基础

本章要点

本章主要介绍AutoCAD 2008的基本使用方法。重点掌握AutoCAD 2008的常用绘图、编辑命令，尺寸标注、文字标注，图层、线型、图块等操作，并能熟练绘制二维工程图形。

7.1 AutoCAD基本概念与基本操作

计算机绘图是计算机辅助设计（Computer Aided Design，简称CAD），计算机辅助工程（Computer Aided Engineering，简称CAE），计算机辅助教学（Computer Aided Instruction，简称CAI）等的重要组成部分。随着电子技术的发展，利用计算机绘制各种工程图已成为必然，掌握计算机绘制工程图是适应社会、服务社会的重要技能。

7.1.1 AutoCAD 2008的图形界面简介

AutoCAD 2008最基本的用户图形界面如图7-1所示，下面对界面做简单介绍。

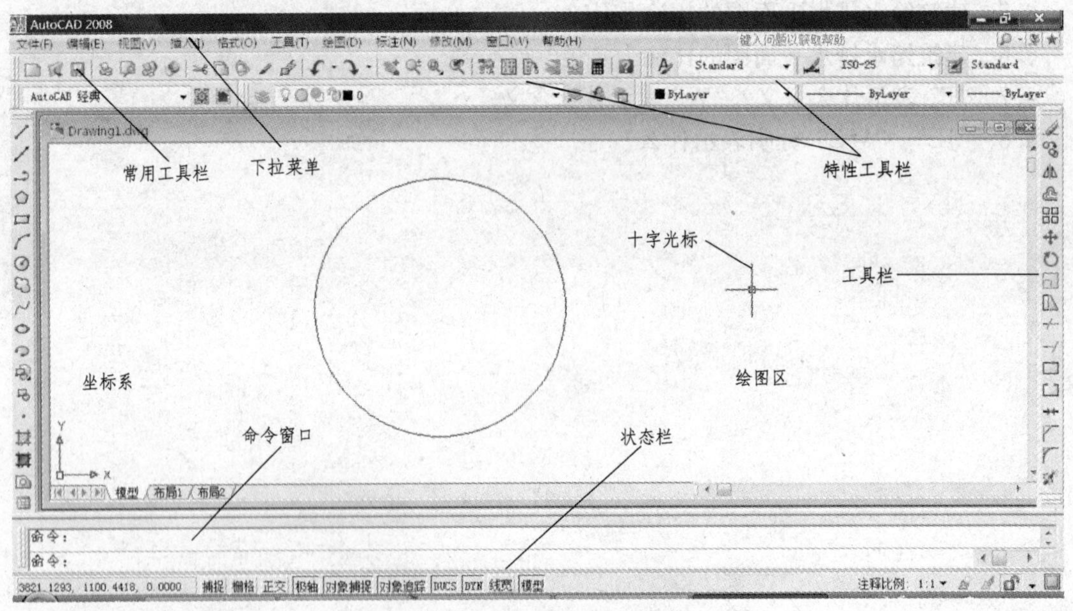

图7-1 AutoCAD的图形界面

1. 下拉菜单

下拉菜单是AutoCAD 2008的主菜单，每个菜单都由一系列相关的命令项组成，单击下拉菜单中的命令即可执行。如果下拉菜单右侧有黑三角“▶”按钮，表示它还有子菜单。右面有省略号的菜单项，表示选择它后将弹出一个对话框。

2. 绘图区

构造、编辑、显示图形的区域。光标位于此区域呈十字线。

3. 命令窗口

显示用户的命令和提示信息。对于熟悉 AutoCAD 的用户，直接在命令窗口中键入命令，可以提高绘图速度。

AutoCAD 采用三种形式来绘制、编辑、显示图形：

(1) 从菜单或快捷菜单中选择菜单项。

(2) 单击工具栏上的按钮。

(3) 命令行输入命令。

4. 状态栏

状态栏在图形窗口的最下端。状态栏的左下角显示光标坐标。状态栏还包含一些按钮，使用这些按钮可以打开常用的绘图辅助工具。这些工具包括“捕捉”（捕捉模式）、“栅格”（图形栅格）、“正交”（正交模式）、“对象捕捉”（对象捕捉）、“对象追踪”（对象捕捉追踪）、“极轴”（极坐标轴捕捉）。

点击这些按钮，在“打开”和“关闭”两种状态中切换。凸起的按钮，表示相应的设置处于“关闭状态”，而凹下的按钮则是处于“打开状态”。

5. 工具栏

(1) 常用工具栏。包括常用的 Microsoft Office 常用工具（例如“打开”、“保存”、“打印”和“拼写检查”）和 AutoCAD 常用绘图工具（例如“重画”、“放弃”和“缩放”）。

(2) 对象特性工具栏。设置对象特性，例如，颜色、线型、线宽、管理图层。

(3) 绘制和修改工具栏。常用的图形绘制和修改相关命令。绘图和修改工具栏在启动 AutoCAD 时就显示出来。这些工具栏位于窗口右边，可以方便地移动、打开和关闭。

6. 用户坐标系（UCS）图标

AutoCAD 图形是在不可见的栅格或坐标系中绘制的。坐标系以 X、Y 和 Z 坐标为基础。AutoCAD 有一个固定的世界坐标系（WCS）和一个活动的用户自己设立的坐标系（UCS）。一般平面的二维绘图，使用 WCS 坐标系即可。而三维绘图，则需使用 UCS 来设置新的原点和坐标系，以便更好的定位和绘图。

7.1.2 命令执行方法

使用 AutoCAD 必须输入一系列命令来完成绘图。AutoCAD 接受命令有三种方式：

1. 键盘输入命令

在屏幕的命令窗口直接键入所需命令，根据信息提示来操作。

AutoCAD 也为用户提供了一个简化命令的工具，用户可以根据自己的要求和习惯来设置简化命令。在 AutoCAD 2008 中设置简化命令的方法详见本书 7.8.2。

简化命令的使用可以大大提高绘图速度，是熟练者常使用的操作。

2. 菜单命令

菜单命令是使用 AutoCAD 绘图的最简单操作，适合初学者。打开相应的菜单（例如工具栏、下拉菜单、常用工具等），直接点取菜单上的命令即可。

3. 重复上次的操作

在命令行按回车键或者空格键即可。

7.1.3 图形文件管理

1. 建立新的图形文件

命令：NEW

工具栏：标准工具栏→新建

下拉菜单：文件→新建

(1) 功能：建立新的绘图文件。

(2) 操作格式：在命令窗口键入“NEW”命令后回车，或者单击常用工具栏→“新建”菜单或单击下拉菜单“文件→新建”。

2. 打开现有图形

命令：OPEN

工具栏：常用工具栏→打开

下拉菜单：文件→打开

(1) 功能：打开现有的 AutoCAD 图形。

(2) 操作：有三种操作方式。

方式一：在资源管理器中选择 AutoCAD 程序，双击鼠标左键会自动打开图形；或选择多个文件，按鼠标右键选择“AutoCAD DWG Launcher”选项打开多个图形文件。

方式二：输入命令“OPEN”后回车，或单击常用工具栏按钮“打开”，或单击下拉菜单“文件→打开”，AutoCAD 会弹出图 7-2 所示对话框，通过该对话框选取要打开的图形文件。在“选择文件”对话框中，可以选择一个或多个文件并选择“打开”，或在“文件名”中输入图形文件名并选择“打开”，或在文件列表中双击需打开的文件名。

方式三：通过“AutoCAD 今日”中“我的图形→打开图形”打开最近编辑过的图形或按浏览按钮，AutoCAD 会弹出图 7-2 所示对话框，方法同方式二。

图 7-2 打开现有图形文件对话框

3. 快速保存文件

在绘图过程中，为了避免断电、死机等造成的文件丢失，应不定时的保存现有文件。

命令：QSAVE

工具栏：常用工具栏→保存

下拉菜单：文件→保存

(1) 功能：将现有的 AutoCAD 图形存盘。

(2) 操作格式：输入“QSAVE”命令后回车，或单击常用工具栏→“保存”，或单击下拉菜单“文件→保存”。如果图形已命名，AutoCAD 保存图形时将不再要求文件名。如果文件没有命名，AutoCAD 将显示“图形另存为”对话框，利用该对话框，用户可以选择图形文件的存储路径。

4. 换名保存文件

命令：SAVEAS

下拉菜单：文件→另存为

(1) 功能：将现有的 AutoCAD 图形以新的名字存盘。

(2) 操作格式：输入“SAVEAS”命令后回车，或单击下拉菜单项“文件→另存为”。AutoCAD 将显示“图形另存为”对话框，用户可以选择存储图形文件的路径，并以不同的名称保存。

5. 将图形文件以当前名字或指定的名字存盘

命令：SAVE

SAVE 命令只能在命令行中使用，AutoCAD 将显示“图形另存为”对话框。如果新的文件名和原文件名相同，直接点“保存”即可。如果不同，则可选择新的路径及新文件名。

7.1.4 其他操作

1. 文本窗口和图形窗口的切换

用 AutoCAD 绘图时，用户有时需要切换到文本窗口，浏览本次图形操作的文字信息。有时执行某一命令后，AutoCAD 自动切换到文本窗口，此时又需要再切换到图形窗口。两种窗口的切换利用热键 F2 即可实现。若当前处于图形窗口，按 F2 键，AutoCAD 切换到文本窗口。若当前为文本窗口，按 F2 键 AutoCAD 又切换到图形窗口。

2. 退出 AutoCAD

用户要退出 AutoCAD 时，不可直接关闭程序，应按下述方法之一操作。

(1) 执行下拉菜单项“文件→退出”。选择下拉菜单项“文件→退出”，可以退出 AutoCAD。如退出时当前图形在修改后没有存盘，AutoCAD 会提示是否存盘。

(2) 利用命令 QUIT 退出 AutoCAD。在命令行键入命令 QUIT，也可以退出 AutoCAD。如退出时当前图形在修改后没有存盘，AutoCAD 会提示是否存盘。

(3) 利用命令 END 退出 AutoCAD。在命令行键入命令 END，也可以退出 AutoCAD。如退出时当前图形在修改后没有存盘，AutoCAD 不会提示是否存盘，而是自动以原文件名存盘，然后退出 AutoCAD。

7.2 基本绘图命令

7.2.1 准备知识

1. 输入设备的使用方法

(1) 键盘。键盘的作用有以下几种：

1）在命令行输入命令后按回车键或空格键，命令开始执行。

2）某些命令结束时，需要按回车键或空格键表示确认。

3）从键盘上输入数据。

（2）鼠标。鼠标的左键是拾取键，右键是确认键，右键等同于回车键或空格键，中间滚轮为实时放缩，按下中间滚轮拖动鼠标相当于实时平移。

2. 点的输入方法

用 AutoCAD 绘图时，经常要输入一些点，如线段的端点、圆的圆心、圆弧的圆心及其端点等。一般可采用如下方式给定一个点：

（1）用鼠标在屏幕上拾取点。具体的过程为：移动鼠标，将光标移到所需要的位置上，然后单击鼠标左键即可。

（2）用对象捕捉方式捕捉一些特殊点。利用 AutoCAD 的对象捕捉功能，用户可以方便地捕捉到一些特殊点，如圆心、切点、交点、端点、中点、垂直点等。

（3）通过键盘输入点的坐标。当通过键盘输入点的坐标时，用户既可以用绝对坐标的方式，也可以用相对坐标方式输入，而每一种坐标方式中又有直角坐标、极坐标之分。

1）绝对坐标：绝对坐标是相对于当前坐标系的坐标原点（0，0）的坐标。当用户以绝对坐标的形式输入一个点时，可以采用直角坐标、极坐标的方式输入。

① 绝对直角坐标。绝对直角坐标就是输入点的 x、y 相对于原点（0，0）的坐标值。坐标点间用逗号隔开。例如，要输入 x 坐标 1000，y 坐标 900，则可以在输入坐标点的提示后输入：1000，900。图 7-3 表示了直角坐标的几何意义。

② 绝对极坐标。用户可以通过输入某点的 xoy 坐标平面上的投影与坐标原点的距离，以及这两点之间的连线与 x 轴正向夹角（中间用“<”号隔开）来确定该点，这种形式的坐标称为极坐标。

绝对极坐标的极半径是相对于原点（0，0）的，例如，某二维点距坐标系原点的距离为 1000，该点与坐标系原点的连线相对于坐标系 x 轴正方向的夹角为 30°，该点的极坐标形式为：1000<30。图 7-4 表示了极坐标的几何意义。

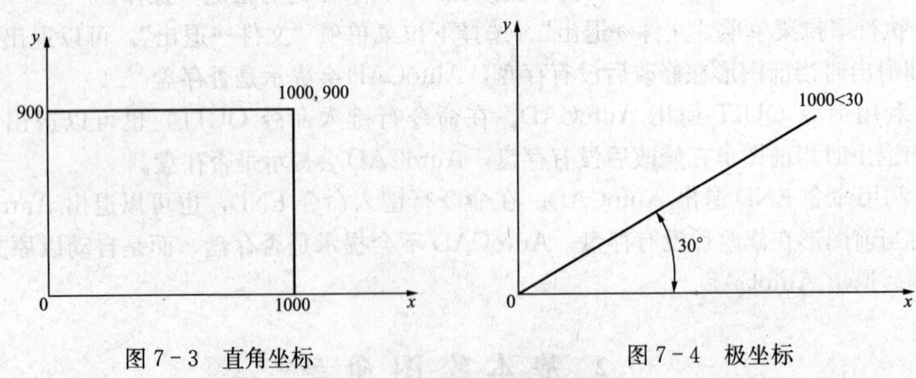

图 7-3　直角坐标　　　　图 7-4　极坐标

2）相对坐标：相对坐标是指相对于前一坐标点的坐标。相对坐标也有直角坐标、极坐标之分，输入格式基本和绝对坐标相同，只是在坐标前加上“@”符号。例如：（@100，200），（@200，30）。

（4）在指定的方向上通过给定距离确定点。当提示用户输入一个点时，可以通过鼠标将光标移到希望输入点的方向上，然后再从键盘上输入一个距离值，即可得到用户所需要的点。

7.2.2 基本绘图命令

1. 点

命令：POINT

(1) 功能：绘制指定的点。

(2) 操作格式：输入“POINT”命令后回车，提示：

当前点模式：PDMODE＝0 PDSIZE＝0.0000

指定点：P1（输入数值或鼠标点取）↵

指定点：P2↵

指定点：↵（直接按回车键表示结束）

2. 直线

命令：LINE（L）

工具栏：绘图工具栏→直线

下拉菜单：绘图→直线

(1) 功能：绘制二维或三维线段。

(2) 操作格式：输入命令“LINE”后回车，或单击相应的菜单项、工具栏按钮，提示：

命令：LINE↵

指定第一点：（输入一个值或鼠标点取）

指定下一点或[放弃（U)]：（输入一个值或鼠标点取）

指定下一点或[闭合（C)/放弃（U)]：（输入一个值或鼠标点取）

……

指定下一点或[闭合（C)/放弃（U)]：↵

【例7-1】 用“LINE”命令，结合绝对直角坐标绘制矩形。先将坐标原点定位（0，0）点。

命令：LINE↵

LINE 指定第一点：100，100↵

指定下一点或[放弃（U)]：100，500↵

指定下一点或[放弃（U)]：500，500↵

指定下一点或[闭合（C)/放弃（U)]：500，100↵

指定下一点或[闭合（C)/放弃（U)]：100，100（或者键入C）↵

指定下一点或[闭合（C)/放弃（U)]：↵

绘出的图形如图7-5（a）所示。

【例7-2】 用“LINE”命令，结合相对直角坐标绘制矩形。先将坐标原点定位（0，0）点。

命令：LINE↵

LINE 指定第一点：100，100↵

指定下一点或[放弃（U)]：@0，500↵

指定下一点或[放弃（U)]：@500，0↵

指定下一点或[闭合（C)/放弃（U)]：@0，－500↵

指定下一点或[闭合（C)/放弃（U)]：C↵

指定下一点或[闭合（C)/放弃（U)]：↵

绘出的图形如图 7－5（b）所示。

【例 7－3】 用“LINE”命令，结合相对极坐标绘制矩形。先将坐标原点定位（0，0）点。

命令：LINE ↵

LINE 指定第一点：100，100 ↵

指定下一点或［放弃（U）］：@500<90 ↵

指定下一点或［放弃（U）］：@500<0 ↵

指定下一点或［闭合（C）/放弃（U）］：@500<270 ↵

指定下一点或［闭合（C）/放弃（U）］：C ↵

绘出的图形如图 7－5（c）所示。

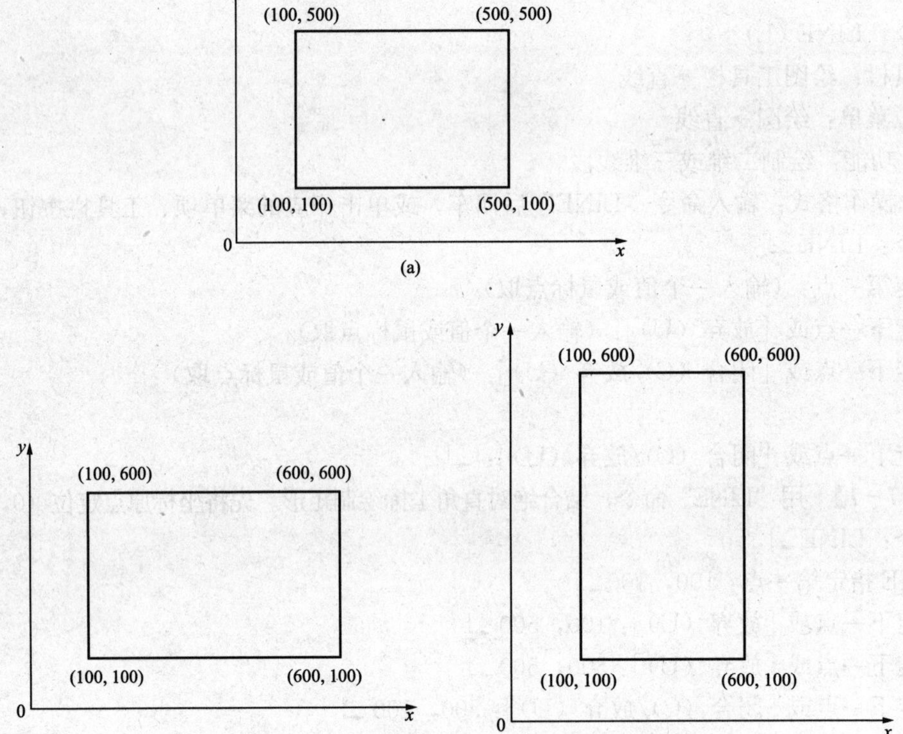

图 7－5 用 LINE 命令绘制矩形

（a）绝对直角坐标；（b）相对直角坐标；（c）相对极坐标

（3）说明：

1）执行绘直线命令并输入起始点的位置后，会在命令提示窗口中提示出现“下一点或［放弃（U）]:”，在该提示下输入下一点并回车后命令继续执行，若不输入下一点直接回车则结束命令。

2）用 LINE 命令绘出的折线中，每一条线段都是一个独立的对象，即可以对每一条线段进行单独的修改、编辑。

3）在绘制连续折线时，当某一步输入有误可以在“指定下一点或［放弃（U）]:”提示下输入“U”，即可退回一步操作。如要退回多步操作，需连续在“指定下一点或［放弃

(U)]:”中键入“U”后回车。

4) 在“指定下一点或［放弃（U)]:”提示下输入“C”，AutoCAD会自动将已绘出的折线封闭并结束本次操作。

5) 重复命令后，在起点提示“指定下一点或［放弃（U)]:”时回车，将以上次最后绘出的直线终点作为当前绘直线的起点。

3．多线

命令：MLINE（ML）

工具栏：绘图工具栏→多线

下拉菜单：绘图→多线

(1) 功能：绘制两条平行线。

(2) 操作格式：输入命令“MLINE”后回车，或单击相应的菜单项、工具栏按钮后，提示：

命令：MLINE ↵

当前设置：对正＝上，比例＝20.00，样式＝STANDARD

指定起点或［对正（J)/比例（S)/样式（ST)]:（输入一个值或鼠标点取）

指定下一点：（输入一个值或鼠标点取）

指定下一点或［放弃（U)]:（输入一个值或鼠标点取）

指定下一点或［闭合（C)/放弃（U)]: ↵

下面分别介绍各项的含义：

1) 指定起点：选择此项后，后续再选择其他的点就构成两条平行线。

2) 对正（J)。该选项是用于选择平行线的基点是上线（T)、下线（B)，还是中点（Z)，如图7-6所示。

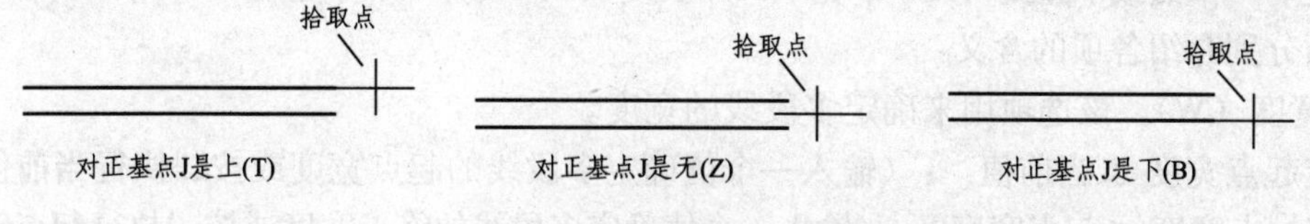

图7-6　多线的基点

3) 比例（S)。该选项用于定义两条平行线之间的距离。

4) 样式（ST)。该选项用于绘制已经加载的指定多线的样式。选择“?”会列出加载的所有样式。

4．构造线

命令：XLINE（XL）

工具栏：绘图工具栏→构造线

下拉菜单：绘图→构造线

(1) 功能：绘制一条无限长的直线。

(2) 操作格式：输入命令“XLINE”后回车，或单击相应的菜单项、工具栏按钮，提示：

命令：XLINE ↵

指定点或[水平（H)/垂直（V)/角度（A)/二等分（B)/偏移（O)]：

下面分别介绍各项的含义：

1）指定点。该选项用于绘制经过指定点及另外一点连线的无限长线。

2）水平（H)。该选项用于绘制一组水平平行线。

3）垂直（V)。该选项用于绘制一组垂直平行线。

4）角度（A)。该选项用于绘制相对角度为 A 的一组平行线。默认为与水平方向的夹角。

5）二等分（B)。该选项用于绘制指定角的角平分线。

6）偏移（O)。该选项用于绘制指定偏移距离的平行无限长线。

5. 多段线

命令行：PLINE (PL)

工具栏：绘图工具栏→多段线

下拉菜单：绘图→多段线

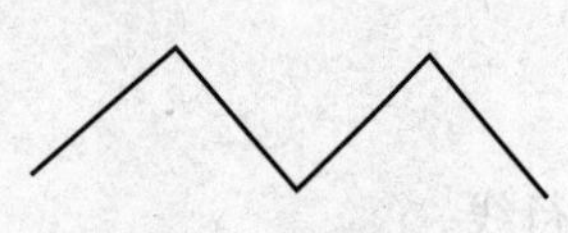

图 7-7　多段线

(1) 功能：绘制二维多段线可以由等宽或不等宽的直线及圆弧组成，如图 7-7 所示。AutoCAD 将多段线看成是一个单独的对象，用户可以用多段线编辑命令对多段线进行各种修改操作。

(2) 操作格式：输入命令“PLINE”后回车，或单击相应的菜单项、工具栏按钮，提示：

命令：PLINE↵

指定起点：(输入一个坐标值或鼠标点取)

当前线宽为 0.0000

指定下一个点或[圆弧（A)/半宽（H)/长度（L)/放弃（U)/宽度（W)]：↵

下面分别介绍各项的含义：

1）宽度（W)。该选项用来确定多段线的宽度。

指定起点宽度＜当前值＞：(输入一个值确定多段线的起点宽度或按↵执行当前值)

指定端点宽度＜起点宽度＞：(输入一个值确定多段线的终点宽度或按↵执行起点宽度)

起点宽度将成为缺省的端点宽度。端点宽度在再次修改宽度之前，将作为所有后续线段的统一宽度。宽线段的起点和端点位于直线的中心点。

【例 7-4】 绘制一条宽度为 100 的线段。

命令：PLINE↵

指定起点：(输入一个坐标值或鼠标点取)

当前线宽为 0.0000

指定下一个点或[圆弧（A)/半宽（H)/长度（L)/放弃（U)/宽度（W)]：w↵

指定起点宽度＜0.0000＞：100↵

指定端点宽度＜100.0000＞：(默认值为起点宽度）↵

指定下一个点或[圆弧（A)/半宽（H)/长度（L)/放弃（U)/宽度（W)]：＜正交 开＞（鼠标点取直线段终点）

指定下一个点或[圆弧（A)/闭合（C)/半宽（H)/长度（L)/放弃（U)/宽度（W)]：↵

上述执行结果如图 7-7 所示。

2）闭合（C）。选择该选项，AutoCAD 从当前点到多段线起始点以当前宽度绘一条直线，即绘制一条封闭的多段线，然后结束 PLINE 命令。

3）放弃（U）。删除最近一次添加到多段线上的直线段。

4）半宽（H）。指定多段线线段的中心到其一边的宽度。

指定起点半宽＜当前值＞：（输入一个值或按↵执行当前值）

指定端点半宽 ＜起点宽度＞：（输入一个值或按↵执行起点宽度）

通常，相邻多段线线段的交点将被修整，但在弧线段互不相切、有非常尖锐的角或使用点画线线型的情况下将不执行修整。

6. 轨迹线

命令行：TRACE

(1) 功能：绘制指定宽度的线。

(2) 操作格式：输入命令“TRACE”后回车或单击相应的菜单按钮，提示：

指定宽线宽度 ＜默认值＞：（指定线宽或按↵选择默认值）

指定起点：（输入一个坐标值或鼠标点取）

指定下一点：（输入一个坐标值或鼠标点取）

指定下一点：↵

(3) 说明：轨迹线的端点在其中心线上。

7. 圆

命令：CIRCLE（CR）

工具栏：绘图工具栏→圆

下拉菜单：绘图→圆

(1) 功能：在指定的位置画圆。

(2) 操作格式：输入命令“CIRCLE”后回车，或单击相应的工具栏、菜单按钮，提示：

命令：CIRCLE ↵

指定圆的圆心或［三点（3P）/两点（2P）/相切、相切、半径（T）］：

下面分别介绍各项的含义：

1）指定圆的圆心。该选项是根据圆心坐标与圆的半径或直径绘圆。

【例 7-5】 用“CIRCLE”指定圆的圆心或半径绘圆。

命令：CIRCLE ↵

指定圆的圆心或［三点（3P）/两点（2P）/相切、相切、半径（T）］：500，500 ↵

指定圆的半径或［直径（D）］＜10.0000＞：300 ↵

则绘出以给定点（500，500）为圆心，半径为 300 的圆。

【例 7-6】 用“CIRCLE”指定圆的圆心或直径绘圆。

命令：CIRCLE ↵

指定圆的圆心或［三点（3P）/两点（2P）/相切、相切、半径（T）］：500，500 ↵

指定圆的半径或［直径（D）］＜200.0000＞：D ↵

指定圆的直径 ＜400.0000＞：250 ↵

则绘出以给定点（500，500）为圆心，直径为 250 的圆。

2）三点（3P）。该选项是根据三点绘圆。

【例 7－7】 用“CIRCLE”指定三点绘圆。

命令：CIRCLE ↵

指定圆的圆心或［三点（3P）/两点（2P）/相切、相切、半径（T）］：3P ↵

指定圆上的第一个点：(用键盘输入或鼠标点取)

指定圆上的第二个点：(用键盘输入或鼠标点取)

指定圆上的第三个点：(用键盘输入或鼠标点取)

操作结果如图 7－8 所示。

3）两点（2P）。该选项是根据两点绘圆。

【例 7－8】 用“CIRCLE”指定两点绘圆。

命令：CIRCLE ↵

指定圆的圆心或［三点（3P）/两点（2P）/相切、相切、半径（T）］：2P ↵

指定圆直径的第一个端点：(用键盘输入或鼠标点取)

指定圆直径的第二个端点：(用键盘输入或鼠标点取)

则绘出过这两点，且以这两点之间的距离为直径的圆。

4）相切、相切、半径（T）。该选项是绘出与指定的两个对象相切，且半径为给定值的圆。

【例 7－9】 用“CIRCLE”绘出与指定的两个对象相切，且半径为 500 的圆。

命令行：CIRCLE ↵

指定圆的圆心或［三点（3P）/两点（2P）/相切、相切、半径（T）］：T ↵

指定对象与圆的第一个切点：(用鼠标在圆周上点取)

指定对象与圆的第二个切点：(用鼠标在圆周上点取)

指定圆的半径 ＜500＞：500 ↵

则绘出与指定的两个对象相切，且半径为 500 的圆，如图 7－9 所示。

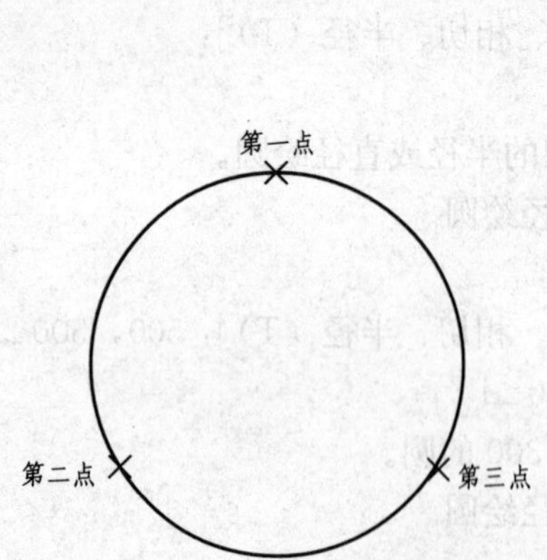

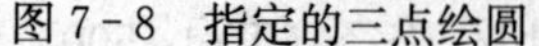
图 7－8 指定的三点绘圆

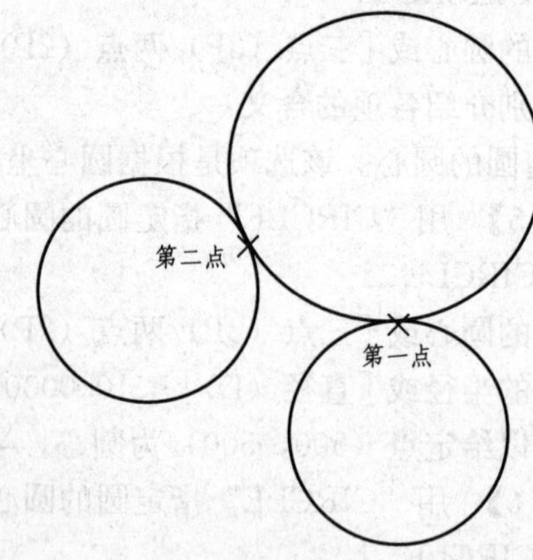

图 7－9 绘出与指定的两个对象相切的圆

注意：半径值不得小于指定的两个相切对象之间距离的一半。

8. 圆弧

命令：ARC

工具栏：绘图工具栏→圆弧

下拉菜单：绘图→圆弧

(1) 功能：绘制给定参数的圆弧。

(2) 操作格式：输入命令“ARC”回车，或单击相应的工具栏、菜单按钮，提示：

命令：ARC ↵

指定圆弧的起点或[圆心（C）]：

下面分别介绍各项的含义：

1) 指定圆弧的起点。该选项是根据三点绘圆弧，指定圆弧的起点位置、圆弧上的任意一点位置，以及圆弧的端点位置，即可绘出过这三点的圆弧。

【例 7-10】 绘出由已知三点确定的圆弧。

命令：ARC ↵

指定圆弧的起点或[圆心（C）]：(输入圆弧的起始点)

指定圆弧的第二个点或[圆心（C）/端点（E）]：(输入圆弧的第二个点)

指定圆弧的端点：(输入圆弧的第三个点)

绘出的图形如图 7-10 所示。

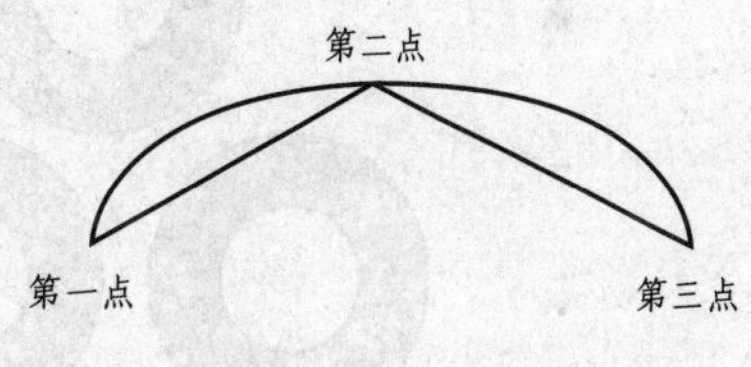

图 7-10 绘圆弧

2) 圆心（C）。根据圆心、圆弧的起点及终点（角度或弦长）绘圆弧。

命令：ARC ↵

指定圆弧的起点或[圆心（C）]：C ↵

指定圆弧的圆心：(输入圆弧的圆心)

指定圆弧的起点：(输入圆弧的起始点)

指定圆弧的端点或[角度（A）/弦长（L）]：(输入圆弧的终止点)

9. 圆环

命令：DONUT

工具栏：绘图工具栏→圆环

下拉菜单：绘图→圆环

(1) 功能：在指定的位置画指定内外径的圆环或填充圆。

(2) 操作格式：输入命令“DONUT”，或单击相应的工具栏、菜单项后回车，提示：

命令：DONUT ↵

指定圆环的内径＜默认值＞：(输入圆弧的内径) ↵

指定圆环的外径＜默认值＞：(输入圆弧的外径) ↵

指定圆环的中心点或＜退出＞：(输入圆环圆心的坐标点或直接用鼠标点取)

说明：当环的内径输入 0，就是一个填充圆。

【例 7-11】 绘出指定的中心，内径为 500，外径为 800 的圆环。

命令：DONUT ↵

指定圆环的内径＜300.0000＞：500 ↵

指定圆环的外径＜1000.0000＞：800 ↵

指定圆环的中心点或＜退出＞：(直接用鼠标点取)

指定圆环的中心点或＜退出＞：(直接用鼠标点取)

指定圆环的中心点或 ＜退出＞：（直接用鼠标点取）

指定圆环的中心点或 ＜退出＞：↵

绘出的图形如图 7－11 所示。

【例 7－12】 绘出在指定的中心，外径为 800 的填充圆。

命令：DONUT ↵

指定圆环的内径＜1.0000＞：0 ↵

指定圆环的内径＜1000.0000＞：800 ↵

指定圆环的中心点或 ＜退出＞：（直接用鼠标点取）

指定圆环的中心点或 ＜退出＞：（直接用鼠标点取）

指定圆环的中心点或 ＜退出＞：（直接用鼠标点取）

指定圆环的中心点或 ＜退出＞：↵

绘出的图形如图 7－12 所示。

图 7－11 绘圆环

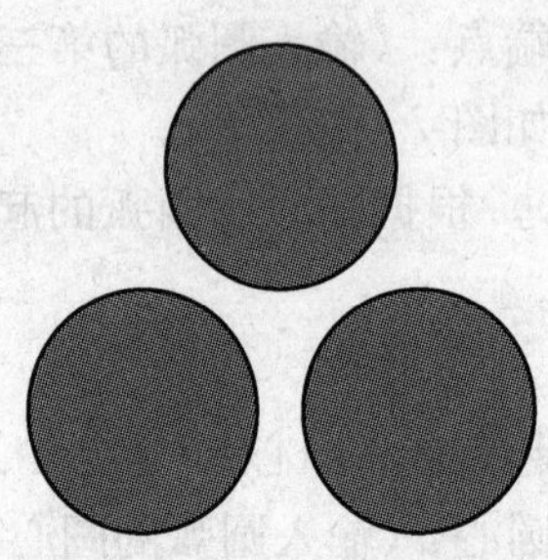

图 7－12 绘填充圆

10. 椭圆

命令：ELLIPSE

工具栏：绘图工具栏→椭圆

下拉菜单：绘图→椭圆

(1) 功能：绘制给定参数的椭圆。

(2) 操作格式：输入命令“ELLIPSE”后回车，或单击相应的工具栏、菜单按钮，提示：

命令：ELLIPSE ↵

指定椭圆的轴端点或 [圆弧（A）/中心点（C）]：

下面分别介绍各项的含义：

1) 指定椭圆的轴端点。该选项是由指定椭圆的两个端点和另一条半轴长度绘图。

2) 圆弧（A）。该选项用于画椭圆弧。要求指定轴的两个端点，另一条半轴的长度，以及椭圆弧的起始角度。

3) 中心点（C）。该选项由指定椭圆的中心点，轴的端点及另一条半轴长度绘制椭圆。

11. 矩形

命令：RECTANG

工具栏：绘图工具栏→矩形

下拉菜单：绘图→矩形

(1) 功能：绘制指定大小及位置的矩形。

(2) 操作格式：输入命令“RECTANG”后回车，或单击相应的工具栏、菜单按钮，提示：

命令：RECTANG↵

指定第一个角点或[倒角（C)/标高（E)/圆角（F)/厚度（T)/宽度（W)]：

下面分别介绍各项的含义：

1) 指定第一个角点。选择此项，是给出矩形对角线上的两点绘图。

命令：RECTANG↵

指定第一个角点或[倒角（C)/标高（E)/圆角（F)/厚度（T)/宽度（W)]：(输入矩形一个顶点坐标值或鼠标点取)

指定另一个角点或[面积（A)/尺寸（D)/旋转（R)]：(输入对角点坐标值或鼠标点取)

绘制的矩形如图7-13（a）所示。

2) 倒角（C)。该选项用于指定矩形的倒角距离，并作为默认值保存，如图7-13（b）所示。

3) 圆角（F)。该选项用于指定矩形的圆角半径，并作为默认值保存，如图7-13（c）所示。

4) 宽度（W)。该选项用于指定绘制矩形的线宽，并作为默认值保存，如图7-13（d）所示。

5) 面积（A)。以指定的面积绘图。

6) 尺寸（D)。该选项给出矩形的长和宽绘图。

7) 旋转（R)。该选项给出一个指定旋转角度的矩形。

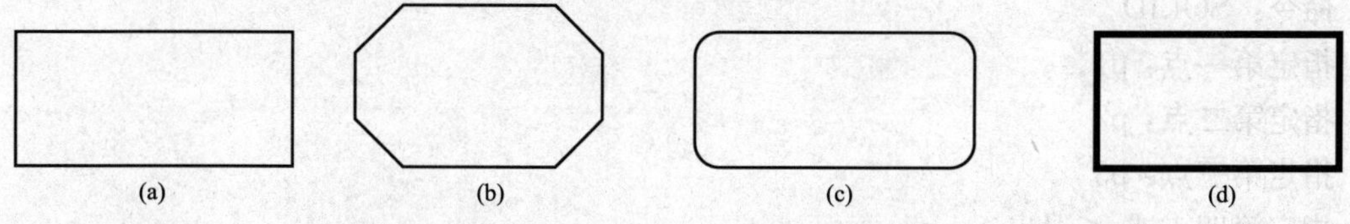

图7-13 矩形

12. 多边形

命令：POLYGON

工具栏：绘图工具栏→正多边形

下拉菜单：绘图→正多边形

(1) 功能：绘等边多边形。

(2) 操作格式：输入命令“POLYGON”后回车，或单击相应的工具栏、菜单按钮，提示：

命令：POLYGON↵

输入边的数目 <默认值>：(输入边数或直接回车选择默认值）↵

指定正多边形的中心点或[边（E)]：(输入坐标值或鼠标点取)

输入选项[内接于圆（I)/外切于圆（C)] <当前值>：↵

下面分别介绍各项的含义：

1）输入边的数目。此项是输入多边形的边数。

2）指定正多边形的中心点。配合后续选择内接于圆（I），指定外接圆的半径 r1，而正多边形的半径均在圆周上，如图 7-14（a）所示。

配合后续选择外切于圆（C），指定内切圆的半径 r2，而正多边形各边的中心均在圆周上，如图 7-14（b）所示。

3）边（E）。此项用于绘出由指定的两个端点 p1、p2 构成边的正多边形，如图 7-14（c）所示。

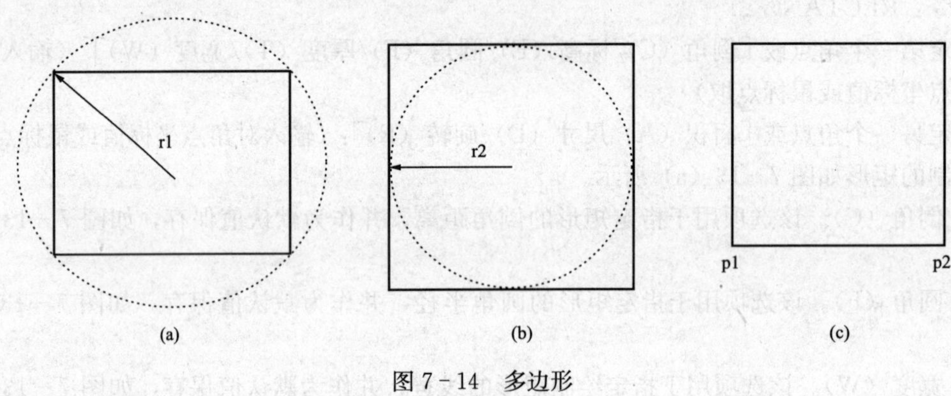

图 7-14 多边形

13. 填实四边形

命令：SOLID

(1) 功能：对指定四点所形成的四边形区域进行填充。

(2) 操作格式：输入命令“SOLID”后回车。

命令：SOLID
指定第一点：p1
指定第二点：p2
指定第三点：p3
指定第四点或 <退出>：p4
指定第三点：↲

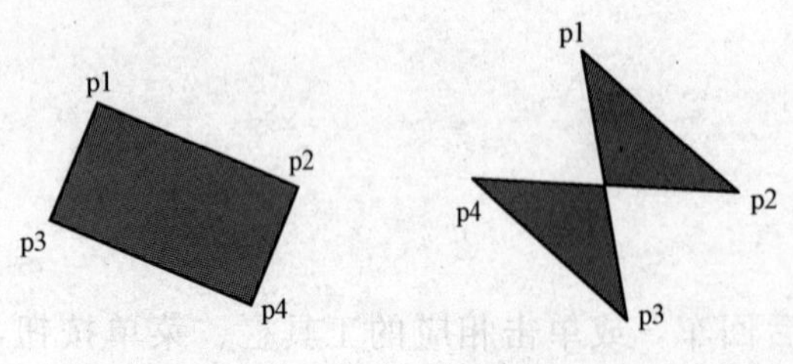

图 7-15 填充四边形

执行结果如图 7-15 所示。

(3) 说明：

1）第一点和第二点依次构成四边形一条边（p1p2），第三点和第四点依次构成前者对应的另一条边（p3p4）。

2）在“第四点”提示下按↲键将创建填充的三角形，指定点 p4 则创建四边形区域。

7.3 图 形 修 改

AutoCAD 超级强大高效的编辑功能是其精髓之一，是尺规制图无法相比的。本节将介绍常用修改命令，它们全部位于“修改”工具栏和“修改”下拉菜单中。

7.3.1　选择对象

在AutoCAD中，当执行编辑命令或者其他操作时，系统总是要求用户选择操作对象。例如在命令行键入“MOVE”命令，回车后提示：

命令：MOVE↵

选择对象：?

无效选择

需要点或窗口（W）/上一个（L）/窗交（C）/框（BOX）/全部（ALL）/栏选（F）/圈围（WP）/圈交（CP）/编组（G）/添加（A）/删除（R）/多个（M）/前一个（P）/放弃（U）/自动（AU）/单个（SI）/子对象/对象

下面介绍常用的对象选择方式：

(1) 用鼠标点取单个对象，此时绘图区的十字光标变为小方框，直接选择对象。

(2) 窗口（W）。开窗选取，矩形窗口内所有可见的对象被选中。

(3) 窗交（C）。交叉开窗选取，包括矩形窗口内和边界上所有可见的对象被选中。

(4) 全部（ALL）。全部选取，选择图形中的所有对象，冻结或被锁的对象除外。

(5) 圈围（WP）。多边形窗口选取，用一个不规则的多边形来包含所选对象，此时该多边形围住的可见对象均被选中。

(6) 圈交（CP）。交叉多边形窗口选取，用一个不规则的多边形来包含所选对象，此时该多边形内和边界上的所有可见对象均被选中。

(7) 添加（A）。将选中的对象加入到选择集中。

(8) 删除（R）。将选中的对象清除选择集。系统会提示“删除对象”。

(9) 多个（M）。有选择的选取多个对象，适合于不连续的对象选取。

(10) 前一个（P）。选中上次编辑所选取的对象。

(11) 放弃（U）。取消最近一次的对象选择。

7.3.2　图形对象的编辑

1. 多段线编辑

命令：PEDIT

下拉菜单：修改→对象→多段线

工具栏：修改工具栏二→多段线

(1) 功能：编辑和修改多段线。

(2) 操作格式：输入“PEDIT”命令后回车，或点取相应的菜单项、工具栏按钮，提示：

命令：PEDIT↵

选择多段线或［多条（M）］：如果选择二维多段线，则AutoCAD提示：

［闭合（C）/合并（J）/宽度（W）/编辑顶点（E）/拟合（F）/样条曲线（S）/非曲线化（D）/线型生成（L）/放弃（U）］：

下面介绍常用各项的含义：

1) 闭合（C）。连接第一条与最后一条线段从而创建闭合的多段线线段。只有使用“闭合”选项的多段线，AutoCAD才认为是封闭的图形，否则即使是封闭的多段线，也会认为它是打开的。

2）合并（J）。合并连续的直线、圆弧或多段线。对于合并到多段线的对象，除非第一次 PEDIT 提示出现时使用“多选”选项，否则它们的端点必须重合。在这种情况下，如果模糊距离设置得足以包括端点，则可以将不相接的多段线合并。

3）宽度（W）。指定整条多段线新的统一宽度。

4）放弃（U）。放弃操作，可一直返回到 PEDIT 的开始状态。

注：如果选定的对象是直线或圆弧，则 AutoCAD 提示：“选定的对象不是多段线，是否将其转换为多段线？<Y>：”输入 y 或 n，或按↵。如果输入 y，则对象被转换为可编辑的单段二维多段线。

2. 删除

命令：ERASE（E）

下拉菜单：修改→删除

工具栏：修改→删除对象

(1) 功能：删除图形中错误或不需要的对象。

(2) 操作格式：输入“ERASE”后回车，或点取相应的菜单项、工具栏按钮，提示：

命令：ERASE↵

选择对象：指定对角点：找到 3 个

选择对象：↵

AutoCAD 将从图形中删除对象。

3. 恢复删除的对象

命令：OOPS

(1) 功能：用“OOPS”命令可以恢复最后一次用 ERASE 命令删除的对象。

(2) 操作格式：

命令：OOPS↵

即可恢复图中最后一次用“ERASE”命令删除的对象。“OOPS”命令仅能恢复一次“ERASE”命令删除的对象。

4. 复制

命令：COPY（CP）

下拉菜单：修改→复制

工具栏：修改→复制

(1) 功能：将指定的对象复制到指定的位置。

(2) 操作格式：输入“COPY”命令后回车，或点取相应的菜单项、工具栏按钮，提示：

命令：COPY↵

选择对象：（选取要复制的对象）

当前设置：复制模式＝多个

指定基点或［位移（D）/模式（O）］<位移>：（指定第二个点或使用第一个点作为位移）

指定第二个点或［退出（E）/放弃（U）］<退出>：

下面介绍各项的含义：

1）指定基点。用鼠标点取或直接输入指定基点，结合后续提示指定的第二个点，Auto-

CAD将所选取的对象按给定两点确定的位移矢量进行复制。

2）位移（D）。该选项用于将选定的对象按指定的位移量复制。

3）模式（O）。该选项用于单个或多个复制模式的选择。后续的提示中，选择M参数表示复制模式为多重复制，S参数表示复制模式为单个复制。

5. 镜像复制

命令：MIRROR（MI）

下拉菜单：修改→镜像

工具栏：修改→镜像

(1) 功能：将指定的对象按设置的对称线进行对称复制。

(2) 操作格式：输入“MIRROR”命令后回车，或点取相应的菜单项、工具栏按钮，提示：

命令：MIRROR ↵

选择对象：指定对角点：找到 3 个

选择对象：↵

指定镜像线的第一点：(输入对称线的第一点坐标或鼠标点取)

指定镜像线的第二点：(输入对称线的第二点坐标或鼠标点取)

要删除源对象吗？[是（Y）/否（N）]<N>：↵

(3) 说明：由“指定镜像线的第一点”和“指定镜像线的第二点”构成镜像复制的对称线。“要删除源对象吗？”如果选择“N”，对称后的对象及源对象均保留。选择“Y”则删除源对象，只保留对称后的对象。

当文字属于镜像的范围时，如将图7-16（a）所示图形作镜像复制，可以有两种结果：一种为文字完全镜像［图7-16(b)］；另一种是文字可读镜像，即文字的外框作镜像，文字在框中的书写格式仍然是可读的［图7-16(c)］。这两种状态由系统变量“MIRRTEXT”来控制。

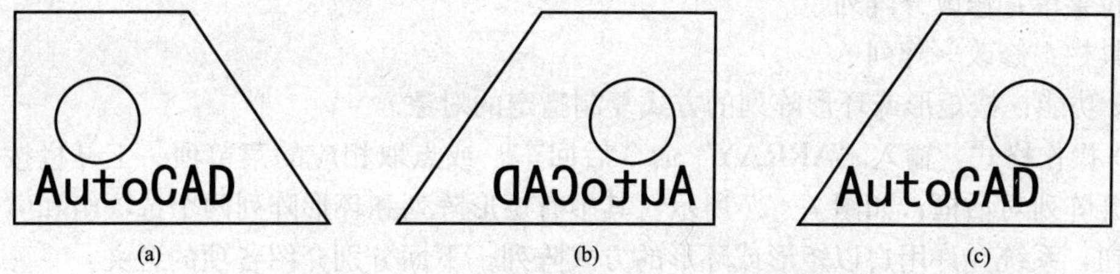

图7-16　用MIRRTEXT来控制文字镜像

若系统变量“MIRRTEXT”的值为1，文字则作完全镜像。若系统变量“MIRRTEXT”的值为0，文字则按可读方式镜像。通常将该变量设置为0。(注：使用“SET”命令可修改设置系统变量)

6. 偏移

命令：OFFSET

下拉菜单：修改→偏移

工具栏：修改→偏移

(1) 功能：创建一个指定对象的类似新对象，使其与源对象有一定距离。

(2) 操作格式：输入“OFFSET”命令后回车，或点取相应的菜单项、工具栏按钮，提示：

命令：OFFSET ↵

当前设置：删除源＝否　图层＝源　OFFSETGAPTYPE＝0

指定偏移距离或［通过（T)/删除（E)/图层（L)］<默认值>：(输入距离值或直接回车选取默认值)

选择要偏移的对象，或［退出（E)/放弃（U)］<退出>：(鼠标选取偏移对象)

指定要偏移的那一侧上的点，或［退出（E)/多个（M)/放弃（U)］<退出>：(在屏幕上用鼠标确定偏移的方向)

选择要偏移的对象，或［退出（E)/放弃（U)］<退出>↵

下面分别介绍各项的含义：

1) 指定偏移距离。该选项要求输入一偏移距离值，以该值进行对象复制。在后续提示中，通过“选择偏移对象”、“指定要偏移的那一侧上的点”来完成偏移。

2) 通过（T)。该选项表示使复制的对象通过一点。

说明：以上两种方式在软件提示：“［退出（E)/多个（M)/放弃（U)］<退出>：”时输入“M”参数，则可以进行多重偏移操作。

3) 删除（E)。用户可根据选择回答“是（Y)/否（N)”来决定是否保留或删除源对象。

4) 图层（L)。该选项用于选择偏移对象创建在当前图层上，还是源对象所在的图层上。

(3) 说明：OFFSET 可以偏移直线、圆、圆弧、椭圆、椭圆弧、构造线、射线等平面图形。偏移圆时可根据“指定要偏移的那一侧上的点”来创建更大或更小的圆。对于组合线，系统会将组合后的曲线自动修剪或拉伸成一条连续的组合线。

7. 阵列复制

命令：ARRAY（AR)

下拉菜单：修改→阵列

工具栏：修改→阵列

(1) 功能：按矩形或环形阵列的方式复制指定的对象。

(2) 操作格式：输入“ARRAY”命令后回车，或点取相应的菜单项、工具栏按钮，系统会打开阵列对话框，如图 7－17 所示。其中有矩形阵列和环形阵列两个选项组和“选择对象”按钮，系统允许用户以矩形或环形的方式阵列。下面分别介绍各项的含义：

1) 矩形阵列（图 7－17)。

行（列)：在文本框内输入矩形阵列的行（列）数。

行（列）偏移：该选项要求用户输入矩形阵列的行（列）间距。如果要向下（左）加行，将行（列）间距设置成负值。

阵列角度：该选项要求用户输入矩形阵列的旋转角度。

设置好上述参数后，点击“选择对象”按钮，AutoCAD 会将所选对象按指定的行数、列数及指定的行间距与列间距进行阵列复制。

2) 环形阵列（图 7－18)。

中心点：该选项要求用户输入旋转中心点的坐标。

项目数：该选项要求用户输入阵列的个数。

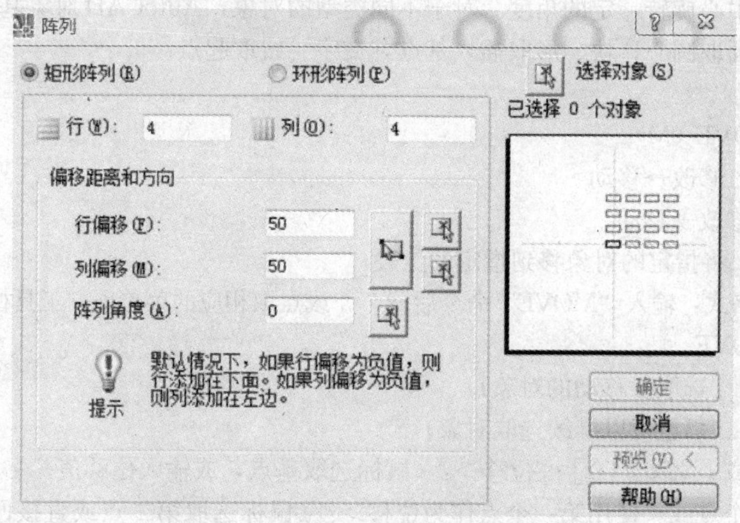

图 7-17 阵列对话框

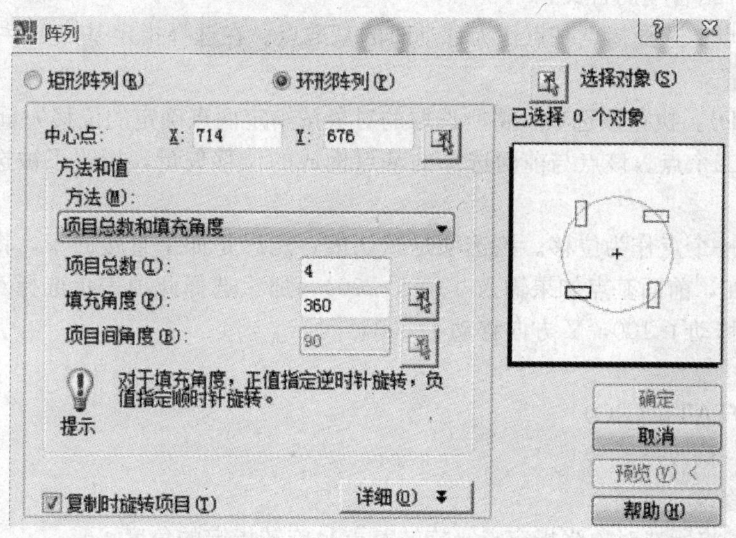

图 7-18 环形阵列对话框

填充角度〈360〉：该选项要求用户输入环形阵列的圆心角。逆时针旋转输入正值，顺时针旋转输入负值，缺省为沿 360°的方向阵列。

复制时旋转项目：选择该选项环形阵列时项目自身旋转，否则不旋转。

详细：点击该按钮出现附加选项，用于选择对象的基点，如图 7-19 所示。

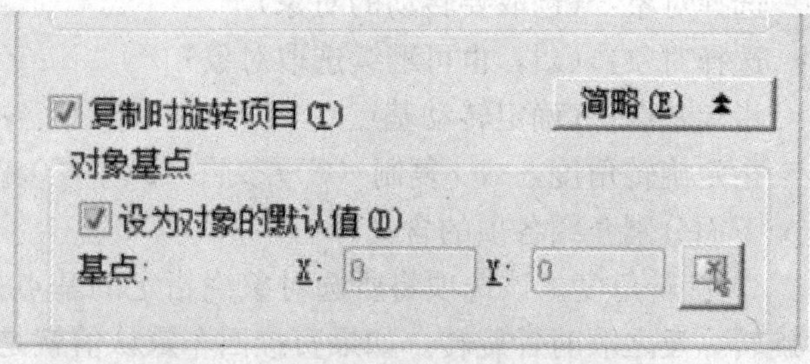

图 7-19 环形阵列基点选择对话框

说明：在进行环形阵列时，每个对象都取其自身的一个参考点为基点，绕阵列中心旋转一定的角度。对于不同类型的对象，AutoCAD 对象基点的默认值是：圆、圆弧、椭圆取圆心，块、形取插入基点，文字、线取起点。

8. *移动*

命令：MOVE（M）

下拉菜单：修改→移动

工具栏：修改→移动

(1) 功能：将指定的对象移到指定的位置。

(2) 操作格式：输入"MOVE"命令后回车，或点取相应的菜单项、工具栏按钮，提示：

命令：MOVE↵

选取对象：(选取要移动的对象)

选取对象：(↵也可以继续选取对象)

指定基点或［位移（D)］＜位移＞：(鼠标选取基点，或输入位移值)

指定第二个点或＜使用第一个点作为位移＞：(鼠标选取第二点或直接回车是使用第一点相对于原点的坐标作为位移值)

下面分别介绍各项的含义：

1) 指定基点。选择指点基点作为移动时的基准点。在选择指定基点后，如果直接回车，执行缺省位移量。

2) 位移（D)。执行该选项，将所选取的对象按给定两点确定的位移矢量进行移动。

3) 指定第二个点。该点与前面选择的基点构成的位移矢量，指明了被选对象移动的距离和方面。

4) 使用第一个点作为位移。该选项是默认值，意思是如果直接回车，将把前面基点作为位移值。例如，前面基点如果输入（100，200)，那么选择此项表示选择对象相对于当前位置在 X 方面移动了 100，Y 方向移动了 200。

9. *旋转*

命令：ROTATE（RO)

下拉菜单：修改→旋转

工具栏：修改→旋转

(1) 功能：将所选对象绕指定点（旋转基点）旋转指定的角度。

(2) 操作格式：输入"ROTATE"命令后回车，或点取相应的菜单项、工具栏按钮，提示：

命令：ROTATE↵

选择对象：(选取要转动的对象)

选择对象：(↵，也可继续选取对象)

指定基点：(确定转动基点)

指定旋转角度，或［复制（C)/参照（R)］＜0.0000＞：

下面分别介绍各项的含义：

1) 旋转角度。该选项将所选对象绕指定的基点按指定的角度旋转，且角度为正时逆时针旋转，反之顺时针旋转。如果直接回车默认值就是角度值，也可以动态拖动鼠标来选择旋转角度。

2）复制（C）。该选项创建要旋转的选定对象的副本。旋转的源对象和旋转后的对象都存在。

3）参照（R）。该选项表示将所选对象以给定的参考角度进行旋转。

【例 7-13】 将图 7-20 中的圆从 30°旋转到 60°。

命令：ROTATE↵

选择对象：（选择圆）

选择对象：↵

指定基点：（选取 A 点）

指定旋转角度，或［复制（C）/参照（R）］＜0.0000＞：R↵

指定参照角＜0.0000＞：30↵

指定新角度或［点（P）］＜0.0000＞：60↵

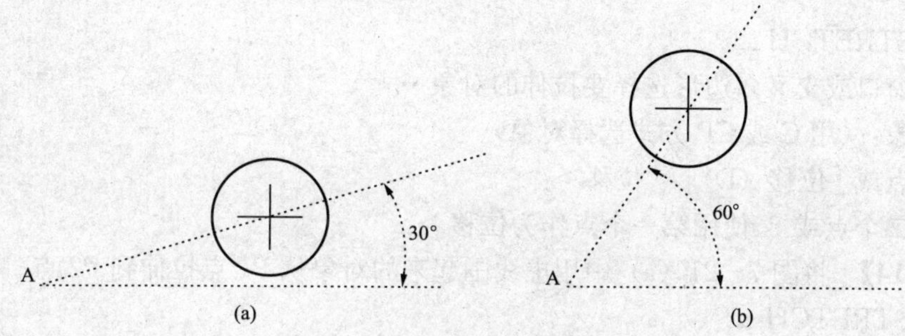

图 7-20 用 ROTATE 旋转圆

（a）旋转前的图形；（b）旋转后的图形

10. 缩放

命令：SCALE（SC）

下拉菜单：修改→缩放

工具栏：修改→缩放

（1）功能：将对象按指定的比例因子，相对于指定的基点放大或缩小。

（2）操作格式：输入“SCALE”命令后回车，或点取相应的菜单项、工具栏按钮，提示：

命令：SCALE↵

选择对象：（选取要缩放的对象）

选择对象：↵

指定基点：（用鼠标选取基点）

指定比例因子或［复制（C）/参照（R）］＜1.0000＞：

下面分别介绍各项的含义：

1）比例因子。该选项将所选对象按指定的比例因子相对于基点进行缩放，且大于 0。比例因子小于 1 时缩小，比例因子大于 1 时放大。如果直接回车比例因子即是默认值，也可以动态拖动鼠标来进行缩放。

2）复制（C）。该选项创建要缩放的选定对象的副本。缩放的源对象和缩放后的对象都存在。

3）参照（R）。该选项表示将所选对象以给定的长度进行缩放。系统会根据参考长度的值与新的长度值自动计算缩放系数，然后进行相应的缩放。

11. 拉伸

命令：STRETCH

下拉菜单：修改→拉伸

工具栏：修改→拉伸

（1）功能：移动指定的一部分图形，保持与图形的连接关系。类似于“MOVE”命令，但用“STRETCH”命令移动图形时，这部分图形与其他图形的连接元素，如线（LINE）、圆弧（ARC）、多段线（PLINE）等，将受到拉伸或压缩。

（2）操作格式：输入“STRETCH”命令后回车，或点取相应的菜单项、工具栏按钮，提示：

命令：STRETCH ↵

以交叉窗口或交叉多边形选择要拉伸的对象…

选择对象：（用 C 或 CP 方式选择对象）

指定基点或［位移（D）］＜位移＞：

指定第二个点或 ＜使用第一个点作为位移＞：

【例 7-14】 将图 7-21（a）中用虚线围起来的对象从 P1 点拉伸到 P2 点。

命令：STRETCH ↵

以交叉窗口或交叉多边形选择要拉伸的对象…

选择对象：C ↵

指定第一个角点：（点取虚线所示矩形的左下角点）

指定对角点：（点取虚线所示矩形的右上角点）

找到 4 个（1 个重复），总计 5 个

选择对象：↵

指定基点或［位移（D）］＜位移＞：（点取 P1 点）

指定第二个点或 ＜使用第一个点作为位移＞：（点取 P2 点）

绘制图样如图 7-21（b）所示。

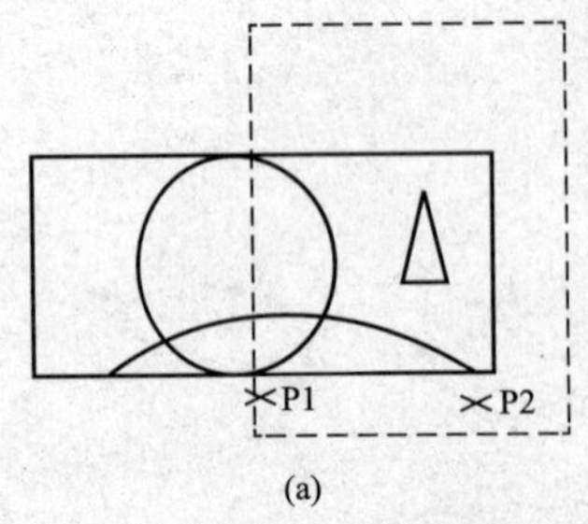

(a)

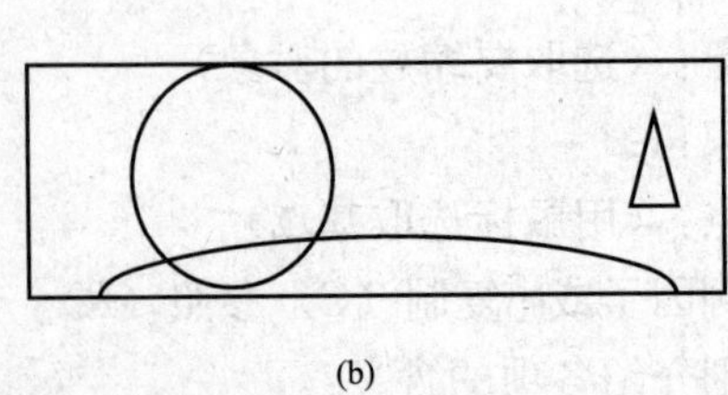

(b)

图 7-21　STRETCH　命令

(a) 拉伸前的图形；(b) 拉伸后的图形

（3）说明：在选取对象时，对于由 LINE（直线）、ARC（圆弧）、SOLID（区域填充）和 PLINE（多段线）等命令绘制的直线段或圆弧段，若其整个均在选取窗口内，则执行

的结果是对其进行移动。若其一端在选取窗口内，另一端在选取窗口外，则有以下拉伸操作：

1）直线（LINE）、等宽线（TRACE）和区域填充（SOLID），窗口内的端点移动，窗口外的端点不动。

2）圆弧（ARC）：与直线类似，但要调整弧的中心点、起始角和终止角，以便使弦中点到弧的距离（弦高）保持不变。

3）多段线（PLINE）：与直线或圆弧相似，但对多段线的线宽、切角及曲线拟合信息都不改变。

4）对于其他对象，如果其定义点位于选取窗口内，则对象移动，否则不动。各类对象的定义点如下。

圆：定义点为圆心。

形和块：定义点为插入点，如块移动，则块的属性也随之移动。

文字和属性定义：定义点为字符串插入点。

从图 7－21 可以看出上述规则的使用。在用 C 选择的窗口内，一个三角形完全在窗口内，故只做简单的移动。而圆弧、水平线等部分在窗口内，故产生拉伸变形，而圆的圆心不在窗口内，故不做移动。

12. 修剪

命令：TRIM（TR）

下拉菜单：修改→修剪

工具栏：修改→修剪

(1) 功能：用修剪边修剪指定的对象（被剪边）。

(2) 操作格式：输入“TRIM”命令后回车，或点取相应的菜单项、工具栏按钮，提示：

命令：TRIM ↲

当前设置：投影＝UCS，边＝无

选择剪切边…

选择对象或＜全部选择＞：（选择修剪边）

选择对象：（继续选择修剪边）↲

选择要修剪的对象，或按住 Shift 键选择要延伸的对象，或

[栏选（F）/窗交（C）/投影（P）/边（E）/删除（R）/放弃（U）]：

下面分别介绍各选项的含义：

1）选择要修剪的对象。点取被修剪对象（称为被剪边）的被修剪部分。如果直接选取对象，即执行该缺省项，那么 AutoCAD 会用修剪边将所选对象上的点取部分修剪掉。

2）按住 Shift 键选择要延伸的对象。延伸选定对象而不是修剪它们。此选项提供了一种在修剪和延伸之间切换的简便方法。

3）投影（P）。该选项用来确定执行修剪的空间。执行该选项，AutoCAD 提示：

无（N）/Ucs（U）/视图（V）＜当前空间＞：

① 无：表示按三维（不是投影）的方式修剪。显然该选项对只有在空间相交的对象有效。

② Ucs：在当前 UCS（用户坐标系）的 XOY 平面上修剪（为缺省项），此时可在 XOY

平面上，按投影关系修剪在三维空间中没有相交的对象。

③ 视图：在当前视图平面上修剪。

4）边（E）。该选项用来确定修剪方式。执行该选项，AutoCAD 提示：

延伸（E）/不延伸（N）<不延伸>：

① 延伸。按延伸的方式修剪。如果修剪边太短、没有与被剪边相交，那么 AutoCAD 会假想将修剪边延长，然后再进行修剪。

② 不延伸。按非延伸的方式修剪。如果修剪边太短、没有与被剪边相交，那么 AutoCAD 不会进行修剪。

5）删除（R）。删除选定的对象。此选项提供了一种用来删除不需要的对象的简便方式，而无需退出 TRIM 命令。

6）放弃（U）。撤销由 TRIM 命令所做的最近一次修改。

（3）说明：

1）AutoCAD 2008 中文版允许用直线（LINE）、圆弧（ARC）、圆（CIRCLE）、椭圆与椭圆弧（ELLIPSE）、多段线（PLINE）、样条曲线（SPLINE）、构造线（XLINE）、射线（RAY）作修剪边。用宽多段线作修剪边时，沿其中心线修剪。

2）AutoCAD 2008 中文版可以隐含修剪边，即在提示选取修剪边“选择对象：”时回车，AutoCAD 会自动确定修剪边。

3）修剪边同时也可以作为被剪边。

4）带有宽度的多段线作为被剪边时，修剪交点按中心线计算，并保留宽度信息，切口边界与多段线的中心线垂直。

13. 延伸

命令：EXTEND (EX)

下拉菜单：修改→延伸

工具栏：修改→延伸

（1）功能：将选定的对象延伸到指定的边界上。

（2）操作格式：输入“EXTEND”命令后回车，或点取相应的菜单项、工具栏按钮，提示：

命令：EXTEND↵

选择对象：（选取延伸的边界）

选择对象：（↵，也可以继续选取延伸边界）

选择要延伸的对象，或按住 Shift 键选择要修剪的对象，或

[栏选（F）/窗交（C）/投影（P）/边（E）/放弃（U）]：

下面分别介绍各选项的含义：

1）选择要延伸的对象。该选项直接选取被延伸的对象，对象会延伸到指定的边界，为缺省项。

2）按住 Shift 键选择要修剪的对象。将选定对象修剪到最近的边界而不是将其延伸。这是在修剪和延伸之间切换的简便方法。

3）投影（P）。该选项用来确定执行延伸的空间。执行该选项，AutoCAD 提示：

无（N）/UCS（U）/视图（V）<UCS>：

① 无（N）：按三维（不是投影）的方式延伸，即只有能够相交的对象才能延伸。

② Ucs（U）：在当前UCS的XOY平面上延伸（为缺省项），此时可在XOY平面上按投影关系延伸在三维空间中不能相交的对象。

③ 视图（V）：在当前视图平面上延伸。

4）边（E）。该选项用来确定延伸的方式。执行该选项，AutoCAD提示：

延伸（E）/不延伸（N）<延伸>：

① 延伸（E）：用于将对象延伸到边界线的延长线位置。换句话说，如果边界边太短、延伸边延伸后不能与其相交，AutoCAD会假想将边界边延长，使延伸边伸长到与其相交的位置。

② 不延伸（N）：按边的实际位置进行延伸。如果边界边太短、延伸边延伸后不能与其相交，AutoCAD将不能执行延伸操作。

5）放弃（U）。该选项用来取消上一次的操作。

（3）说明：

1）AutoCAD 2008中文版允许用线（LINE）、圆弧（ARC）、圆（CIRCLE）、椭圆和椭圆弧（ELLIPSE）、多段线（PLINE）、样条曲线（SPLINE）、构造线（XLINE）、射线（RAY）等作为边界边。用宽多段线作边界边时，其中心线为实际的边界边。

2）选择延伸对象的拾取点，应尽量靠近需延伸的端点。

3）对于多段线，只有不封闭的多段线可以延长。如果要延长一条封闭的多段线，AutoCAD提示：无法延伸该对象。对于有宽度的直线段与圆弧，按原倾斜度延长，如果延长后其末端的宽度要出现负值，该端的宽度改为零。

14. 打断

命令：BREAK (BR)

下拉菜单：修改→打断

工具栏：修改→打断

(1) 功能：将对象按指定的格式打断。

(2) 操作格式：输入“BREAK”命令后回车，或点取相应的菜单项、工具栏按钮，提示：

命令：BREAK↵

指定第二个打断点或[第一点（F）]：

选择对象：（选择需打断的对象）

指定第二个打断点或[第一点（F）]：

下面分别介绍各项的含义：

1）指定第二个打断点。该选项要求用户指定要断开的第二点。系统将“选择对象”时的那点作为第一点，如果是选择了多个对象，则将选择集当中的最后那个对象作为要断开的第一点。

在“指定第二个打断点”时有三种响应方式：

① 若直接点取对象上的第二个打断点，则将删除两打断点之间的部分。

② 若键入“@”，则将对象在选取的断点处一分为二，不删除。

③ 如果仅仅是删除对象的一端，第二断点可以远离删除端。

2）第一点（F）。该选项要求用户重新选择第一个打断点、第二个打断点，方式同上。

（3）说明：该命令可以实现删除对象中间部分，分成两个对象；不删除任何部分，仅仅是断开；删除对象一端，剩下部分对象。对于圆，不能分成两个对象，其删除部分是从第一断点到第二断点之间的逆时针方向部分。

15. 倒圆角

命令：FILLET

下拉菜单：修改→圆角

工具栏：修改→圆角

（1）功能：对指定的两个对象按指定的半径倒圆角。

（2）操作格式：输入“FILLET”命令后回车，或点取相应的菜单项、工具栏按钮，提示：

命令：FILLET ↵

当前设置：模式＝修剪，半径＝0.0000

选择第一个对象或［放弃（U）/多段线（P）/半径（R）/修剪（T）/多个（M）］：

下面介绍各选项的含义：

1）半径（R）。用户首先应用该选项来确定倒圆角的圆角半径。该半径值是系统默认值。

2）多段线（P）。该选项将对二维多段线倒圆角。

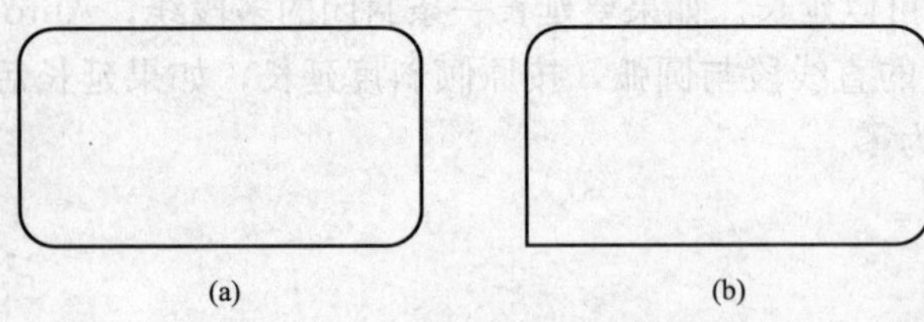

图 7－22　多段线倒圆角

（a）使用参数 C 封闭的多段线；（b）未使用参数 C 封闭的多段线

操作时，用户选取多段线后，系统按指定的圆角半径在该多段线各转折处倒圆角，如图 7－22（a）所示。对于用“PLINE”绘制的多段线，如果不使用参数“闭合（C）”来封闭该多段线，系统会认为最后一段线和前面的多段线是非连续的，不会对其倒圆角，如图 7－22（b）所示。

3）修剪（T）。该选项用来确定倒圆角的方式。“修剪”模式时，系统会自动调整原来直线或圆弧的长度，不足的部分自动延长，多余的部分自动删除。“不修剪”则仅仅倒圆角，不进行修剪。图 7－23（a）表示要倒角的两条边，图 7－23（b）表示不修剪模式下的倒角，图 7－23（c）表示修剪模式下的倒角。

4）多个（M）。给多个对象倒圆角。FILLET 将重复显示第一个提示和“选择第二个对象”提示，直到用户按回车键结束该命令。

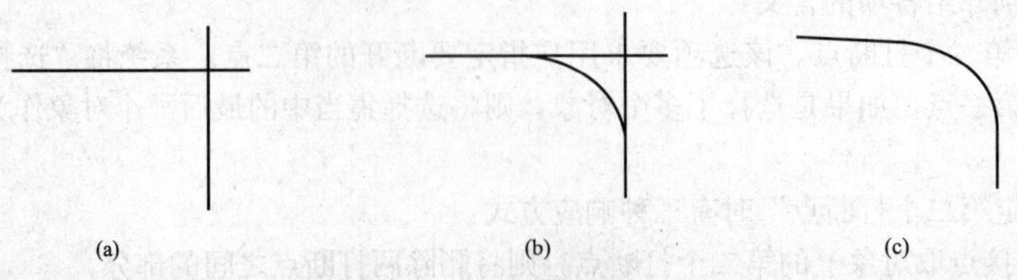

图 7－23　直线倒圆角

（a）要倒角的两条直线；（b）不修剪模式的倒角；（c）修剪模式的倒角

(3) 说明：

1) 圆角的位置由所选对象的拾取点来确定，故拾取点应尽量接近对象的切点。

2) 对两条平行线倒圆角，系统自动将圆角半径定为两条平行线间距离的一半。

3) 对相交线倒圆角时，若倒角半径为0，倒角结果为折线。

7.3.3 利用剪贴板传递对象

利用AutoCAD的编辑命令，用户可以方便地将指定对象放到剪贴板上，然后可将其粘贴到指定位置。剪贴板是内存中的一块区域，只能临时保存对象。对象可包括文字、图片、声音、图像等。剪贴板具有覆盖功能，总是保存最近一次存储的对象。Windows下的应用程序都可以利用剪贴板来传递信息。AutoCAD剪贴板的基本操作有五个：剪切（Ctrl+X）、复制（Ctrl+C）、带基点复制（Ctrl+Shift+C）、粘贴（Ctrl+V）和粘贴为块（Ctrl+Shift+V），下面分别介绍其操作。

1. 剪切

命令：CUTCLIP

下拉菜单：编辑→剪切

(1) 功能：将指定的对象放到剪贴板上，指定的对象会被删除。

(2) 操作格式：输入“CUTCLIP”命令后回车，或点取下拉菜单项“编辑→剪切”，提示：

命令：CUTCLIP ↵

选择对象：(选取要剪切的对象)

按照前面介绍的选择方法选择对象，选择的对象会删除，这些对象已经被放到剪贴板中。

2. 复制

命令：COPYCLIP

下拉菜单：编辑→复制

(1) 功能：将指定的对象复制到剪贴板上，指定的对象不被删除。

(2) 操作格式：输入“COPYCLIP”命令后回车，或点取下拉菜单项“编辑→复制”，提示：

命令：COPYCLIP ↵

选择对象：(选取要剪切的对象)

选择完毕后，选择的对象仍然保留在屏幕上，同时这些对象已经被放到剪贴板中。

3. 带基点复制

命令：COPYBASE

下拉菜单：编辑→复制

(1) 功能：指定对象的基点，并把带基点的对象复制到剪贴板上。

(2) 操作格式：输入命令“COPYBASE”后回车，或点取下拉菜单项“编辑→带基点复制”，提示：

命令：COPYBASE ↵

指定基点：(用鼠标点取或输入坐标值)

选择对象：(选取要剪切的对象)

选择对象：↵

选择完毕后，选择的对象带基点被放到剪贴板中，对象仍然保留在屏幕上。

4. 粘贴

命令：PASTECLIP

下拉菜单：编辑→粘贴

(1) 功能：将剪贴板上的对象粘贴到指定位置。

(2) 操作格式：输入“PASTECLIP”命令后回车，或点取下拉菜单项“编辑→粘贴”，提示：

命令：PASTECLIP ↵

指定插入点：(鼠标点取或输入坐标值)

执行结果：将剪贴板的对象粘贴到指定位置。

5. 粘贴为块

命令：PASTEBLOCK

下拉菜单：编辑→粘贴为块

(1) 功能：将剪贴板上的对象作为块，粘贴到指定位置。

(2) 操作格式：输入“PASTEBLCK”命令后回车，或点取下拉菜单项“编辑→粘贴为块”，提示：

命令：PASTEBLOCK ↵

指定插入点：(鼠标点取或输入坐标值)

执行结果：将剪贴板的对象作为块，粘贴到指定位置。

7.4 文字标注

在工程制图中，不仅仅是要绘制出正确的图形，图形中经常有文字内容，例如技术要求、说明、注解、标题等。AutoCAD 提供了多种创建编辑文字的方法，本文根据 AutoCAD 2008 中文版提供的文字标注功能，介绍常用的文字标注与编辑命令。

7.4.1 利用对话框定义文字样式

文字样式即是文字字体，文字字体可以通过命令“STYLE”来设置。

命令：STYLE

下拉菜单：格式→文字样式

(1) 功能：创建文字样式，设置当前文字样式（包括字体、字号、方向、角度等）。

(2) 操作格式：

命令：STYLE ↵

出现文字样式对话框，如图 7－24 所示，利用该对话框可设置文字样式，下面分别介绍对话框中主要选项的含义：

1) 样式（S）。建立新样式名称，为已有的样式更名或删除样式。AutoCAD 为用户提供名为 Standard 缺省样式名。

① 新建。增加新的文字样式。单击“新建”按钮，显示图 7－25 所示对话框，用户可通过“样式名”输入新的文字样式名。

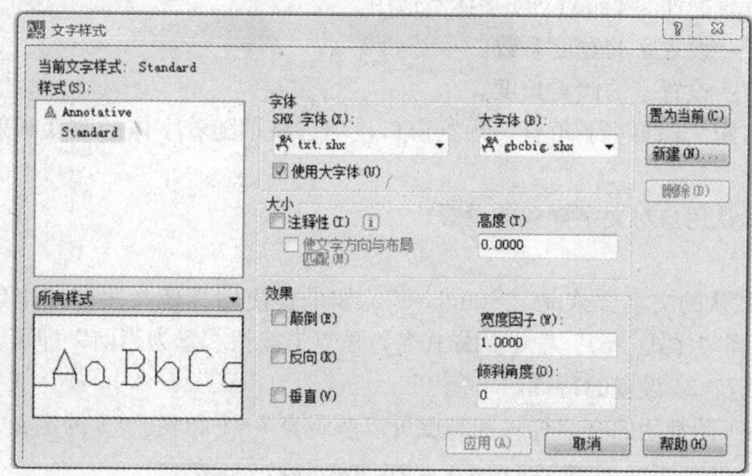

图 7-24 文字样式对话框

② 重命名。给已有的文字样式更名。从图 7-24“样式（S)”列表中选择要更名的文字样式，单击右键，选择右键菜单中的“重命名”进行更名。

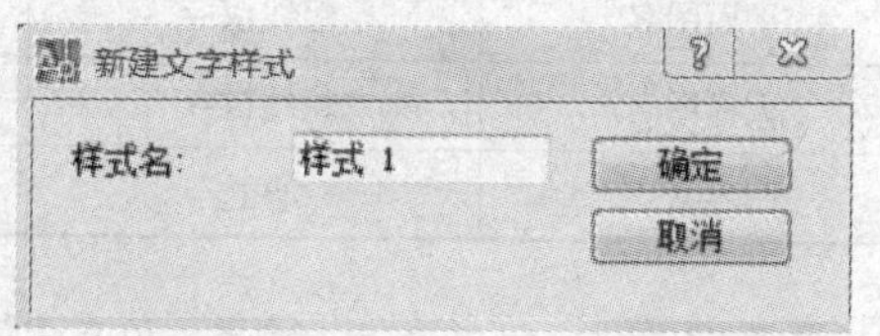

图 7-25 新建文字样式对话框

③ 删除。删除无用的样式名。从图 7-24“样式(S)”列表中选择要删除的文字样式，单击右键，选择右键菜单中的“删除”即可删除该文字样式。如果要删除的文字样式为当前文字样式或已经使用过的文字样式，那么将不能被删除。

2）字体。该项用于字体文件的设置。AutoCAD 的字形文件选择有两种方式。

① 用户调用 AutoCAD 字库。在图 7-24 中，首先选择“使用大字体”复选框；然后选择“字体”下拉列表，选择所需要的 AutoCAD 英文“*.shx”字形文件名，例如选择“simplex. shx”；再选择“大字体”下拉列表，选择所需要的 AutoCAD 中文“*.shx”字形文件名，例如选择“hztxtw. shx”。中文 AutoCAD 字形文件在安装文件中不提供，需要用户单独安装。

② 用户调用 Windows 的 TureType 字体。在图 7-24 中，首先清除“大字体”复选框，然后选择“字体”下拉列表，选择所需要的 TureType 字体文件名，如选择“宋体”。TureType 字体文件是 Windows 系统文件，不用单独安装。

3）高度。该项根据输入值设置文字高度。如果设定为 0，AutoCAD 会提示“输入文字高度”；输入大于 0 的高度值，则为该样式设置固定的文字高度。例如输入 50，则每次用该样式输入文字时，文字默认值为 50 高度。对于相同的字高，TrueType 中文字体显示的高度要大于 SHX 中文字体。如果选择“注释性”选项，则将设置要在图纸空间中显示的文字高度。

4）效果。该项用于修改字体的特征。

① 颠倒：文字倒置，即字体头朝下。

② 反向：文字以 Y 轴作镜像。

③ 垂直：垂直标注。TrueType 字体不适用。

④ 宽度因子：设置字的宽度系数。

⑤ 倾斜角度：设置字的倾斜角度。

5）预览。在图 7-24 左下角有一预览窗口，动态显示随着字体的改变和效果的修改的样例文字。

6）应用。确认用户对文字样式的设置。

（3）说明：

AutoCAD 默认的文字样式是"Standard"，如果要使用其他文字样式来创建文字，在图 7-24 中先选择"样式（S）"框中的样式名，再点击按钮"置为当前"即可。图形中的所有文字都具有图 7-24 设置的特征。

绘制建筑施工图常用的文字样式和高度可以参照表 7-1 和表 7-2 的定义。

表 7-1 中文字体参照表（按出图比例 1：100）

文字类型	字体	字高	参考字型文件
说明文字	细线汉字	500～600	HZTXT. SHX，HZTXTW. SHX
平面图名	粗线汉字	800～1000	STI64S. SHX，宋体，黑体
大样图名	粗线汉字	500～700	STI64S. SHX，宋体，黑体
图签文字	自选	自选	HZTXTW. SHX，宋体，黑体

表 7-2 数字、英文字体参照表（按出图比例 1：100）

文字类型	字体	字高	参考字型文件
说明文字	细线英文	400～500	SI-FS. SHX，SIMPLEX. SHX
平面图名	粗线汉字	800～1000	COMPLEX. SHX，宋体，黑体
大样图名	粗线汉字	500～700	COMPLEX. SHX，宋体，黑体
图签文字	自选	自选	COMPLEX. SHX，宋体，黑体
尺寸文字	细线英文	300	SIMPLEX. SHX
钢筋文字	细线英文	350	TSSDENG. SHX

7.4.2 用 DTEXT 命令标注文字

1. DTEXT 命令

命令：DTEXT

下拉菜单：绘图→文字→单行文字

（1）功能：在图中标注一行文字。

（2）操作格式：

命令：DTEXT ↵

当前文字样式："standard" 文字高度：7.0000 注释性：否

指定文字的起点或［对正（J）/样式（S）］：

下面分别介绍各选项的含义：

1）指定文字的起点。该选项用来确定文字基线的始点位置，为缺省项。提示：

指定文字的起点或［对正（J）/样式（S）］：（鼠标选取或输入坐标值）

指定高度 <7.0000>：（输入字高或直接回车选取默认值）

指定文字的旋转角度 <0>：（输入文字行的倾斜角度或直接回车选取默认值）

输入文字后回车，文字按照指定高度和角度自由显示。

2）对正（J）。此选项用来确定所标注文字的排列方式。执行后 AutoCAD 提示：

［对齐（A）/调整（F）/中心（C）/中间（M）/右（R）/左上（TL）/中上（TC）/右上（TR）/左中（ML）/正中（MC）/右中（MR）/左下（BL）/中下（BC）/右下（BR）］：

文字的位置由四条线确定，分别是顶线（Top line）、中线（Middle line）、基线（Base line）和底线（Bottom line），如图 7－26 所示。

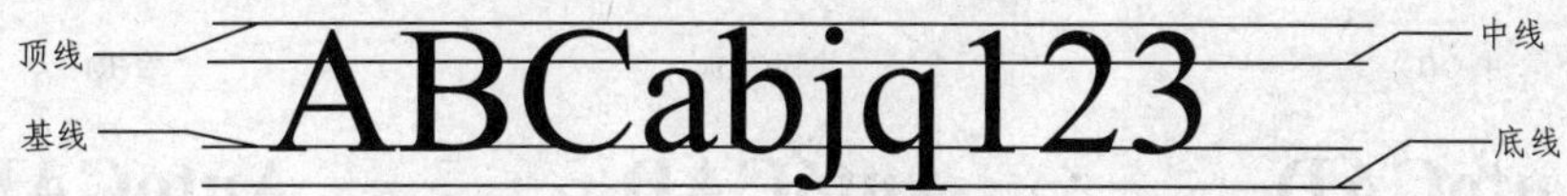

图 7－26　文字位置的确定

① 对齐（A）。该选项要求用户确定所标注文字行基线的起始点与终止点。执行该选项，AutoCAD 提示：

指定文字基线的第一个端点：

指定文字基线的第二个端点：

在输入文字后回车，执行结果为：所输入的文字均匀分布于指定的两点之间，倾斜角度是基线的倾斜角度；字高与字宽会根据两点间的距离、字符的多少及文字的宽度因子自动确定。

说明：执行“对齐（A）”选项后，根据提示依次从左向右和从右向左确定文字行基线上的两点，会得到不同的标注效果，如图 7－27 所示。

第一点— AutoCAD2008 — 第二点

第二点— AutoCAD2008 — 第一点

图 7－27　对齐方式输入文字

② 调整（F）。该选项要求用户确定所标注文字行基线的起始点与终止点，以及标注文字的高度。执行该选项，AutoCAD 提示：

指定文字基线的第一个端点：（确定文字行基线的起始点）

指定文字基线的第二个端点：<正交 开>（确定文字行基线的终止点）

指定高度 <2.5000>：（确定文字的高度）

输入文字后回车，执行结果为：所标注的文字均匀分布于指定的两点之间，且字符高度为用户指定的高度，字符宽度则由所确定两点间的距离与字符的多少自动确定。

③ 中心（C）。该选项要求用户确定所标注文字基线的中点。执行该选项，提示：

指定文字的中心点：（确定一点作为文字基线的中心）

指定高度：（确定文字的高度）

指定文字的旋转角度：（确定文字行的倾斜角度）

输入文字后回车，执行结果为：将该点作为所标注文字的基线中点，文字按指定的高度及文字的宽度因子分布在该点的两边。

④ 中间（M）。该选项要求用户确定所标注文字行的中线中点。执行该选项，提示：

指定文字的中间点：（确定一点作为文字行垂直和水平方向的中点）

指定高度 ＜50.0000＞：（确定文字的高度）

指定文字的旋转角度 ＜0＞：（确定文字行的倾斜角度）

输入文字后回车，执行结果为：将该点作为所标注文字的中线中点，文字按指定的高度及文字的宽度因子分布在该点的两边。

其余参数，除了要求输入点不同外，其余都相同，这里不再一一详述。图 7－28 是各个选项标注的示意图。

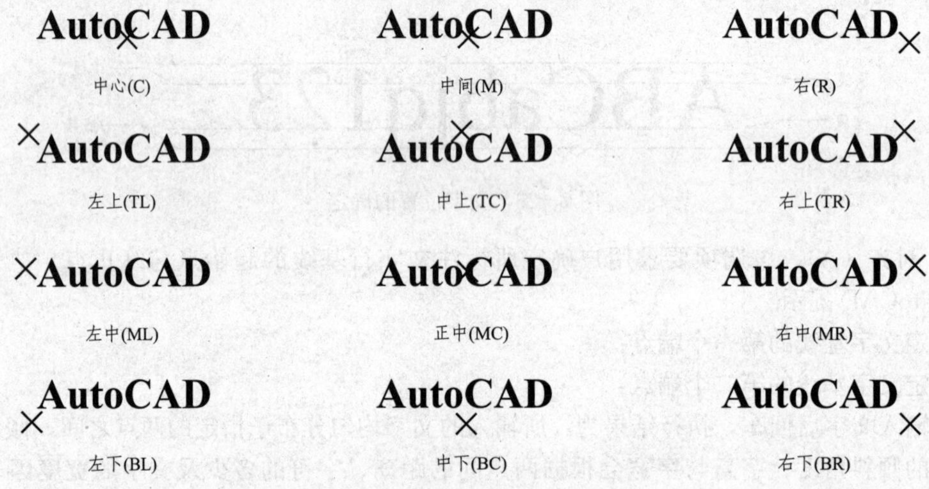

图 7－28 对正方式下各种文字标注

3）样式。该选项用于确定标注文字的样式。执行该选项，AutoCAD 提示：

样式名（或?）＜缺省值＞：

在此提示下，用户可键入所使用的文字样式名称，也可键入“?”，显示当前已有的文字样式。

（3）说明：

1）标注完一行文字后，如果再执行 DTEXT 命令，上一次标注的文字行会以高亮度方式显示。此时若在“对正（J）/样式（S）/（起点）：”提示下直接按↵键，AutoCAD 会根据上一行文字的排列方式另起一行进行标注。

2）执行 DTEXT 命令后，当提示“文字：”时，屏幕上会出现一闪动的光标，其反映将要输入的字符位置、大小及倾斜角度等。当输入一个字符时，AutoCAD 会在光标前的小方框内显示该字符，同时小方框向后移动一个字符的位置，指明下一个字符的位置。

3）在一个 DTEXT 命令下，可标注若干行文字。当输入完一行文字时，按↵ 键，屏幕上的小方框自动移动到下一行的起始位置上，即允许用户输入第二行文字。依此类推，可以输入若干行文字，直到文字全部输完，在换行后按↵键结束。

4）在输入文字的过程中，可以随时改变文字的位置。如果用户在输入文字的过程中想改变后面输入的文字行位置，只要将光标移到新的位置并按拾取键，这时当前行结束。小方框会在用户所点取的新位置出现，用户可以在此继续输入文字，用这种方法可以将多行文字标注到屏幕上的任何地方。

5）具有实时改错的功能。如果需要改正之前输入的字符，只要按一次“Backspace”键，就能将该字符删除，同时小方框也回退一格。用这种方法可以从后向前删除已输入的多个字符。

2. 控制码与特殊字符

实际绘图时，经常需要标注一些特殊字符，如正负号“±”、直径“Φ”、下画线等。这些特殊字符不能从键盘上输入，为此，AutoCAD为输入这些字符提供了控制码，用来实现这些要求。AutoCAD的控制码由两个百分号（英文输入法%%）及在后面紧接一个字符构成，用这种方法可以表示特殊字符。表7-3是常用的控制码。

表7-3　　常用的控制码

符　号	含　义	符　号	含　义
%%O	打开或关闭文字上画线	%%C	标注“直径”符号（ϕ）
%%U	打开或关闭文字下画线	%%130	标注“一级钢筋符号”（Φ）
%%D	标注“度”符号（°）	%%131	标注“二级钢筋符号”（Φ）
%%P	标注“正负公差”符号（±）		

注　%%O或%%U分别是上画线与下画线的开关，即当第一次出现此符号时，表明打开上画线或下画线，而当第二次出现该符号时，则会关掉上画线或下画线。

7.4.3　编辑文字

命令：DDEDIT

下拉菜单：修改→对象→文字

双击：双击需要编辑的字符串

(1) 功能：修改或编辑文字。

(2) 操作格式：

命令：DDEDIT ↵（或用鼠标双击文字）

选择注释对象或［放弃（U）］：（选取欲编辑的文字）

如果用户所选取的文字是用“TEXT”或“DTEXT”命令标注的，被选到的字符串显示在蓝底小方框内，利用该框即可对所选取的文字进行修改。

7.5　绘图技巧与绘图设置

前面章节介绍了AutoCAD常用的绘图和编辑功能，仅仅掌握这些基本功能还不能发挥计算机绘图的优势，还要熟练掌握AutoCAD的一些绘图技巧，从而提高绘图速度，发挥AutoCAD真正的作用。

7.5.1　对象捕捉

对象捕捉（Object Snap）让用户能够迅速、精确找到特定的点。例如圆心、直线的端点、中点、垂足等。每当AutoCAD要求输入一点时，均可激活对象捕捉模式。

1. 对象捕捉模式

表7-4列出了AutoCAD 2008常用的对象捕捉模式。

表 7-4 对 象 捕 捉 模 式

模式	关键词	功 能
圆心点	CEN	圆或圆弧的圆心
端点	END	线段或圆弧的端点
延长线	EXT	捕捉到圆弧或直线的延长线
插入点	INS	块或文字的插入点
交点	INT	线段、圆弧、圆等对象之间的交点
中点	MID	线段或圆弧上的中点
最近点	NEA	离拾取点最近的线段、圆弧、圆等对象上的点
节点	NOD	用 POINT 命令生成的点
垂直点	PER	与一个点的连线垂直的点
象限点	QUA	四分圆点
切点	TAN	与圆或圆弧相切的点
追踪	TK	相对于指定点，沿水平或垂直方向确定另外一点

2. 对象捕捉的设置

命令：OSNAP

下拉菜单：工具→草图设置→对象捕捉

状态栏：右键单击“对象捕捉”按钮→设置→对象捕捉

按 F3 键或者 Ctrl+F 键

在图 7-29 所示对象捕捉设置对话框中，只需点取模式前的复选框就可选择一种或多种对象捕捉模式。复选框前面的几何图形是对象捕捉标记。

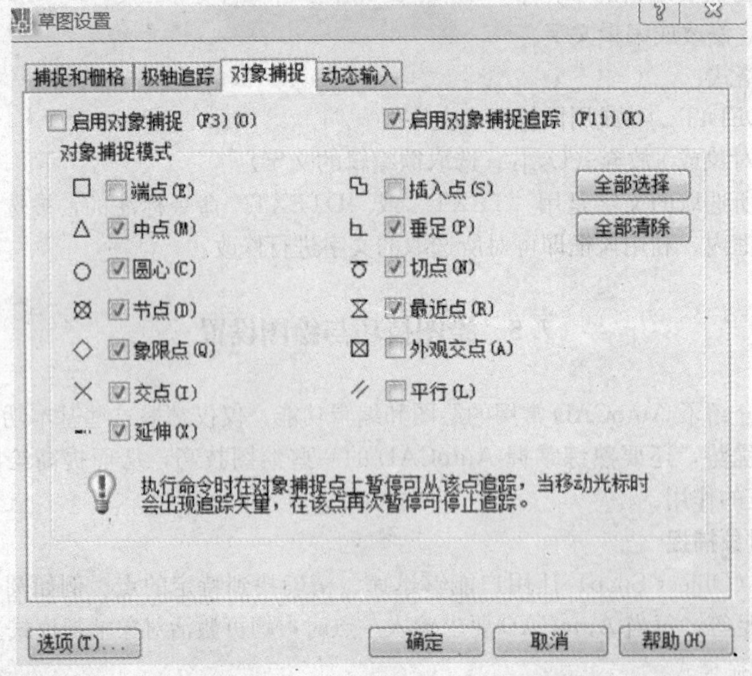

图 7-29 对象捕捉设置对话框

3. 如何使用对象捕捉

常用以下两种方式来捕捉对象：

(1) 在对话框中设置对象捕捉方式。用户可以同时设置多种捕捉模式，AutoCAD 只捕捉离用户指定位置最近的捕捉对象。用户在操作中没有找到要捕捉的对象时，AutoCAD 按没有设置对象捕捉模式来拾取点。

(2) 在命令行键入捕捉模式的关键词。用户在绘图或编辑过程中，当命令行要求输入坐标点时，可直接在命令行键盘键入捕捉模式的关键词，关键词见表 7-4。

4. 自动捕捉的设置

自动捕捉（AutoSnap）是指当用户将光标移在对象上时，AutoCAD 会自动捕捉对象上符合条件的点，并显示相应的标记。当有多个符合条件的模式拾取点时，就不会捕捉错误。

在图 7-29 中，点击“选项”→“草图”，就出现自动捕捉设置对话框，如图 7-30 所示。下面介绍常用选项的含义：

(1) 颜色（C）：捕捉标记的显示颜色。点击该按钮，在出现的对话框中选取颜色。

(2) 自动捕捉标记大小（S）：用来表示对象捕捉的类型和确定捕捉的位置，当靶框经过某对象时，该对象符合设置模式的点上都要出现相应标识。移动滑块可调节大小。

(3) 靶框大小（Z）：只对在靶框内的对象使用目标捕捉。移动滑块可调节大小。

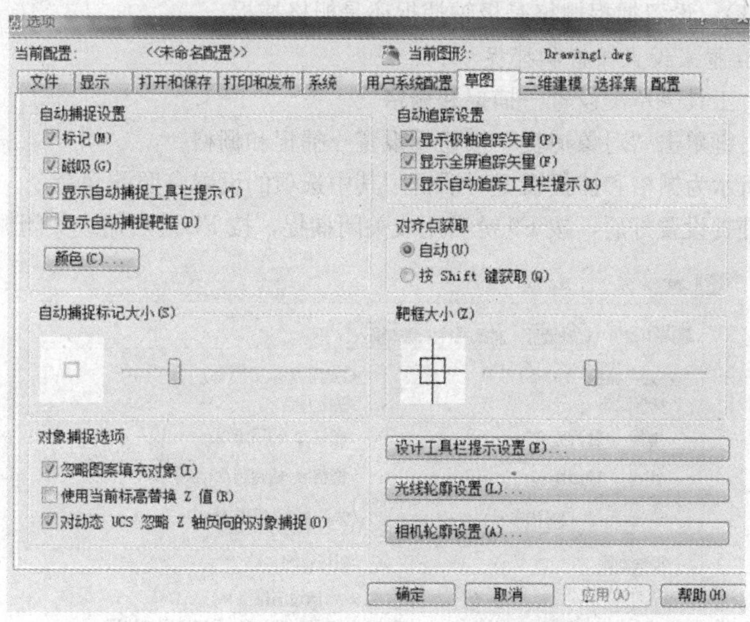

图 7-30 对象自动捕捉设置对话框

7.5.2 栅格的使用

用户在绘图时设置栅格及捕捉，可实现坐标值精确的定位，保证绘图精度，同时大大提高绘图速度。AutoCAD 2008 中，可以通过命令来实现显示栅格和捕捉，也可以通过对话框来实现，下面分别介绍这两种设置。

1. 使用命令来设置栅格和捕捉

(1) 栅格的设置。

命令：GRID↵

指定栅格间距（X）或［开（ON)/关（OFF)/捕捉（S)/主（M)/自适应（D)/界限（L)/跟随（F)/纵横向间距（A)］<10.0000>：

下面介绍常用各选项的含义：

1）指定栅格间距（X)：设置栅格间距。

2）开（ON)/关（OFF)：显示/关闭栅格。

3）捕捉（S)：将栅格捕捉的间距自动设置成显示的间距。

4）纵横向间距（A)：用于纵横向间距不等时设置纵横向间距。

(2）栅格的捕捉。

命令：SNAP↵

指定捕捉间距或［开（ON)/关（OFF)/纵横向间距（A)/样式（S)/类型（T)］<10.0000>：

下面介绍常用各选项的含义：

1）指定捕捉间距：设置捕捉间距后，光标按该间距移动。

2）开（ON)/关（OFF)：打开/关闭捕捉方式。

3）纵横向间距（A)：设置捕捉的纵横向间距，用于纵横向间距不等时。

4）样式（S)：设置捕捉栅格的方式是标准捕捉还是等轴测方式。

5）类型（T)：设置捕捉栅格是极轴捕捉还是栅格捕捉。

2. 使用对话框来设置栅格和捕捉

下拉菜单：工具→草图设置→捕捉和栅格

状态栏：右键单击“对象捕捉”按钮→设置→捕捉和栅格

图 7－31 所示为栅格和捕捉设置对话框，其中选项的设置参照前面命令。

当栅格和捕捉设置好后，按 F9 键启用或关闭捕捉，按 F7 键启用或关闭栅格。

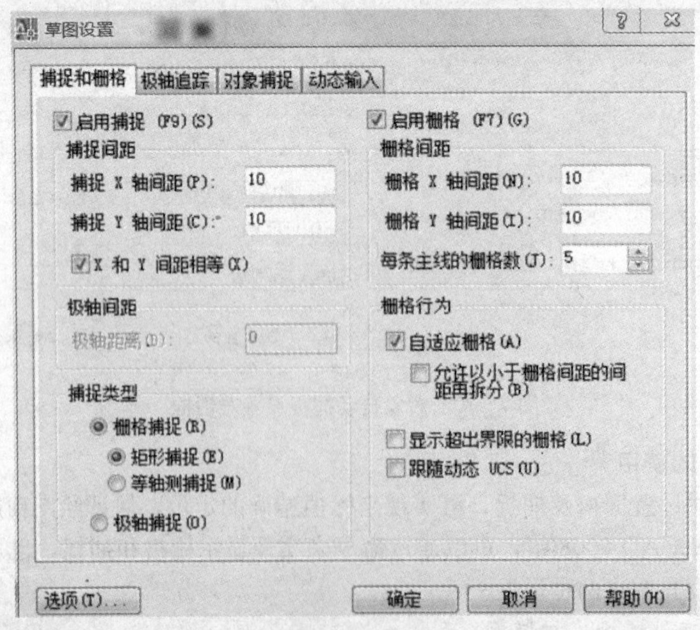

图 7－31　栅格和捕捉设置对话框

7.5.3 正交绘图

命令：ORTHO

状态栏："正交"按钮

(1) 功能：图形处于正交模式时，绘出的线段是X轴或Y轴的平行线。

(2) 操作格式：输入"ORTHO"命令、热键F8或单击状态栏上的正交按钮。

命令：ORTHO↵

输入模式[开(ON)/关(OFF)]<关>:

选择开(ON)打开正交模式，关(OFF)是关闭正交模式。

7.5.4 图形的显示控制

1. 图形的显示缩放命令

命令：ZOOM

下拉菜单：视图→缩放

鼠标滚轮前后滚动

(1) 功能：将屏幕上的对象放大或缩小其视觉尺寸，但对象的实际尺寸保持不变。

(2) 操作格式：

命令：ZOOM↵

指定窗口的角点，输入比例因子(nX或nXP)，或者

[全部(A)/中心(C)/动态(D)/范围(E)/上一个(P)/比例(S)/窗口(W)/对象(O)]<实时>:

下面介绍常用选项的含义：

1) 全部(A)。该选项按照图纸幅面显示全部图形在屏幕上。如果有的对象画到图纸边界之外，显示的范围则扩大，以便将超出边界的部分也显示在屏幕上。执行该选项时，AutoCAD要对全部图形重新生成。

2) 范围(E)。尽可能大的显示整个图形，此时与图形的边界无关。

3) 上一个(P)。恢复上一次显示的图形。

4) 窗口(W)。用矩形窗口的方式来确定要显示图形的区域。

5) 实时。实时缩放。该项为缺省项，AutoCAD会在屏幕上出现一个类似于放大镜的小标记，按住拾取键并垂直托动进行缩放。向加号方向拖动屏幕图形放大，向减号方向拖动屏幕图形缩小。

若按Esc键或回车键，结束ZOOM命令，如果单击鼠标右键，则会弹出快捷菜单，用户可根据需要进行操作。

2. 图形的平移

命令：PAN

下拉菜单：视图→平移→实时

工具栏：实时平移

(1) 功能：查看图形的任何部分，不改变图形的缩放系数。

(2) 操作格式：在命令行键入"PAN"后回车，或点击下拉菜单"视图→平移→实时"，或点击工具栏"实时平移"。

此时，光标变成一只手，按鼠标左键拖动，即可实现图形平移。

（3）说明：当处于平移状态时，按鼠标右键的快捷菜单，也有“缩放”功能，其作用相当于操作鼠标滚轮对图形进行缩放。

3. 图形的重新生成

命令：REGEN

下拉菜单：视图→重生成

（1）功能：重新生成全部图形并在屏幕上显示出来，执行该命令时生成图形的速度较慢，因此除非有必要，一般较少使用。

（2）操作格式：

命令：REGEN ↵

重新生成图形。

7.5.5 绘图设置

在绘图前，必须对 AutoCAD 进行环境设置，下面介绍基本的绘图设置。

1. 设置绘图单位

命令：DDUNITS

下拉菜单：格式→单位

（1）功能：设置绘图单位。

（2）操作格式：命令行键入“UNITS”，或点击下拉菜单“格式→图形界限”，弹出“图形单位”对话框，如图 7-32 所示。

对“图形单位”对话框里的选项设置好后点“确定”按钮，在下次设置改变前，均默认为该设置。

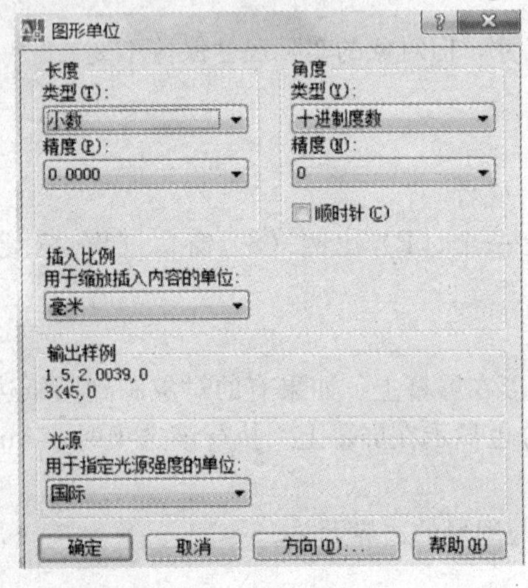

图 7-32 图形单位设置对话框

2. 设置图形界限

命令：LIMITS

下拉菜单：格式→图形界限

（1）功能：确定绘图范围。

（2）操作格式：

命令：LIMITS ↵

重新设置模型空间界限：

指定左下角点或［开（ON）/关（OFF）］<0.0000，0.0000>：（输入绘图边界左下角的坐标）

指定右上角点 <420.0000，297.0000>：（输入绘图边界右上角的坐标）

上例构成一张 420×297 的图形幅面，即标准的 2 号图幅。

3. 定义用户坐标系

AutoCAD 的坐标系分为世界坐标系 WCS（World Coordinate System）和用户坐标系 UCS（User Coordinate System）两种。默认的坐标系为世界坐标系。绘制二维图形主要使用 WCS，而三维图形主要使用 UCS。

命令：UCS

下拉菜单：工具→新建 UCS

工具栏：UCS

(1) 功能：定义一个用户坐标系，用户坐标系的原点和方向与世界坐标系的原点和方向不同。在 AutoCAD 中，可以创建并保存任意多个用户坐标系，然后根据需要调用这些坐标系，以简化创建二维和三维对象的过程。

(2) 操作格式：

命令：UCS↵

指定 UCS 的原点或［面（F）/命名（NA）/对象（OB）/上一个（P）/视图（V）/世界（W）/X/Y/Z/Z 轴（ZA）］<世界>：

下面介绍常用各选项的含义：

1) 指定 UCS 的原点：定义一个新的坐标原点，此项为默认项。

2) 对象（O）：通过指定一个对象来定义一个新的坐标系。

3) 上一个（P）：恢复前一个 UCS。

4) 世界（W）：设置坐标系为世界 WCS。

4. 设置 UCS 坐标平面视图

命令：PLAN

下拉菜单：视图→三维视图→平面视图

(1) 功能：以平面视图（0，0，1）方式观察视图，用户选择多种坐标系下的平面视图。

(2) 操作格式：

命令：PLAN↵

输入选项［当前 UCS（C）/UCS（U）/世界（W）］<当前值>：

① 当前 UCS（C）。在当前的视图中重新生成相对于当前 UCS 的平面视图，为缺省项。

② 世界（W）。重新生成相对于 WCS 的平面视图。

(3) 说明：PLAN 命令的执行只改变视图显示的方向，不改变当前的 UCS。

7.6 图层与线型

在 AutoCAD 中创建的每一个对象都具有图层、颜色、线宽及线型这四个基本特征。掌握图层、线型管理，能快速高效地绘制复杂的工程图，方便查找、修改，大大提高绘制和编辑图形的效率。本节以对话框形式为例，重点介绍图层、颜色、线宽及线型方面的内容。

7.6.1 图层的特性

1. 图层的特性

图层可以被想象为没有厚度的透明纸，各层之间基点一致，完全对齐。引入图层，用户就可以给每一图层指定绘图所用的线型、颜色和状态，并将具有相同线型和颜色的实体放到相应的图层上。

AutoCAD 中图层具有以下特征：

(1) 图层数量没有限制，但每个图层都要定义一个名字。AutoCAD 将新绘图形的当前层默认为 0 层，图形只能在当前图层上操作。可以通过图层操作命令改变当前的图层，

AutoCAD在“对象特性”工具栏上会显示出当前图层的名称。

(2) 一般情况下，一个图层上的实体只能是一种线型，一种颜色，一种线宽。用户可以改变各图层的线型、颜色、线宽和状态。

(3) 各图层具有相同的坐标系、绘图界限、显示时的缩放倍数。用户可以对位于不同图层上的实体同时进行编辑操作。

(4) 用户可以对各图层进行开（ON）、关（OFF）、冻结（Freeze）、解冻（Thaw）、锁定（Lock）与解锁（Unlock）等操作，决定各层的可见性与可操作性。这些操作的含义如下：

1) 开（ON）与关（OFF）图层。如果图层被打开，则该图层上的图形可以在图形显示器上显示，或在绘图仪上绘出。被关闭的图层仍然是图的一部分，它们不被显示或绘制出来。用户可根据需要，随意打开或关闭图层。例如，编辑复杂的图形，不需要编辑的图层先关闭，只打开需要编辑的图形，这样可使图形清楚，从而大大提高效率。

2) 冻结（Freeze）与解冻（Fhaw）。如果图层被冻结，该层上的图形实体不能被显示出来或绘制出来，而且也不参加图形之间的运算。被解冻的图层则正好相反。从可见性来说，冻结的层与关闭的层是相同的，但冻结的层不参加处理过程中的运算，关闭的图层则要参加运算。所以在复杂的图形中冻结不需要的层可以大大加快系统重新生成图形时的速度。需注意的是，用户不能冻结当前层。

3) 锁定（Lock）与解锁（Unlock）。锁定并不影响图层上图形实体的显示，即处在锁定层上的图形仍然可以显示出来，但用户不能改变锁定层上的实体，不能对其进行编辑操作。用户可以在锁定层上使用查询命令和对象捕捉功能。如果锁定层是当前层，用户可以在该层上作图。

点击下拉菜单“格式”→“图层”，激活“图形特性管理器”，可查看每个图层的状态。

2. 图层的颜色

图层的颜色，实际是指该图层上对象的颜色。同一图层可以设置不同的颜色，也可以设置成相同的颜色。颜色号为从 1～255 的整数。AutoCAD 将前 7 个颜色号赋予标准颜色，即：1-红（Red），2-黄（Yellow），3-绿（Green），4-青（Cyan），5-蓝（Blue），6-洋红（Magenta），7-白（White）。如果绘图区域的背景颜色是白色，在显示 7 号颜色时，实际为黑色。

3. 图层的线型

图层的线型是指在图层上绘图时所用的线条形状，每一层都应有一个相应线型。不同的图层可以设置成不同的线型，也可以设置成相同的线型。AutoCAD 2008 为用户提供了标准的线型库，用户可以根据需要从中选择线型，也可以定义自己专用的线型。

当在某一图层上绘制实体时，该实体可采用图层应具有的线型，用户也可以为每一个实体单独规定线型。

受线型影响的绘图实体有直线、构造线、射线、复合线、圆、圆弧、样条曲线及多段线等，如果一条线太短，不能体现出该线型所具有的点线，AutoCAD 就在两点之间画一条实线。在所有新建立的图层上，如果用户不指明线型，系统均按缺省方式将该层的线型定义为“CONTINUOUS”，即实线线型。表 7-5 列出了绘制建筑工程图中常用的实线、单点长画线及虚线的名称及图例。

表 7-5　常用线型

线型名称	图　例	线型名称	图　例
CONTINUOUS	————————	DASHED	- - - - - - - - - - -
CENTER	——— - ———		

4. 图层的线宽

AutoCAD 2008 提供的另一个新特性是可以给线宽赋值。例如，可以用粗线表示横截面的轮廓线，并用细线表示横截面中的填充图案。在工程制图中直接定义线宽绘图，使图形更加直观地表达图形中对象的信息。

在 AutoCAD 2008 中，可以给每个图层或每个对象的线宽赋值，并且可以在图形中看到实际的线宽。

命令：LWEIGHT

下拉菜单：格式→ 线宽设置

(1) 功能：给线宽赋值。

(2) 操作格式：在命令行键入 LWEIGHT 后回车，或点击下拉菜单"格式→ 线宽设置"，或在状态栏的"线宽"按钮上单击右键，并选择"设置"。

AutoCAD 拥有 23 种有效的线宽值，范围从 0.05～2.11mm，另外还有"随层"、"随块"、"缺省"和"0"线宽值。线宽值为"0"时，在模型空间中，总是按一个像素显示，并按尽可能轻的线条打印。"缺省"的线宽值是最初设置的 0.25mm，该值可以被设置为其他的有效线宽值。任何等于或小于"缺省"线宽值的线宽，在模型空间中都将显示为一个像素，但是在打印该线宽时，将按打印时赋予的宽度值打印。

7.6.2　图层的管理

在 AutoCAD 2008 中，可用对话框或工具栏管理图层。本节介绍图层的对话框模式。利用对话框新建、设置当前层，设置冻结、锁、线型、颜色和线宽。

命令：LAYER

下拉菜单：格式→图层

工具栏：图层样式管理器

(1) 功能：新建、设置当前层，解冻、解锁，设置线型、颜色和线宽。

(2) 格式：在命令行键入 LAYER 后回车，或点击下拉菜单的"格式→图层"，出现如图 7-33 所示对话框，下面介绍对话框中各项的含义及其设置。

1) 名称。此项对应列显示各图层的名称，所示对话框说明当前已有名为 0（缺省）、AXIS、DIM 和 PUB_DIM 等图层。在 PUB_DIM 图层前有"√"，表明为当前层。

2) 开。设置图层是否打开。如果小灯泡颜色是黄色，表示其对应图层是打开的，若是蓝色，则表示该层关闭。直接点击灯泡就可以开、关图层。

如果关闭当前层，会显示出对话框，它警告用户正在关闭当前层，让用户确认是否关闭。在图 7-34 中，图层"TK"显示蓝色灯泡，表示已经关闭该层。

另外，单击"开"按钮，还会调整各图层的排列顺序，使当前关闭的图层放在最前面或最后面。

3) 冻结。设置图层是否冻结。如果某层对应图标是太阳，表示该层是非冻结；如果是

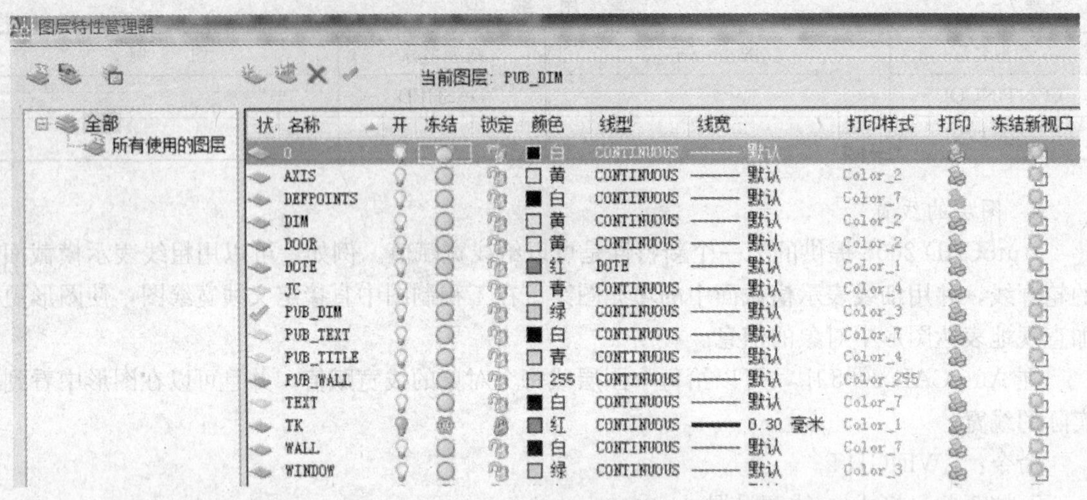

图 7-33　图形特性管理器

雪花状，表示冻结。直接点击太阳或雪花图标可冻结或解冻某层。在图 7-33 中，图层“TK”显示雪花，表示已经冻结了该层。

用户不能将当前层冻结，也不能将冻结层设为当前层。如果要将当前层冻结，会显示出对话框，系统会提示“不能冻结当前图层”。如果要将冻结的图层设为当前层，系统同样也会提示“不能将冻结的图层设为当前层”。

4）锁定。设置图层是否锁定。如果某层对应图标是打开的锁，表示该层为非锁定，如是关闭的锁，则表示该层是锁定的。点击该层的锁，可打开或关闭锁。在图 7-33 中，图层“TK”显示关闭的锁，表示已经锁定该层。

5）颜色。设置各图层的颜色。如果要改变某一层的颜色，单击对应图标，则会弹出“选择颜色”对话框，用户可从中选取。在图 7-33 中，图层“TK”显示红色。

6）线型。设置各图层的线型。如果要改变某一层的线型，单击对应线型名，则会弹出“线型选择”对话框，用户可在表中选择一个线型作为当前层的线型。如果表中没有需要的线型，可点击“加载”按钮来加载线型。在图 7-33 中，图层“TK”显示的线型为“CONTINUOUS”实线。

说明：如果线型比例与用户所需线型不符合，可用系统变量“LTSCALE”来改变其比例因子，直接在命令提示状态键入“LTSCALE”后回车，按照提示要求设置即可。

可用系统变量“CELTSCALE”控制线型比例。用该变量设置线型比例后，在此之后所绘图形的线型均为此比例。

7）线宽。设置图层的线宽。单击对应的线宽，则会弹出“线宽”对话框，利用该对话框可以对该图层的线宽进行设置，默认的线宽是 0.25mm，在图 7-33 中，图层“TK”设置的线宽是 0.30mm。

8）打印样式。设置图层的输出样式。

9）打印。设置图层是否打印输出。在对应的列表中，单击某个图层中对应的打印机图标，可控制该图层是否要进行打印。

此外，当利用图层控制对话框进行设置时，将光标放在上述任一图层名上，按鼠标右键，会弹出快捷菜单，该菜单中有“全部选择”和“全部清除”两项，前者表示对当前所操作图标对应列的各项都设置，而后者表示取消各设置。

10）置为当前。使某层变为当前层。方法是：首先选择该层，然后单击“置为当前”，再点击“应用”按钮即可实现。

11）新建图层。单击“新建图层”按钮，AutoCAD会自动建立名为“图层n”的图层（其中n为起始于1的数字），用户可以修改此名字。

12）删除。选择该层，然后单击“删除图层”按钮。

注：要删除的图层必须是空图层，即此图层上没有图形对象，否则AutoCAD会拒绝删除，并给出对话框。

（3）说明：

1）选中某层，点击鼠标右键弹出快捷菜单，也可对该层进行操作。

2）在“格式”栏中，有对图层、颜色、线型、线宽的详细设置，这里不再叙述。

7.6.3 特性匹配

命令：MATCHPROP

下拉菜单：修改→特性匹配

工具栏：特性匹配

（1）功能：将某些对象（这些对象称为目的对象）的特性（颜色、图层、线型、线型比例等）改变成另外一些对象（这些对象称为源对象）的特性。

（2）操作格式：在命令行键入“MATCHPROP”，或点取工具栏图标“特性匹配”，提示：

命令：MATCHPROP↵

选择源对象：

在此提示下选择源对象，提示：

当前活动设置：颜色（C）图层（L）线型（I）线型比例（Y）线宽（W）厚度（T）打印样式（S）标注（D）文字（X）填充图案（H）多段线（P）视口（V）表格（B）材质（M）阴影显示（O）多重引线（U）。

此行说明目前的有效匹配有：颜色、图层、线型、线型比例、线宽、厚度、打印样式、标注、文字、填充图案、多段线、视口、表格材质、阴影显示、多重引线。

设置（S）/（选择目标对象）：

在此提示下执行“设置”项，会弹出特性设置对话框（图7－34），利用它可设置要匹配的项。

如果在“设置（S）/（选择目标对象）：”提示下选择对象，这些对象即为目的对象，执行的结果是目的对象的特性由源对象的特性替代。

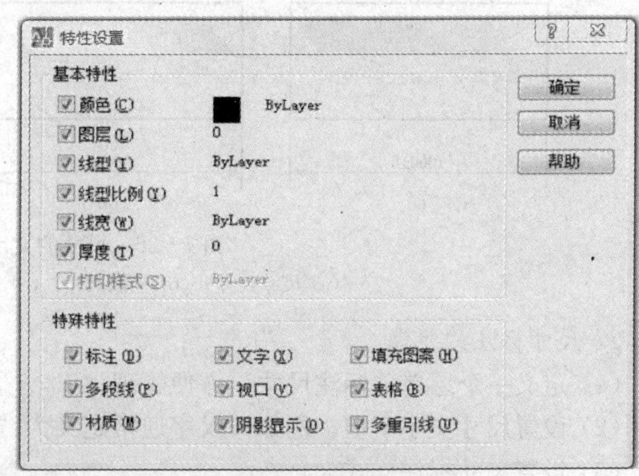

图7－34 特性设置对话框

7.7 尺寸标注

前面介绍了多种平面图形的绘制方法，但图形只能表达物体的形状，而物体的真实大小和它们之间的确切位置只能通过标注尺寸才能表达出来。因此，没有正确的尺寸标注，所绘出的图纸也就没有什么意义。本节重点介绍 AutoCAD 2008 中文版的尺寸标注功能。

在 AutoCAD 2008 中，用户可以通过“标注”下拉菜单、“标注”工具栏、屏幕菜单实现尺寸的标注，也可以直接在命令窗口输入命令来标注尺寸。

7.7.1 尺寸简介

1. 尺寸的组成

一个完整的尺寸由尺寸线、尺寸界线、尺寸起止符、尺寸文字（又称尺寸数字）四部分组成，如图 7-35 所示。通常 AutoCAD 将构成一个尺寸的四部分以块的形式放在图形文件内，因此可以认为一个尺寸是一个对象。下面介绍组成尺寸的四部分的特点。

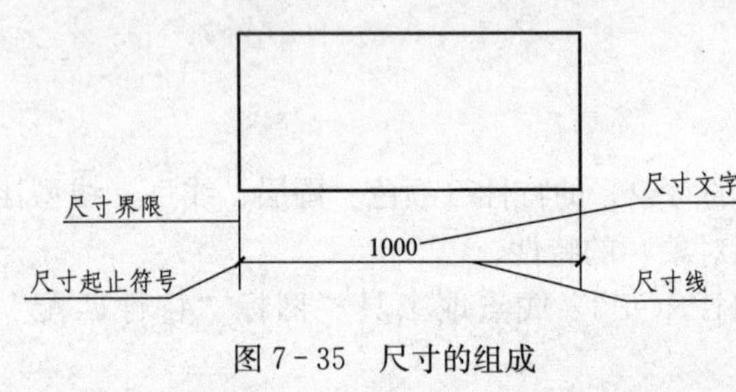

图 7-35 尺寸的组成

(1) 尺寸线。尺寸线一般是一条带有双箭头的单线段（或弧）、带单箭头的单线段（或弧），或不带箭头的线段（或弧）。

(2) 尺寸界线。为了标注清晰，通常通过尺寸界线将尺寸引至被注对象之外，有时也由物体的轮廓线或中心线代替尺寸界线。

(3) 尺寸起止符。尺寸起止符用来标注尺寸线的两端，有时用短画线、箭头或其他标记代替尺寸起止符。

(4) 尺寸文字。尺寸文字是标注尺寸大小的文字。尺寸文字中可能只含基本尺寸，也可能带有尺寸公差，又分上偏差和下偏差，如图 7-36（a）所示。也可能是以极限尺寸作为尺寸文字，包括最大极限尺寸和最小极限尺寸，如图 7-36（b）所示。

如果尺寸线内标注不下尺寸文字，AutoCAD 会自动设置标注尺寸的位置，如图 7-36（c）所示。

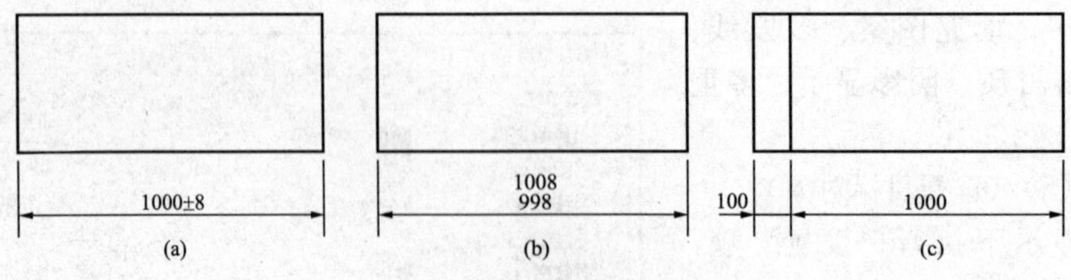

图 7-36 尺寸的文字

(a) 尺寸公差；(b) 极限尺寸；(c) 尺寸文字外偏

2. 尺寸标注的步骤

(1) 定义一个层单独标注尺寸，方便管理。

(2) 设置尺寸文字字型，例如，汉字通常定义为“仿宋”，西文选择“txt. shx”。

(3) 设置尺寸标注样式。

(4) 标注尺寸，配合辅助绘图工具精确标注（例如目标捕捉、正交等）。

（5）编辑已标注的尺寸。

7.7.2 利用对话框设置尺寸标注样式

在标注尺寸前，首先要设置尺寸的样式。在 AutoCAD 2008 中，用 DDIM 对话框来设置尺寸的标注样式。

命令：DDIM

下拉菜单：标注→样式

工具栏：标注→标注样式

在命令行键入“DDIM”回车，或在“标注”下拉菜单点取标注样式菜单，打开“标注样式管理器”对话框，如图 7-37 所示。

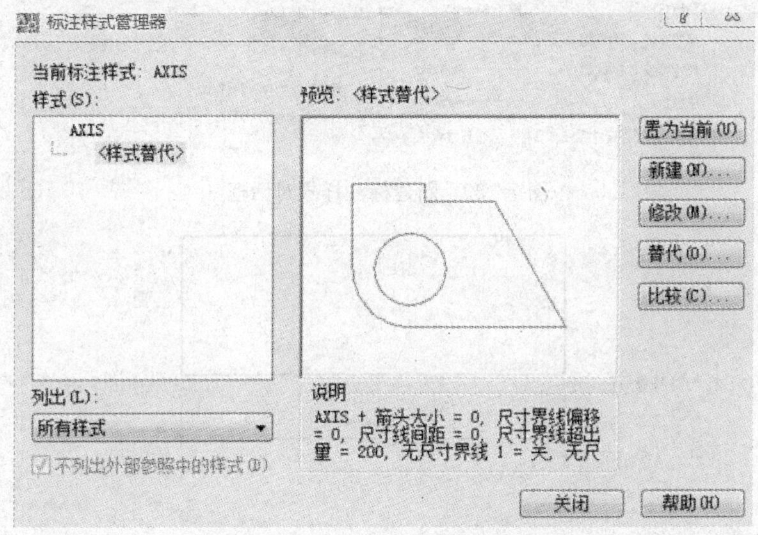

图 7-37 标注样式管理器对话框

在“标注样式管理器”对话框中，单击“新建”按钮，打开“创建新标注样式”对话框，如图 7-38 所示。在“创建新标注样式”对话框中的“新样式名（N）”文本框内输入新样式的名称“副本 AXIS”，“基础样式（S）”文本框内选择“AXIS”，“用于（U）”文本框内选择“所有标注”。

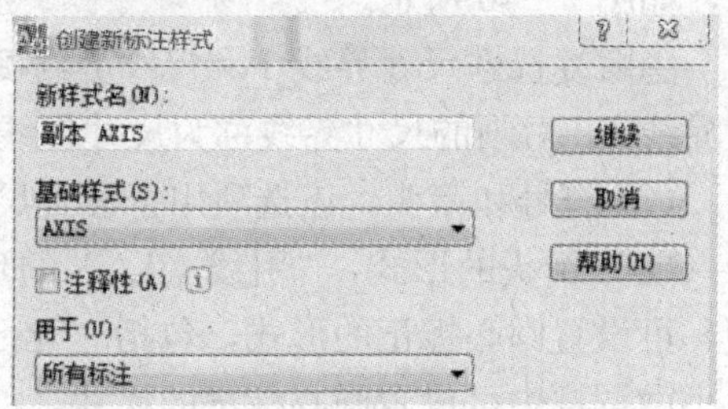

图 7-38 创建新标注样式对话框

单击“继续”按钮，打开“新建标注样式”对话框，如图 7-39 所示。下面介绍对话框中的各项功能及其设置。

（1）线。该选项用于设置标注的尺寸线和尺寸线的形状，如图 7-39 所示。其中：“颜色（C）”、“线宽（G）”、“线型（L）”用来设置尺寸的属性。

超出标记（N）：用来设置尺寸线超出尺寸界线的距离，如图 7-40 所示。

基线间距（A）：用于设置基线标注中相邻两尺寸之间的距离。

隐藏复选框尺寸线 1 和尺寸线 2：用于是否隐藏尺寸线。在标注尺寸线时有起始和终止界线，与起始界线相邻的称为尺寸线 1，与终止界线相邻的称为尺寸线 2。可预览其表示方式。

超出尺寸线（X）：用于设置尺寸界线超出尺寸线的距离，如图 7-40 所示。

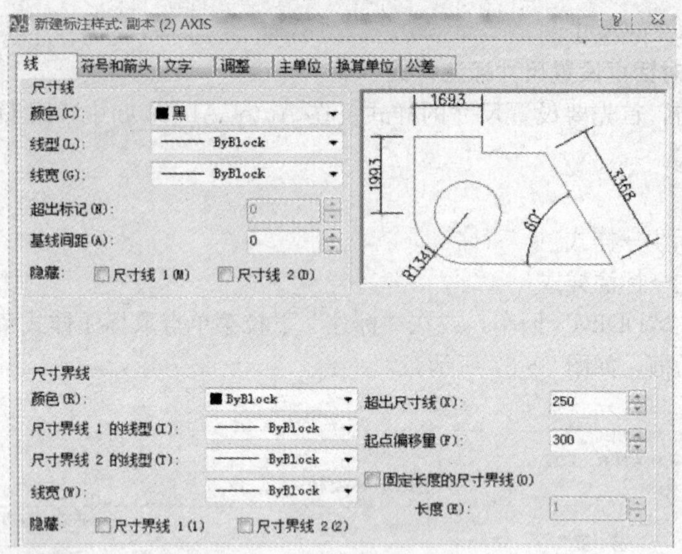

图 7-39 新建标注样式对话框

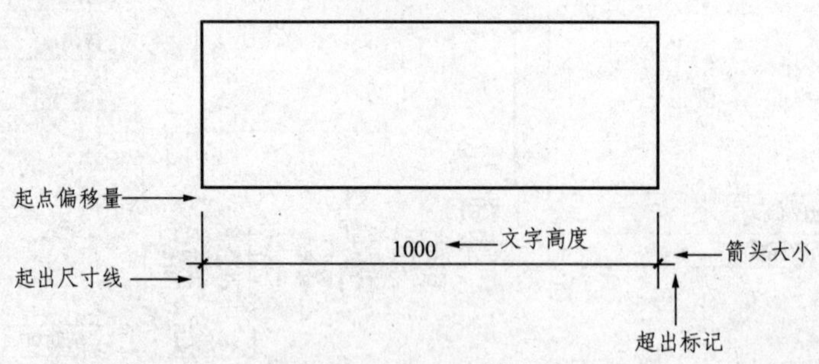

图 7-40 尺寸线的定义

起点偏移量（F）：用于确定尺寸界线的实际起始点相对于指定尺寸界线起始点的偏移量，如图 7-40 所示。

隐藏复选框尺寸界线 1 和尺寸界线 2：用于是否隐藏尺寸界线。先画的尺寸界线称为尺寸界线 1，后画的尺寸界线称为尺寸界线 2。

(2) 符号和箭头。该选项用于设置尺寸箭头的形式。其中包括“第一个（T）”和“第二个（D）”箭头的形式，“引线（L）”的形式，“箭头的大小（I）”。在“圆心标记”选项组中，可设置圆心标记的形式，包括“无（N）”、“标记（M）”和“直线（E）”。在圆心标记大小微调框中可设置圆心标记的尺寸，如图 7-41 所示。

(3) 文字（图 7-42）。该选项用于设置尺寸文字的外观、位置和对齐等特性。

分数高度比例（H）：设置分数高度的比例。

绘制文字边框（F）：点击复选框可确定是否在尺寸文字周围加上边框。

从尺寸线偏移（O）：可确定尺寸文字距尺寸线的距离。

文字对齐（A）：确定尺寸文字的对齐方式。“水平”表示尺寸文字始终沿水平方向放置，“与尺寸线对齐”表示尺寸文字沿尺寸线的方向放置，“ISO 标准”表示尺寸文字的放置方向符合 ISO 标准。

(4) 调整。该选项用于调整尺寸文字和尺寸箭头的位置，如图 7-43 所示。

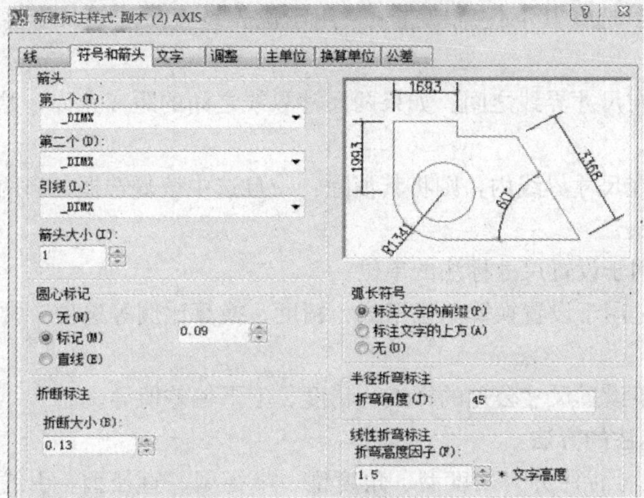

图 7-41 符号和箭头对话框

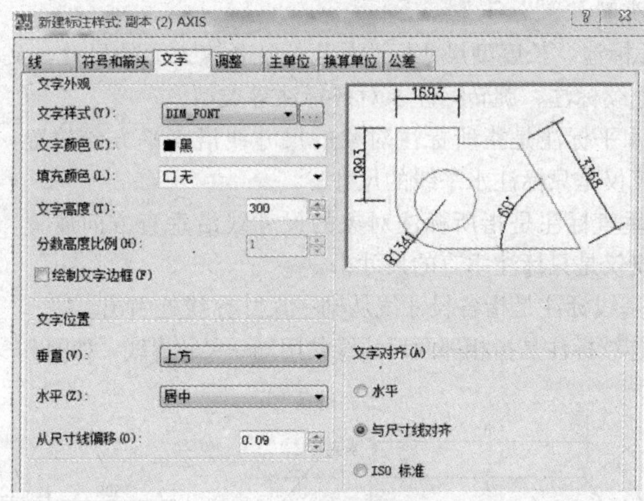

图 7-42 文字对话框

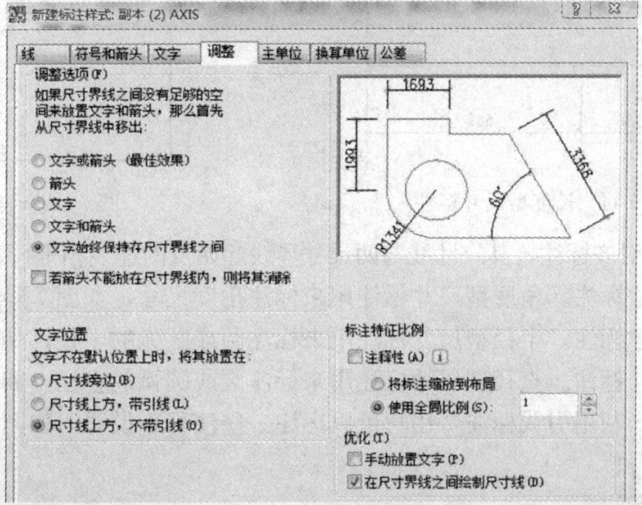

图 7-43 调整对话框

调整选项（F）：选择其下任意单选项，用于优先设置尺寸线、箭头、文字尺寸与尺寸界线的相对位置。

文字始终保持在尺寸界线之间：如果两尺寸界线之间的距离允许，始终将尺寸文字放置在两尺寸界线之间。

若箭头不能放在尺寸界线内，则将其消除：一旦选中该复选框，当两尺寸界线的距离不足时，不会显示箭头。

（5）主单位。用于设置尺寸标注的单位。

（6）换算单位。用于设置换算单位格式、精度、换算比例等选项。常用于对已设置好的单位进行更改。

（7）公差。用于设置尺寸公差的样式、精度、上下偏差值等。

7.7.3　尺寸标注的方法

AutoCAD 将尺寸标注分为长度型、角度型、半径型、直径型、引线型、坐标型等，用户可选择主菜单“标注”，对应相应的图形对象进行标注。下面介绍常用尺寸标注的类型。

1. 尺寸标注的类型

（1）长度型尺寸标注。长度型尺寸标注是指标注长度方面的尺寸，又分水平标注、垂直标注、基线标注、连续标注、旋转标注、对齐标注等类型。

1）水平标注。水平标注是指所标注对象的尺寸线沿水平方向放置，如图 7－44 所示。注意，水平标注不仅仅是只标注水平线的尺寸。

2）垂直标注。垂直标注是指所标注对象的尺寸线沿垂直方向放置，如图 7－44 所示。注意，垂直标注不仅仅是只标注垂直的尺寸。

3）基线标注。基线标注是指各尺寸线从同一尺寸界线处引出。

4）连续标注。连续标注是指相邻两尺寸线共用同一尺寸界线，如图 7－44、图 7－45 所示。

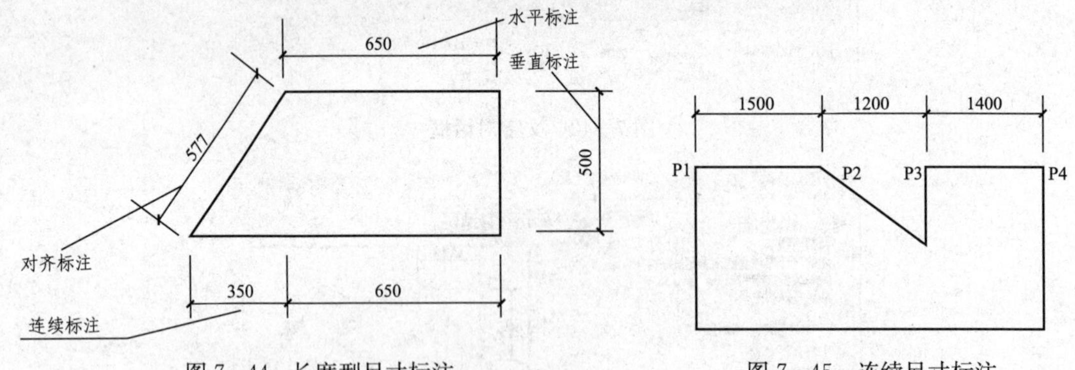

图 7－44　长度型尺寸标注　　图 7－45　连续尺寸标注

5）对齐标注。对齐标注，其尺寸线与两尺寸界线起始点的连线相平行，如图 7－44 所示。

（2）角度型尺寸标注。角度型尺寸标注用来标注角度尺寸，如图 7－46 所示。

（3）半径型尺寸标注。半径型尺寸标注用来标注圆或圆弧的半径，如图 7－47 所示。

（4）直径型尺寸标注。直径型尺寸标注用来标注圆或圆弧的直径，如图 7－48 所示。

（5）引线标注。利用引线标注，用户可以标注一些注释、说明，如图 7－49 所示。

2. 尺寸标注方法

（1）线型尺寸标注。

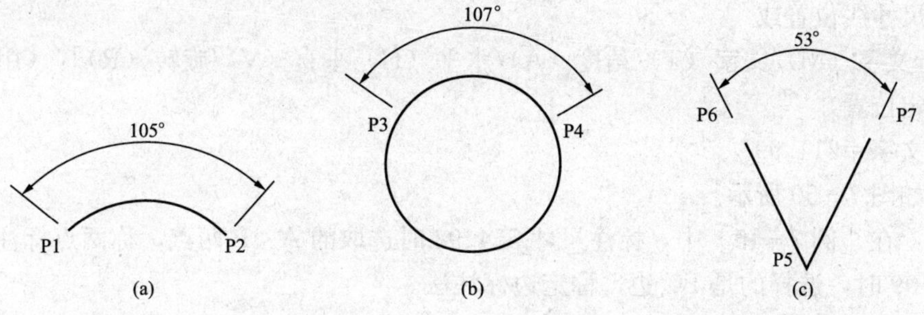

图 7-46　角度尺寸标注

(a) arc 标注；(b) circle 标注；(c) line 标注

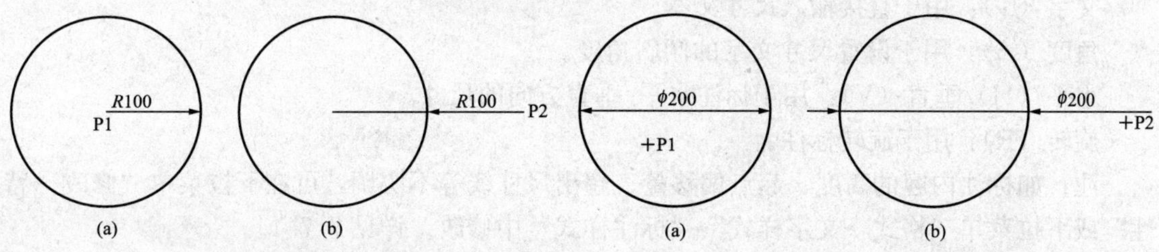

图 7-47　半径标注

(a) 圆内标注；(b) 圆外标注

图 7-48　直径标注

(a) 圆内标注；(b) 圆外标注

命令：DIMLINEAR

下拉菜单：标注→线性

工具栏：标注→线性尺寸

【例 7-15】 对图 7-50 中的矩形进行水平、垂直标注。

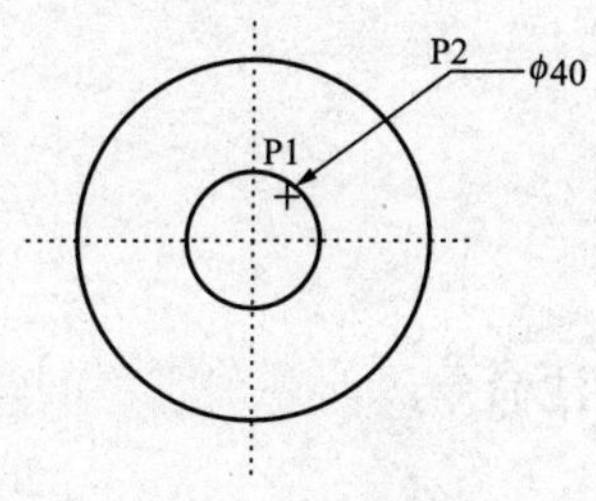

图 7-49　引线标注

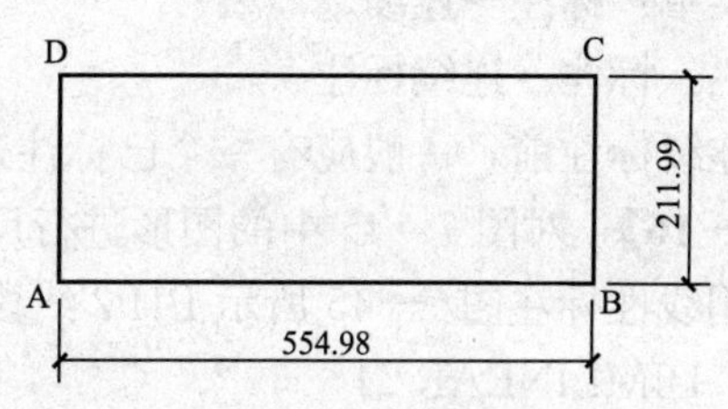

图 7-50　线型标注

命令：DIMLINEAR ↵

指定第一条尺寸界线原点或 ＜选择对象＞：(选择 A 点，开启目标捕捉和正交模式)

指定第二条尺寸界线原点：(选择 B 点)

指定尺寸线位置或

[多行文字 (M)/文字 (T)/角度 (A)/水平 (H)/垂直 (V)/旋转 (R)]：(用鼠标拖动尺寸线确定位置)

标注文字＝554.98 ↵

命令：DIMLINEAR ↵

指定第一条尺寸界线原点或 ＜选择对象＞：↵

选择标注对象：(选定 BC 边)

指定尺寸线位置或

[多行文字（M)/文字（T)/角度（A)/水平（H)/垂直（V)/旋转（R)]：(用鼠标拖动尺寸线确定位置)

标注文字=211.99

结果如图 7-50 所示。

说明：在［例 7-15］中，标注尺寸 554.98 时选取的 A、B 两点，称两点标注法。标注尺寸 211.99 时，选择的是 BC 边，称定边标注法。

DIMLINEAR 命令行中各选项的含义为：

多行文字（M)：用于输入尺寸文本，在给出的对话框中进行编辑。

文字（T)：用于直接输入尺寸文本。

角度（A)：用于设置尺寸文字的倾斜角度。

水平（H)/垂直（V)：用于标注水平/垂直方向的尺寸。

旋转（R)：用于旋转标注。

注：如标注内容的高度、起点偏移量、超出尺寸线等不协调，可在下拉菜单“修改→特性”或下拉菜单“格式→文字样式”、“标注样式”中修改。详见 7.7.4。

(2) 对齐尺寸标注。

命令：DIMALIGNED

下拉菜单：标注→对齐

工具栏：标注→对齐标注

标注方式仍然采用两点标注法和定边标注法。

(3) 连续尺寸标注。

命令：DIMCONTINUE（DIMCONT）

下拉菜单：标注→连续

工具栏：标注→连续标注

采用连续标注前，一般应有一个已标注过的尺寸。

【例 7-16】 对图 7-45 中的图形进行尺寸标注。

首先用线性标注图 7-45 所示 P1P2 线段，再连续标注命令：

命令：DIMLINEAR ↲

指定第一条尺寸界线原点或 <选择对象>：↲

选择标注对象：(选定 P1P2 段)

指定尺寸线位置或

[多行文字（M)/文字（T)/角度（A)/水平（H)/垂直（V)/旋转（R)]：(用鼠标选取尺寸线)

命令：DIMCONTINUE ↲

指定第二条尺寸界线原点或［放弃（U)/选择（S)］<选择>：(选择 P3 点)

标注文字 =1200

指定第二条尺寸界线原点或［放弃（U)/选择（S)］<选择>：(选择 P4 点)

标注文字 =1400

指定第二条尺寸界线原点或［放弃（U)/选择（S)］<选择>：↲

选择连续标注：(↵，标注结束)

执行结果如图 7－45 所示。

(4) 角度标注。

命令：DIMANGULAR

下拉菜单：标注→角度

工具栏：标注→角度标注

角度标注命令主要标注一段圆弧的中心角［图 7－46（a)］、圆上某一段弧的中心角［图 7－46（b)］、两条不平行的直线间的夹角［图 7－46（c)］，或根据已知的三点来标注角度，下面分别介绍。

【例 7－17】 对图 7－46 中的图形进行尺寸标注。

命令：DIMANGULAR↵

选择圆弧、圆、直线或＜指定顶点＞：(选择圆弧 P1P2)

指定标注弧线位置或［多行文字（M)/文字（T)/角度（A)］：(鼠标拖动尺寸线确定位置)

标注文字＝105

执行结果如图 7－46（a）所示。

命令：DIMANGULAR↵

选择圆弧、圆、直线或＜指定顶点＞：(选择 P3 点)

指定角的第二个端点：(选择 P4 点)

指定标注弧线位置或［多行文字（M)/文字（T)/角度（A)/象限点（Q)］：(鼠标拖动尺寸线确定位置)

标注文字＝107

执行结果如图 7－46（b）所示。

命令：DIMANGULAR↵

选择圆弧、圆、直线或＜指定顶点＞：(选择直线 P5P6)

选择第二条直线：(选择直线 P5P7)

指定标注弧线位置或［多行文字（M)/文字（T)/角度（A)］：(鼠标拖动尺寸线确定位置)

标注文字＝53

执行结果如图 7－46（c）所示。

(5) 半径标注。

命令：DIMRADIUS

下拉菜单：标注→半径

工具栏：标注→半径标注

【例 7－18】 对图 7－47 中的圆按半径标注。

命令：DIMRADIUS↵

选择圆弧或圆：(选择圆，并拖动鼠标到 P1 点)

标注文字＝100

指定尺寸线位置或［多行文字（M)/文字（T)/角度（A)］：↵

执行结果如图 7－47（a）所示。

命令：DIMRADIUS↵

选择圆弧或圆：(选择圆，并拖动鼠标到 P2 点)

标注文字＝100

指定尺寸线位置或［多行文字（M)/文字（T)/角度（A)]：↲

执行结果如图 7－47（b）所示。

(6) 直径标注。

命令：DIMDIAMETER

下拉菜单：标注→直径

工具栏：标注→直径标注

【例 7－19】 对图 7－48 中的圆按直径标注。

命令：DIMDIAMETER↲

选择圆弧或圆：(选择圆并拖动鼠标到 P1 点)

标注文字＝200

指定尺寸线位置或［多行文字（M)/文字（T)/角度（A)]：↲

执行结果如图 7－48（a）所示。

命令：DIMDIAMETER↲

选择圆弧或圆：(选择圆并拖动鼠标到 P2 点)

标注文字＝200

指定尺寸线位置或［多行文字（M)/文字（T)/角度（A)]：↲

执行结果如图 7－48（b）所示。

(7) 引线标注。

命令：QLEADER

【例 7－20】 对图 7－49 中的图形按引线标注。

命令：QLEADER↲

指定第一个引线点或［设置（S)]<设置>：(选择 P1 点)

指定下一点：@60<45（P2 点)

指定下一点：↲

指定文字宽度 <10>：↲

输入注释文字的第一行 <多行文字（M）>：%%C40

输入注释文字的下一行：↲

执行结果如图 7－49 所示。

说明：如选择参数“设置（S)”，会出现“引线设置对话框”，可以设置引线的角度、形式等。

7.7.4 编辑尺寸

AutoCAD 2008 提供了多种修改尺寸的方法，常见的是利用特性对话框来修改尺寸和使用命令 DIMEDIT 等。

1. 用特性对话框来修改尺寸

特性修改对话框可以对尺寸的特性进行修改或调整。双击尺寸对象，屏幕上会弹出尺寸特性修改对话框（图 7－51)，其中显示“基本”、“其他”、“直线和箭头”、“文字”、“调整”、“主单位”、“换算单位”、“公差”等选项。各选项的含义见 7.7.2 节“尺寸标注样式”。

在对话框内，当选择要修改的内容时，会在框内出现下拉菜单供用户选择，如图 7-51（b）所示“箭头 1”，也可以直接修改，如图 7-51（c）所示“文字高度”。

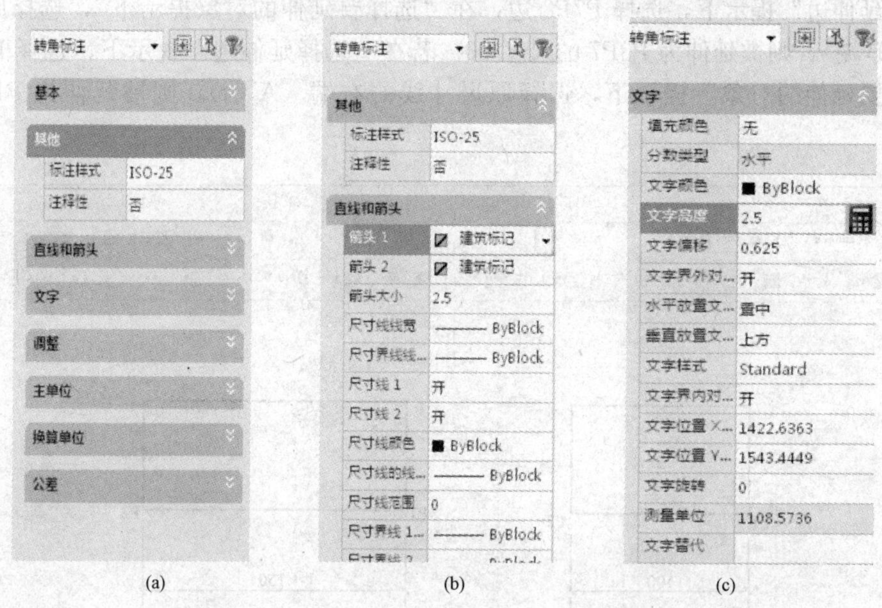

图 7-51　特性对话框

(a) 尺寸编辑窗口；(b) 尺寸和箭头编辑窗口；(c) 文字高度编辑窗口

2. 其他修改尺寸的技巧

可利用 AutoCAD 的其他编辑功能来修改尺寸，这里简单介绍以下几种方式。

(1) 用 DDEDIT 命令修改尺寸文字。DDEDIT 命令对尺寸文字内容进行直接修改。

选取尺寸，系统弹出“文字格式”对话框，如图 7-52（a）所示。在编辑栏中可以修改尺寸值以及高度、颜色、角度等。

用 DDEDIT 命令修改过的尺寸不能调整线型比例，也不会随着尺寸的几何尺寸调整而变化。若想恢复真实尺寸，可在“特性修改对话框”中，选取修改过的尺寸，删除话框中“文字”选项卡中的“文字替代”项的内容，尺寸值就可以恢复为真实尺寸。

(2) 用 STRETCH 命令（拉伸）编辑尺寸。在绘图过程中，经常会改变图形的形状，相应的图形几何尺寸也必须更改。利用 STRETCH 命令在改变图形形状的同时改变尺寸标注，使标注与图形同步。如图 7-52（b）所示，改变了四边形的长度，边 P1P2 的标注也由 100 加长到 150。

操作过程：在命令行键入“STRETCH”命令，在“选择对象”的提示下，按图 7-52（b）中虚线窗口所示的范围选择对象，选择基点，打开正交开关向右拉伸。执行结果如图 7-52（b）所示，P1P2 边由 100 增加到 150，尺寸也同步自动变为 150。

(3) 用 TRIM 命令（修剪）编辑尺寸。用 TRIM 命令修剪尺寸，可以使长尺寸标注变成短尺寸标注，如图 7-52（c）所示。若将线段 P1P2 的标注改为 P1P4 的标注，在命令行键入“TRIM”命令，“选择修剪边”提示下，选择 P3P4 边，在“选择要修剪的对象”提示下，选择原尺寸线的 B 端，则尺寸被修剪为 P1P4 的尺寸。在“选择要修剪的对象”提示下，选择原尺寸线的 A 端，则尺寸被修剪为 P4P2 的尺寸，如图 7-52（c）所示。

(4) 用 EXTEND 命令（延伸）编辑尺寸。用 EXTEND 命令延伸尺寸。如图 7－52（d）所示，若将线段 P3P5 的尺寸改为标注 P3P7 间的标注。在命令行键入“EXTEND”命令，在“选择延伸边”提示下，选择 P7P8 边，在“选择要延伸的对象提示下”，选择原尺寸线的右端（B 端），则被延伸为 P3P7 的尺寸 80。若在“选择延伸边”提示下，选择 P1P2 边，在“选择要延伸的对象”提示下，选择原尺寸线的右端（A 端），则被延伸为 P1P5 的尺寸 70。

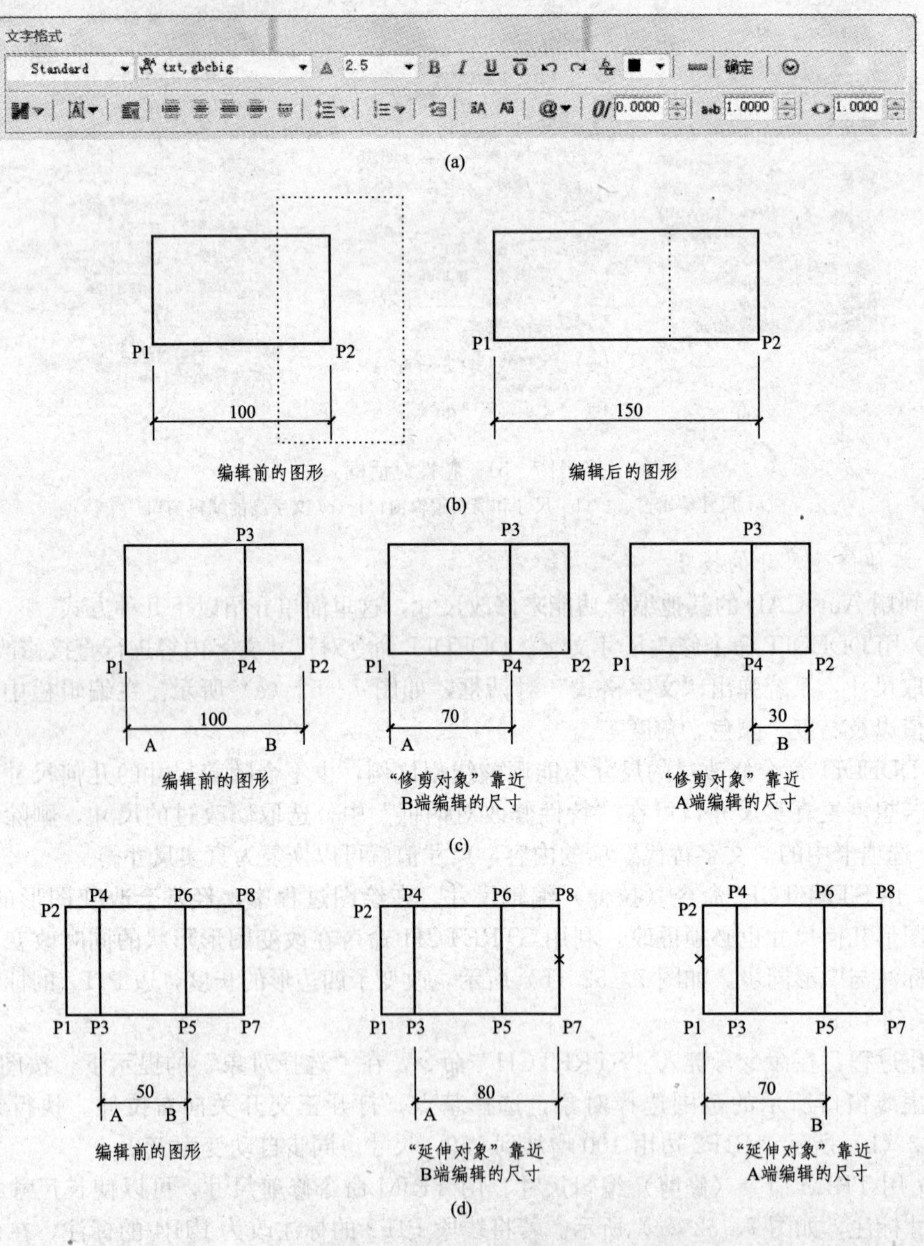

图 7－52 使用修改命令编辑尺寸

(a) 利用 DDEDIT 编辑尺寸；(b) 利用 STRETCH 编辑尺寸；

(c) 利用 TRIM 编辑尺寸；(d) 利用 EXTEND 编辑尺寸

7.8　查询命令与绘图实用命令

本节介绍 AutoCAD 的查询命令及控制其基本功能和提供必要服务的使用命令。例如，计算图形的面积，求两点间的距离及块图案的操作等。

7.8.1　查询命令

1. 求距离命令（DIST）

命 令：DIST

下拉菜单：工具→查询→距离

工具栏：查询→距离

(1) 功能：求指定的两个点之间的距离及有关的角度，以当前的绘图单位显示。

(2) 操作格式：

命令：DIST ↵

指定第一点：(鼠标点取直线段的一端) ↵

指定第二点：(鼠标点取直线段的另一端) ↵

距离＝1458.0547，XY 平面中的倾角＝19，与 XY 平面的夹角＝0

X 增量＝1376.7337，Y 增量＝480.1330，Z 增量＝0.0000

(3) 说明：

1)“平面中的倾角”是指这两点的连线与 X 轴正方向的夹角，“X 增量”是指这两点在 X 方向的坐标差，“Y 增量”是指这两点在 Y 方向的坐标差。

2) 用 DIST 命令求距离，其精度受系统单位的精度控制。

2. 求面积命令（AREA）

命令：AREA

下拉菜单：工具→查询→面积

工具栏：查询→面积

(1) 功能：求由若干个点所确定区域或由指定对象所围成区域的面积与周长，还可以进行面积的加、减运算。

(2) 操作格式：

命令：AREA ↵

指定第一个角点或［对象（O)/加（A)/减（S)］：

下面介绍各选项的功能：

1) 第一个角点。该选项为缺省项。当用户给出第一个角点后，AutoCAD 继续提示“下一点”……，结束后计算的周长面积是这些点的连线所围成封闭多边形的面积和周长。

2) 对象（O)。用于求指定对象所围成区域的面积。

注意在“选择对象”时，只能选取由圆（CIRCLE)、椭圆（ELLIPSE)、二维多段线(PLINE)、矩形（RECTANG)、等边多边形（POLYGON)、样条曲线（SPLINE)、面域(REGION）等命令绘出的对象，即只能求上述对象所围成的面积，否则 AutoCAD 提示：所选对象没有面积。对于宽多段线，面积按宽多段线的中心线计算。对于非封闭的多段线或样条曲线，执行该命令后，AutoCAD 先假设用一条直线将其首尾相连，然后再求所围成封闭区域的面积，但所计算出的长度是该多段线或样条曲线的实际长度。

3）加（A）。进入加法模式，即将新选取对象的面积加入到总面积中去。

命令：AREA↵

指定第一个角点或[对象（O）/加（A）/减（S）]：A↵

指定第一个角点或[对象（O）/减（S）]：O↵

（“加”模式）选择对象：（鼠标点取对象 1）

面积＝260056.2362，长度＝2234.9499

总面积＝260056.2362

（“加”模式）选择对象：（鼠标点取对象 2）

面积＝550104.5883，长度＝4230.1911

总面积＝810160.8244（该面积是对象 1 和对象 2 的面积和）

（“加”模式）选择对象：↵

4）减（S）。进入减法模式。将后面新选取的对象的面积从总面积中扣除。

3. 显示指定对象的数据命令 LIST

命令：LIST

下拉菜单：工具→查询→列表显示

工具栏：查询→列表显示

(1) 功能：以列表的形式显示描述所指定对象特征的有关数据。

(2) 操作格式：

命令：LIST↵

选择对象：（选取对象）↵

……

选择对象：↵

执行结果：切换到文本窗口，显示所选对象的有关数据信息。

(3) 说明：执行 LIST 命令后显示的信息取决于对象的类型，它包括对象的名称、对象在图中的位置、对象所在图层和对象的颜色等。除了对象的基本参数外，由它们导出的扩充数据也被列出。

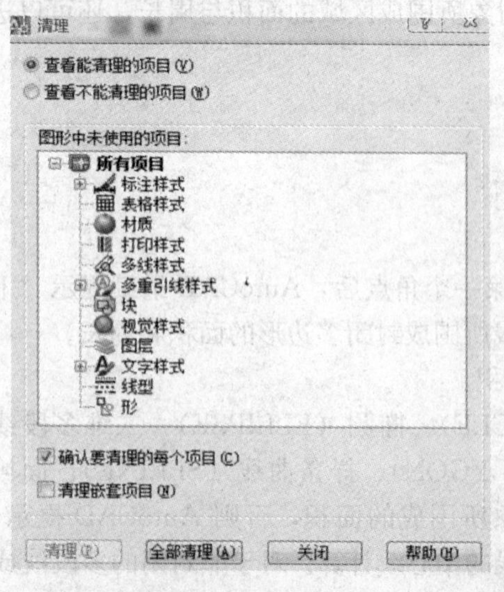

图 7－53 清理对话框

7.8.2 绘图实用命令

1. 清理命令（PURGE）

命令：PURGE

下拉菜单：文件→绘图实用程序→清理

(1) 功能：删除用户建立或调用，但已没有用的块、标注样式、表格样式、打印样式、图层、线型、形、多线样式等。

(2) 操作格式：

命令：PURGE↵

弹出如图 7－53 所示的清理对话框。下面介绍各选项的含义：

1）查看能清理的项目。切换树状图，显示当前图形中可以清理的命名对象的概要。

列表显示未用于当前图形的和可被清理的命名对象。可以通过单击三角符号或双击对象类型列出任意对象类型的项目，通过选择要清理的项目进行清理。

2）查看不能清理的项目。切换树状图，显示当前图形中不能清理的命名对象的概要。

列出不能从图形中删除的命名对象。这些对象大部分在图形中当前使用，或为不能删除的默认项目。当选择单独命名对象时，在树状图下方将显示为什么不能清理该项目的信息。

3）清理嵌套项目。从图形中删除所有未使用的命名对象，即使这些对象包含在或被参照于其他未使用的命名对象中。显示“确认清理”对话框，可以取消或确认要清理的项目。

4）确认要清理的每个项目。清理项目时显示“确认清理”对话框。

（3）说明：清理命令仅能删除用户建立或调用但已没有用的块、标注样式、表格样式、打印样式、图层、线型、形、多线样式等，正在使用或已使用的将无法删除。

2. 简化命令

AutoCAD允许用户使用简化命令来提高绘图速度和增强记忆。简化命令又称命令别名，是在命令提示下输入命令的缩写。

例如，可以输入“C”代替“CIRCLE”命令，称“C”是“CIRCLE”的别名。任何AutoCAD命令、设备驱动程序命令或外部命令都可以定义别名。AutoCAD已经为用户提供了命令别名，自定义命令别名需要编辑程序参数文件“acad. pgp”，文件的第二部分用于定义命令别名。可以通过文字编辑器（例如记事本）中编辑“acad. pgp”来更改现有别名或添加新的别名，要编辑acad. pgp文件，请依次单击工具（T）→ 自定义（C）→ 编辑程序参数（acad. pgp）（P），AutoCAD将自动调用记事本软件打开“acad. pgp”文件，用户可以根据自己的工作习惯编辑命令别名。下面列出部分命令的简化命令及文件格式。

命令别名	命令全名
A	*ARRAY
B	*BLOCK
BE	*BEDIT
C	*CIRCLE
CH	*CHANGE
CP	*COPY
D	*DTEXT
R	*REDRAW
RE	*RECTANG
RO	*ROTATE
S	*STRETCH
SC	*SCALE
T	*TRIM
Z	*ZOOM

在设置简化命令时，通常用户是右手使用鼠标，左手使用键盘。因此，简化命令应尽量设置在键盘左边以方便使用。

3. 外部程序加载

命令：APPLOAD

下拉菜单：工具→加载应用程序

(1) 功能：加载和卸载应用程序及指定启动时要加载的应用程序。

(2) 操作格式：

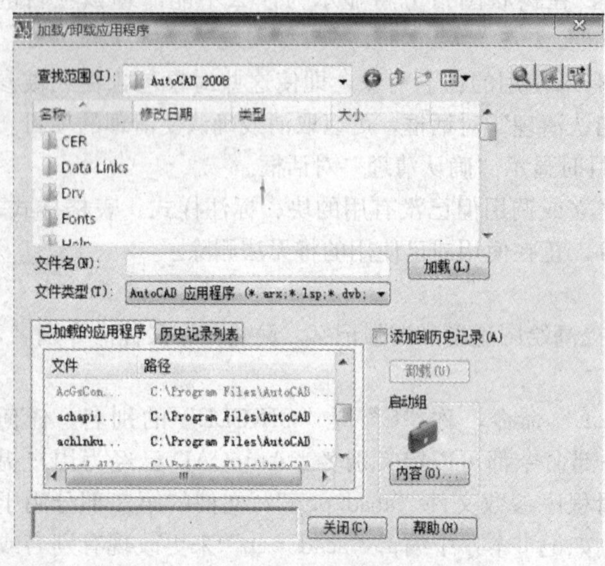

图 7-54 加载/卸载应用程序对话框

命令：APPLOAD↵

AutoCAD 弹出如图 7-54 所示加载/卸载应用程序对话框。

下面介绍对话框常用选项的含义：

1) 加载。加载文件列表或“历史记录列表”选项卡上当前选定的应用程序。只有选择了可加载的文件后，“加载”才可用。ObjectARX、VBA 和 DBX 应用程序可立即被加载，但是 LSP、VLX 和 FAS 应用程序要先排队，等到关闭“加载/卸载应用程序”对话框后再加载。

2) 已加载的应用程序。按字母顺序显示当前加载的应用程序（按文件名）列表。LISP 程序只有在“加载/卸载应用程序”对话框中加载后才会显示在这一列表中，可以将文件从文件列表或任何具有拖动功能的应用程序（例如 Microsoft Windows 资源管理器）拖动到此列表中。

3) 启动组。包含每次启动 AutoCAD 时要加载的应用程序列表。可以从文件列表或任何允许文件拖动的应用程序（例如 Windows 资源管理器）中，将应用程序可执行文件拖放到“启动组”区域，以便将其添加到启动组中。

4) 内容。显示“启动组”对话框。用户也可以通过单击“启动组”图标或在“历史记录列表”选项卡中的应用程序上单击鼠标右键，然后单击快捷菜单中的“添加到启动组”，来将文件添加到“启动组”。

7.8.3 图案填充与图块的操作

1. 图案填充

在绘图时经常需要将某种图案填充到指定区域，例如剖面线、材质等。AutoCAD 使用图案填充来完成该项任务。所谓图案填充是指在一个封闭的图形中（或区域）填充预定义的图形。AutoCAD 为用户准备的图案存放于图案文件 ACAD. PAT 和 ACADISO. PAT 中。

命令：BHATCH

下拉菜单：绘图→图案填充

(1) 功能：在一个封闭的图形中（或区域）填充图形。

(2) 操作格式：

命令行键入“BHATCH”命令，或点击下拉菜单“绘图→图案填充”，将弹出一个如

图7-55所示“图案填充和渐变色”对话框。

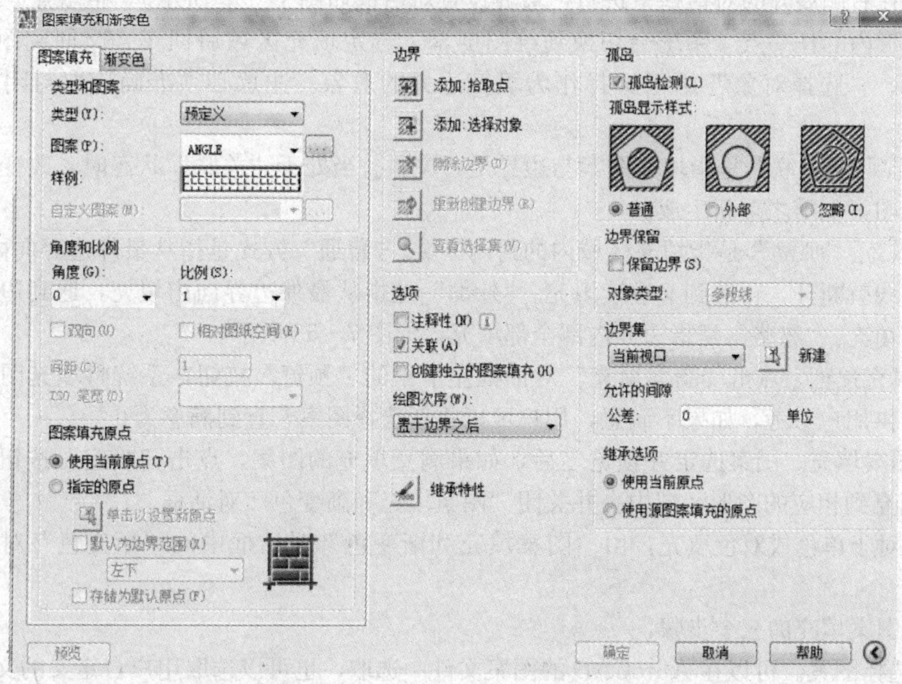

图7-55 图案填充和渐变色对话框

下面分别介绍各选项的含义：

1）类型和图案。在“图案填充和渐变色”对话框中的“图案”框中点击“▼”按钮，可选择图案名称，并将图案式样在小窗口内显示。也可以点击旁边的“…”按钮，弹出如图7-56所示“填充图案选项板”。图案选定以后，点击“确定”按钮，返回“图案填充”对话框。

2）角度和比例。“角度”用来设置填充图案的旋转角度。可在框中直接输入角度，也可以点击“▼”按钮选择旋转角度。“比例”用来设置填充图案的缩放比例，可以直接输入比例值或点击“▼”按钮选择。

3）图案填充原点。用来设置图案填充原点的位置。“使用当前原点”是指使用当前UCS的原点作为填充原点，是系统默认值。“指定的原点”是指用户可以指定原点作为图案填充原点，例如可以指定圆的“圆心”作为图案填充原点，使填充图案更美观。如果要将指定的点存储为默认原点，可点“默认为边界范围”复选框。

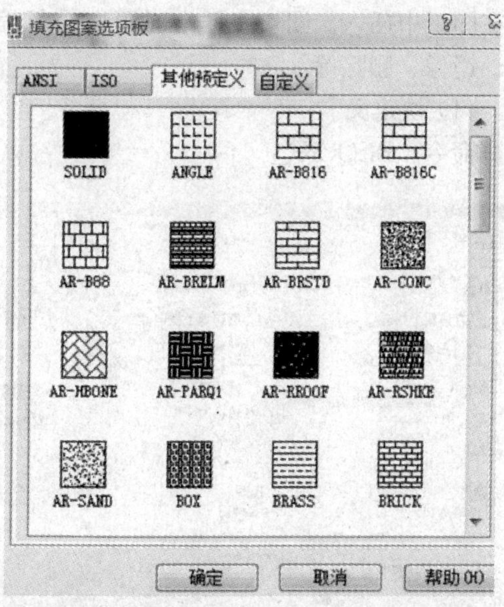

图7-56 填充图案选项板对话框

4）边界条件。边界的选择方式由“图案填充和渐变色”对话框右下角的展开按钮“⧁”来完成。在右侧展开的对话框中进行，边界设置对话框如图 7－55 所示。“拾取点”用于选择封闭图形内的任一点，系统会切换到绘图屏幕，选定填充区域后回车，又回到图 7－55 所示状态。“选择对象”用于选择作为填充边界的对象。注意必须准确拾取封闭区域的边界。

5）选项。“关联”是指填充图案与边界是否关联。当处于“关联”状态时，改变边界条件其填充图案也随之重新生成。

6）孤岛。“孤岛”是指填充区域内的封闭区域。“普通”方式是指从最外边界向内填充，遇到边界线就断开，再遇到又继续填充。“外部”是指从最外边界向内填充，遇到边界线就断开不再填充。“忽略”是指边界内部全部填充，如图 7－55 所示。

7）填充预览。点击“图案填充”对话框左下角的“预览”按钮，系统将填充图案进行预演示，供用户参考，如果不满意，用户可以重新选择图案，直到满意为止。

8）图案填充。图案选定并预览之后，如果满意填充的图案，点击“确定”按钮，则会将图案填充到相应的图形区域中去并关闭“图案填充和渐变色”对话框。

(3) 对于单色或双色填充，由“图案填充和渐变色”对话框中的“渐变色”对话框来完成。

(4) 图案填充的三个步骤：

1）选择图案。可以在 AutoCAD 的图案文件中选取，也可以选取用户自定义的文件。

2）确定填充区域的边界。边界必须是封闭的，可以由直线、多段线、圆、椭圆等组成。

3）选择填充区域的方法。可采用单点选择或边界选择，也可选择孤岛。

2. 图块操作

图块是将一组图形组合在一起而构成的图形。AutoCAD 将图块赋予名称保存起来，以便在图纸中插入。图块在插入时可以进行缩放、旋转等操作，也可以对图块进行复制、移动、镜像、删除等。

(1) 块定义。

命令：BLOCK

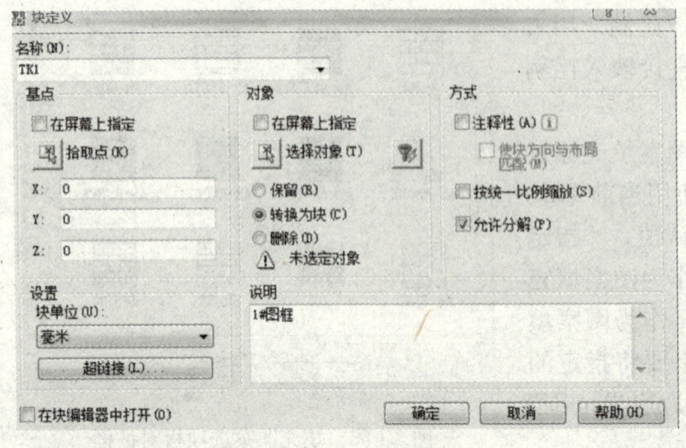

图 7－57　块定义对话框

下拉菜单：绘图→块→创建

1）功能：将图形集合创建为内部图块。

2）操作格式：在命令行键入“BLOCK”，或点击下拉菜单“绘图→块→创建”，将弹出一个图块定义对话框，利用对话框可以定义图块，对话框如图 7－57 所示。

下面分别介绍对话框中常用选项的含义：

① 名称：定义图块名称，

或重新定义图块名。

② 基点：输入定义图块的基点，可以修改对话框中基点坐标 X，Y，Z 的值；也可以“在屏幕上指定”“拾取点”。系统默认为是 0，0，0。

③ 对象：选取作为图块的对象。点击“选择对象”，用鼠标在图形中选取。“保留（R）”是指定义图块以后保留原对象；“转换为块（C）”是指将原对象转换为块；“删除（D）”是指定义图块以后，删除原对象。这三种方式只能选取一种。

④ 块单位：指图块插入的图形单位，有英寸、英尺、英里、毫米、厘米、米，千米……光年、秒差距等。一般为毫米。

⑤ 说明：定义图块的必要描述。

最后点击“确定”按钮，则定义好一个内部图块。内部图块只能在当前图中插入。

（2）块存盘。

命令：WBLOCK

1）功能：块存盘是指定义图块后，以独立图形文件（＊.DWG）方式存盘，可以插入到任意图形中。

2）操作格式：命令行键入“WBLOCK”回车后，弹出“写块”的对话框，如图 7－58 所示。

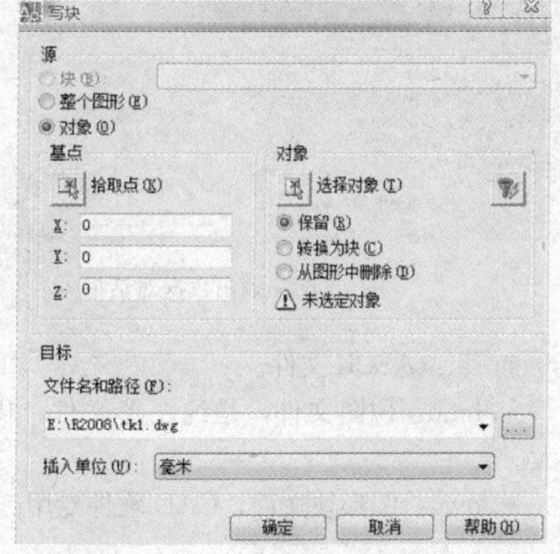

图 7－58 写块对话框

下面介绍对话框常用选项的含义：

① 源：指图块选取源对象。“块”是指将已经定义的内部图块保存为文件；“整个图形”是指将当前图形保存为文件；“对象”是指重新选取图块对象保存为文件。

② 基点：指图块的插入点。

③ 对象：指定要保存文件的对象。

④ 目标：保存图块的文件名、路径、插入单位进行定义。“插入单位”与定义内部图块一样，选取插入的单位。

以上操作完成以后，点击“确定”按钮，将指定的图块按＊.DWG 的图形文件保存。

（3）图块的插入。用“BLOCK”定义的图块只能插入到当前图形中，而用“WBLOCK”存盘的外部图块可以插入到任意图形中。

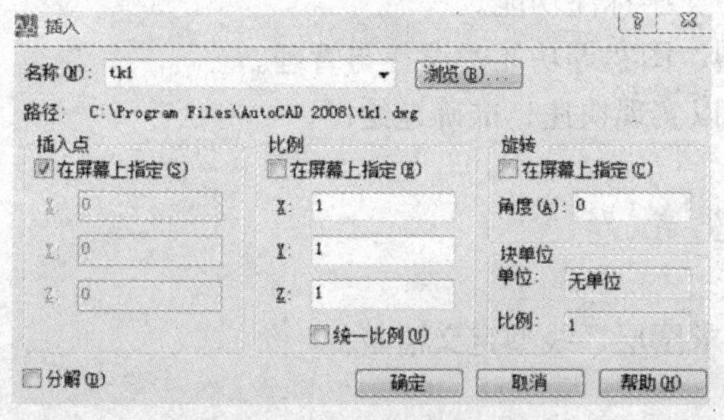

图 7－59 块插入对话框

命令：INSERT

下拉菜单：插入→块

1）功能：将图块插入当前图中。

2）操作格式：在命令行键入“INSERT”后回车，或点击下拉菜单“插入→块”将弹出图块插入对话框，如图 7－59 所示，其常用选项含义如下：

① 名称：选取插入图块的名称。对于内部图块，点击名称框内的“▼”按钮，将

下拉显示全部内部图块的名称，用鼠标点取名称即可。对外部图块，点击“浏览”按钮来选取。所有图形文件 *.DWG 都可以作为外部图块。

② 插入点、比例和旋转角：“插入点”可以修改块插入点 X、Y、Z 的坐标；也可以选择“在屏幕上指定（S)”，“比例”可以修改图块缩放的 X、Y、Z 的比例，默认值为：1，1，1；也可以“在屏幕上指定（E)”。“旋转角”用来指定块插入时旋转的角度，默认值为 0；也可以在“在屏幕上指定（C)”。以上操作完成之后，点击“确定”按钮，即可将图块插入到图形中。

7.8.4 输出图形格式文件

AutoCAD 自动存储的图形文件为 *.DWG 文件。如果在输出时需要其他图形格式，可点击“文件→输出”，弹出“输出数据”对话框，如图 7-60 所示。

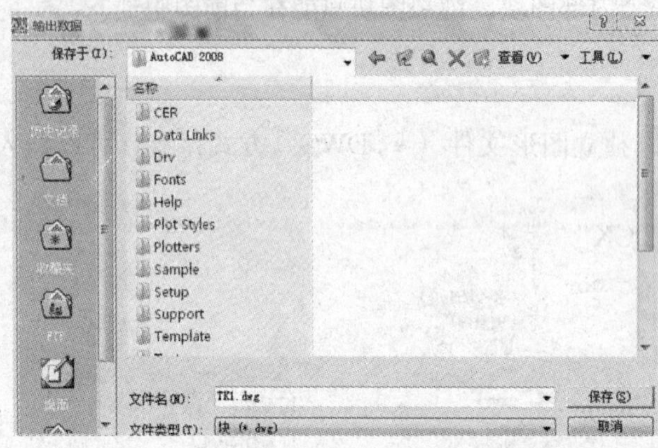

图 7-60 输出数据对话框

“文件类型”表示 AutoCAD 支持的文件输出格式，其中：

*.dwf：矢量文件格式，可在 Internet 上发布，用 IE 浏览器或者影音风暴打开。

*.wmf：图元文件，表示图形以 Windows 的图形文件格式保存，可以在 Windows 的应用程序中调用，例如 Word。但转化后图形的一些属性会丢失，例如线宽。

*.sat：ASCII 文件。

*.bmp：位图文件，是纯图形文件，供所有图形软件使用，但图形转换后字节量相当大。

*.dwg：图形块文件，CAD 软件专用。

小　结

1. 熟练掌握 AutoCAD 的文件保存方法。
2. 熟练掌握 AutoCAD 2008 的绘图、修改功能。
3. 熟练掌握 AutoCAD 2008 的尺寸标注、文字标注功能。
4. 熟练掌握 AutoCAD 2008 的图层、线型、图案等功能的设置与管理。
5. 熟练掌握 AutoCAD 的一些基本技巧，以实现快速、准确地绘图。

复习思考题

利用 AutoCAD 2008 绘制一张工程图。要求图层、线型定义清楚。

第 8 章　用 AutoCAD 绘制房屋建筑图

本　章　要　点

本章主要介绍在计算机上使用 AutoCAD 绘制建筑施工图的方法，包括绘制图纸的前期准备工作、建筑施工图的绘制方法和结构施工图的基本画法。重点应掌握计算机绘制建筑施工图的方法和技巧。

8.1　绘　图　准　备

绘制建筑图是一项需要通过长期实践操作来进行提高的技能，现以图 8 - 1 为例，介绍使用 AutoCAD 软件绘制建筑图纸的基本步骤。

点击 AutoCAD 图标，打开窗口，使用"无样板打开"新建一个文件窗口。对前期的绘图环境进行设置，并为新图赋名，这是绘图之前一项必要的工作。

8.1.1　出图比例与图形界限

在使用电脑软件绘制图纸的时候，为了操作方便，通常采用 1∶1 的比例进行绘制，出图比例则依靠根据比例绘制不同大小的图框来控制，在打印时设定正确的图幅，框选画好的图框，按照相应比例打印，即可在对应大小的图纸上获得相应正确的图样。

AutoCAD 2008 也有一个设定比例缩放的功能，下拉菜单：格式→比例缩放列表→对话框中选择自己需要的比例，一般在建筑平面图的绘制中，选用比例 1∶100。

使用 LIMITS 命令可以根据自己的需要设置图形界限，然后用 ZOOM 指令中的 ALL 选项将定义的界限全屏显示。

8.1.2　图层设置

建筑图纸中的图线非常多，不同的线型分别代表着不同的含义。因此，养成良好的图层控制习惯非常有必要。使用 LAYER 指令建立不同的图层，设定相应的线宽并分别赋以不同的颜色，以使图形更加清晰醒目，便于修改。

8.1.3　设置长度单位和角度单位

AutoCAD 中默认的图形单位与建筑图纸的标注习惯不一致，需要使用 UNITS 指令进行设定，在弹出的对话框中，长度单位选择"小数"，精度选择"0"，即不带小数，角度单位选择"十进制度数"，其精度根据作图要求选定。

8.1.4　设置线型比例

为了让图中使用虚线点画线等线型时显示合理，使用 LTSCALE 命令，提示要求输入新线型比例因子，假若图纸比例为 1∶100，则在此处输入 100，回车即可。此时设定的是全图中所有图线的比例，对于个别感觉显示不合适的图线，则用 PROPERTIES 命令逐一修改。

8.1.5　设置标注样式

图纸中的标注包括文字标注与尺寸标注，其样式均需要在前期进行设置，以保证绘图过程中标注形式的统一，STYLE 指令和 DIMSTYLE 指令可以帮助我们获得设置标注样式的对话框。

8.1.6 保存新图

AutoCAD 2008 的菜单功能非常强大，本节中所有设置均可以在下拉菜单“格式”项里找到对应的菜单操作。完成这些设置以后，从下拉菜单：文件→保存对话框的文件名位置输入图形文件名称，同时选择保存的文件夹路径，全部确定以后单击“保存”按钮，新图赋名存档完成。

8.2 AutoCAD 绘制建筑施工图

计算机绘制建筑施工图的过程与手工绘图的过程大致相同，也是先平面再立面、剖面，最后详图，先主要轮廓线后次要轮廓线，先绘制图线再标注说明等。其优势在于可以最大限度地避免重复操作，即使反复修改也只需要在原有图形上进行编辑。为了使绘图更加方便快捷，一般常将比例相同的图样放置入同一个文件，方便对比；而一些相同的图形和文字，完全可以从一个图形复制拷贝到另一个图形上，从而提高作图效率。

此外，熟练地掌握绘图、修改、捕捉（SNAP）等基本操作是计算机绘图达到应用水平的基本保证，使用时相应功能图标的点击也可以提高作图效率，键盘输入与图标点击的操作配合可以帮助使用者更快捷地完成绘图工作。

8.2.1 绘制建筑平面图

建筑平面图是设计过程中最主要的图纸，必须绘制准确无误的图纸文件，为建筑施工提供可靠依据。绘制的基本顺序是：轴线→墙线→门窗→楼梯→其他细部→尺寸→文字标注。下面以图 8－1 为例，介绍建筑平面图的常用绘制过程。

1. 图层设定

良好的图层控制习惯可以帮助操作者更方便地对图纸进行修改编辑，建筑平面图的常用图层设定见表 8－1。

表 8－1　建筑平面图常用图层设置

图层内容	图层名	颜色	线型
轴线	DOTE	1	ACAD_IS004W100
墙线	WALL	255	CONTINUOUS
门窗	WINDOW	4	CONTINUOUS
楼梯	STAIR	2	CONTINUOUS
尺寸	PUB_DIM	3	CONTINUOUS
文字	PUB_TEXT	7	CONTINUOUS
填充	HATCH	5	CONTINUOUS
图框	PUB_TITLE	4	CONTINUOUS
阳台、雨篷、散水等	OTHER	6	CONTINUOUS
配景（家具、厨卫用具等）	TOTHER	9	CONTINUOUS
粗线	THICK	7	CONTINUOUS

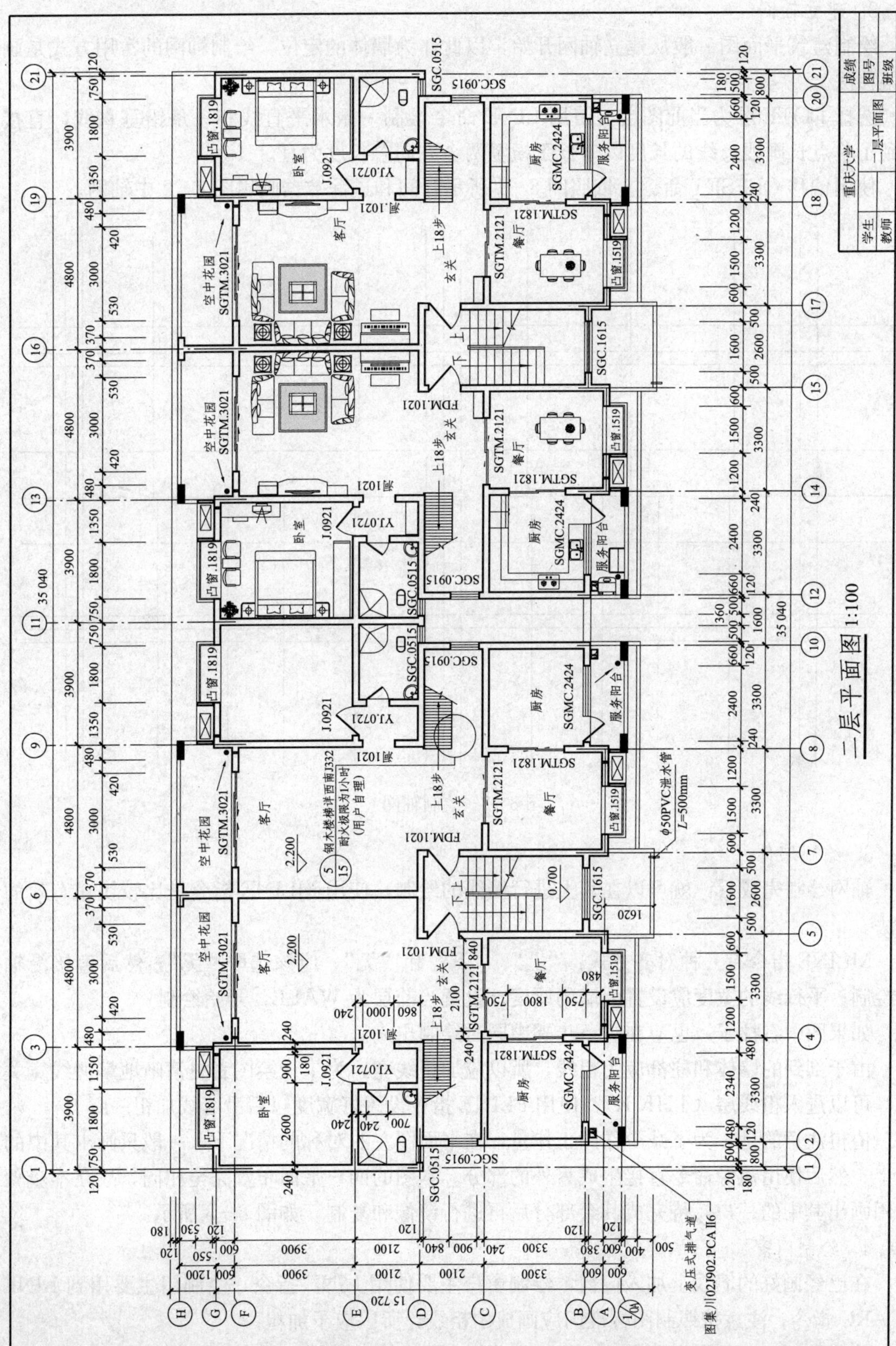

图 8－1　某住宅建筑平面图

2. 建立轴网

绘制建筑平面图一般从建立轴网开始，以此作为墙体的定位。绘制轴网的常用方式是画线偏移法。

选择 DOTE 层为当前图层，使用 LINE 命令绘制一条水平直线和一条铅垂直线，直接得到了单点长画线，线的长度以略长于横竖两个方向总长度为宜。

使用偏移 OFFSET 命令，依照图 8-1 所示开间和进深数据画出图 8-2 中轴网。

图 8-2 绘制轴网

3. 绘制墙体

轴网绘制完成后，就可以在其上进行墙线的绘制，使用 MLINE 指令是比较快速有效的方法。

MLINE 指令有三种对齐方式："上"、"下"和"无"，应该选取"无"，然后直接沿轴线绘制；平行线的宽度应设置为墙的厚度，设置当前层为 WALL，开始绘制。

如果图中有柱子，也应在这一步骤中同时绘制出来。

由于剖到的墙体和柱都应为粗线，所以应加粗线宽，为了让绘图者更清晰地掌握线宽关系，可以进入粗线层（THICK），使用 PLINE 指令设置好宽度以后沿墙线加粗一圈。

值得注意的是，为了减少作图工作量，在平面图左右对称的情况下，一般只画出其中的一半，然后使用镜像命令直接生成另外的部分。本图的四户平面布置完全相同，故在本步骤只用画出其中的一户，待完成其余部分后再进行镜像和复制，如图 8-3 所示。

4. 绘制门窗

在已经画好的墙线上加入门窗，绘制窗户主要使用 LINE 指令，绘制门主要用到 LINE 和 ARC 指令，注意按照制图标准门应画成中粗线，所以应予加粗。

建议使用 BLOCK 指令将不同的门窗分别制作成图块，插入到所需位置。

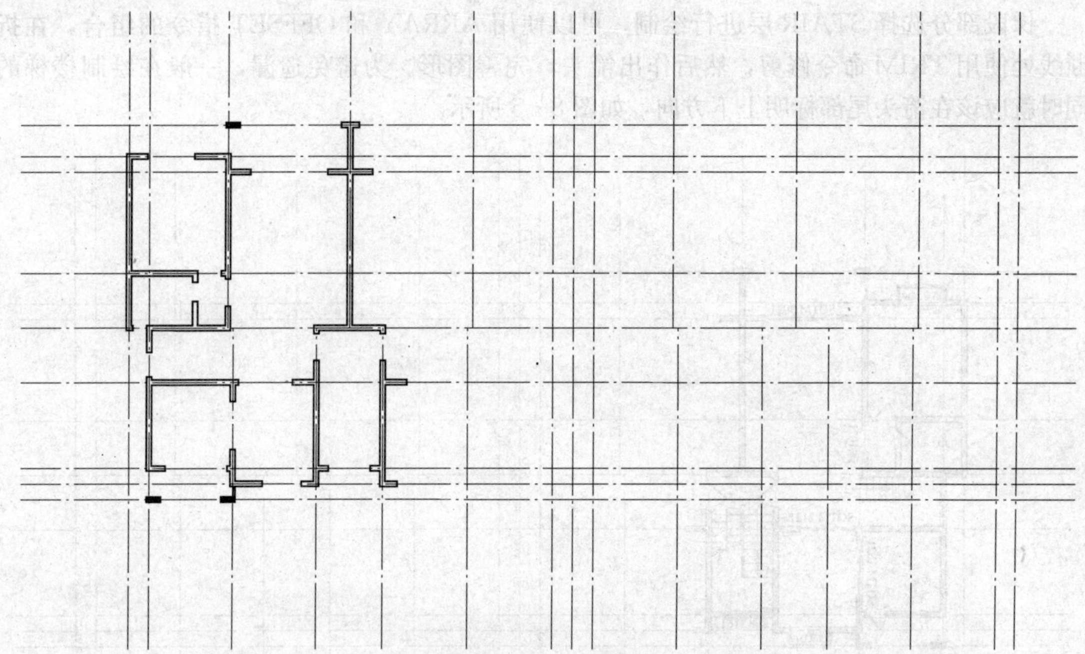

图 8-3　画内外墙体

绘制的图形如图 8-4 所示，图中部分门窗块内自带编号标注。

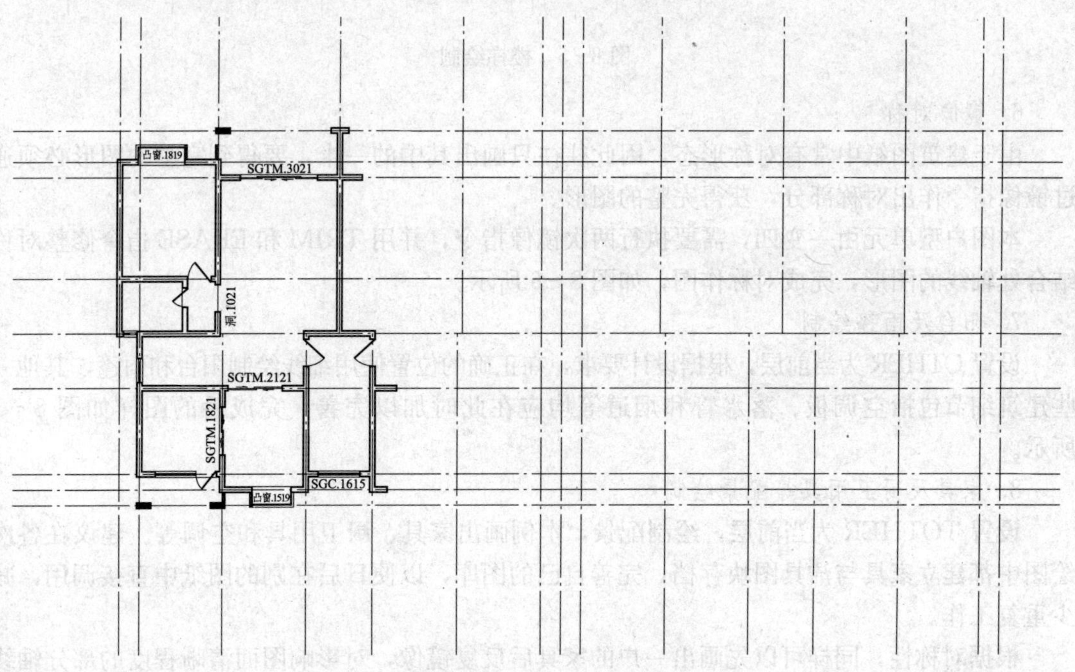

图 8-4　绘制门窗

5. 楼梯绘制

先按照画墙线的方法补出楼梯端部所缺墙段，如有需要还应开启门窗，然后开始楼梯梯段的平面绘制。

梯段部分选择 STAIR 层进行绘制，可以使用 ARRAY 和 OFFSET 指令的组合，在折断线处使用 TRIM 命令修剪，然后作出箭头，完善图形。为避免遗漏，一般在绘制楼梯的同时就应该在箭头尾部标明上下方向，如图 8－5 所示。

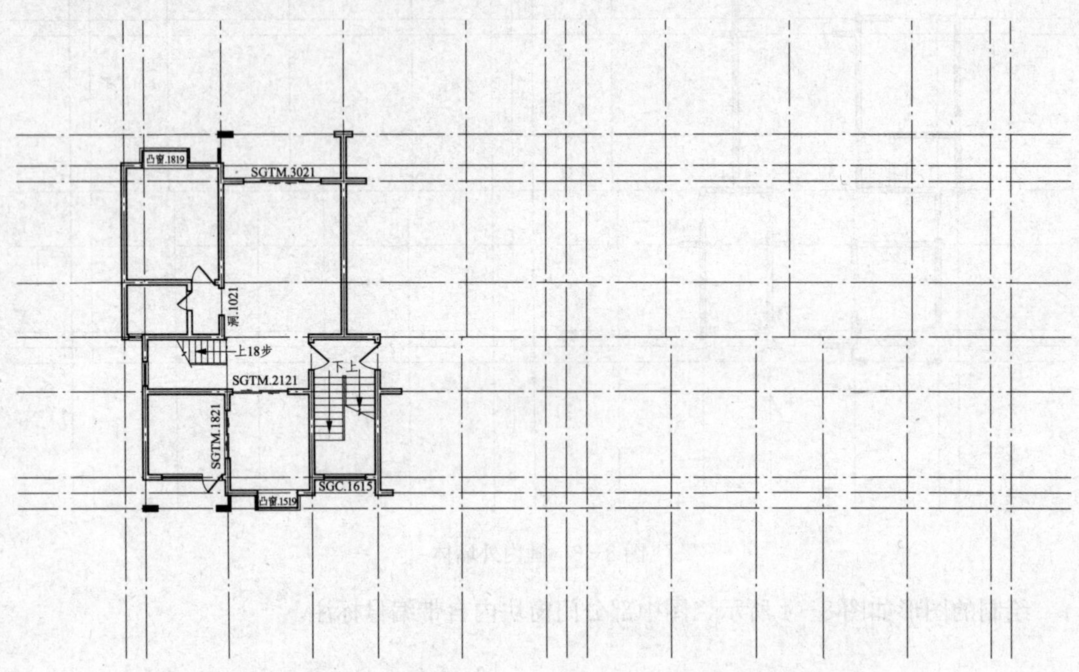

图 8－5 楼梯绘制

6. 镜像对称

由于建筑图纸中常有对称形态，因此往往只画出其中的一半，要得到完整的图形必须通过镜像指令作出对称部分，获得完整的图形。

本图户型单元由一变四，需要执行两次镜像指令，并用 TRIM 和 ERASE 指令修整对称结合处轴线的图形，完成对称作图，如图 8－6 所示。

7. 阳台及雨篷绘制

设置 OTHER 为当前层，根据设计要求，在正确的位置使用细线绘制阳台和雨篷，其他一些建筑细节包括空调板、落水管和烟道等均应在此时加以完善，完成后的图样如图 8－7 所示。

8. 家具及厨卫用具等配景绘制

设置 TOTHER 为当前层，绘制配景，本例画出家具、厨卫用具和空调等。建议在各次绘图中都建立家具与洁具图块存档，完善自己的图库，以便日后在别的图纸中直接调用，减少重复工作。

根据对称性，同样可以先画出一户的家具后反复镜像，对影响图面清晰程度的部分轴线进行修剪，完成后的图样如图 8－8 所示。

9. 尺寸及标高标注

尺寸标注分为轴线标注和墙段标注两个主要部分，应严格按照制图规范的要求绘制轴线圈，注写轴线编号，同时标注三道尺寸，并完成图纸中需要的内外直墙段的各种细部标注。

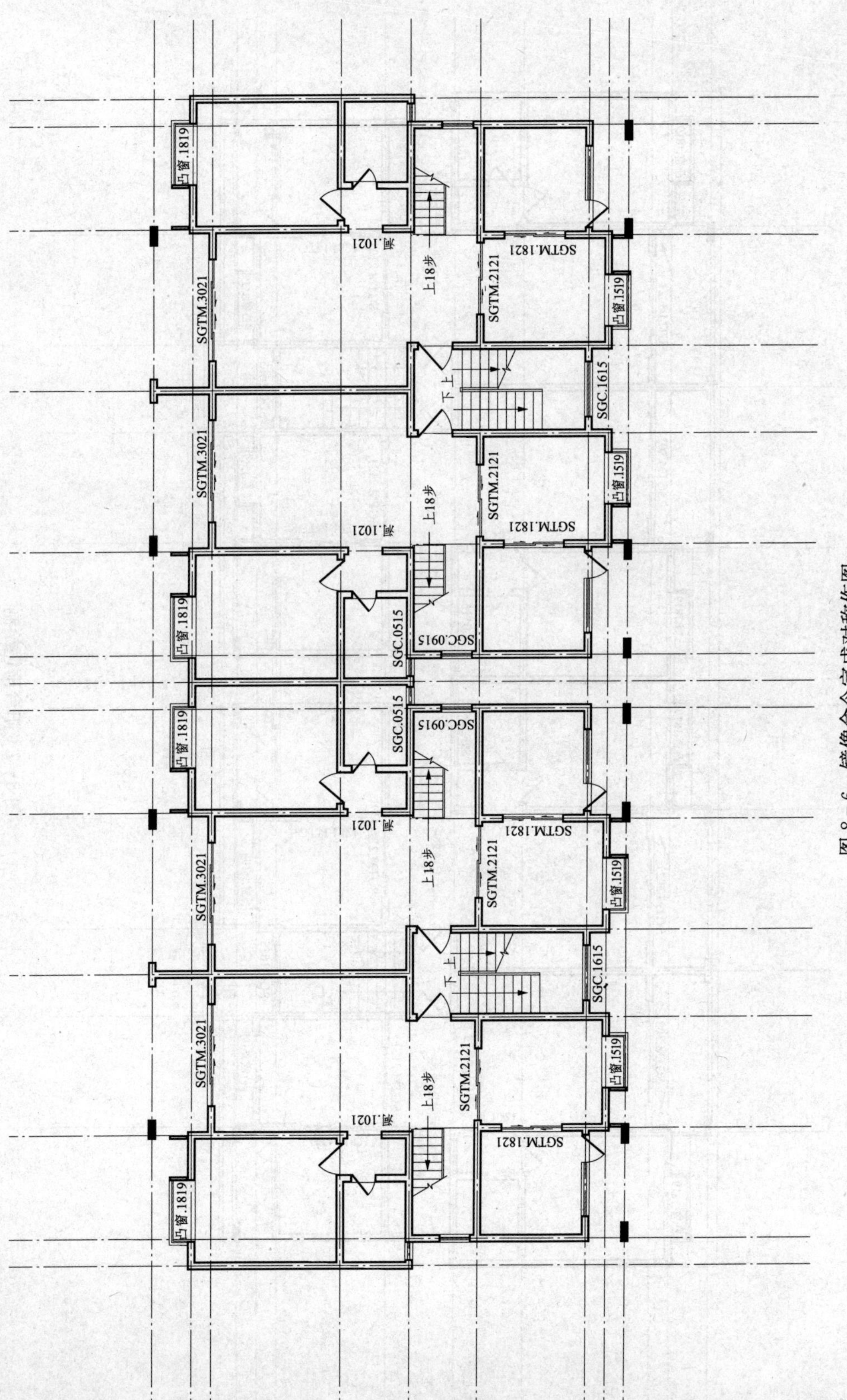

图 8-6　镜像命令完成对称作图

凸窗.1819
厕.1021
SGTM.3021
上18步
SGTM.2121
SGTM.1821
凸窗.1519
SGC.1615
下
上
SGC.0515
SGC.0915
1620

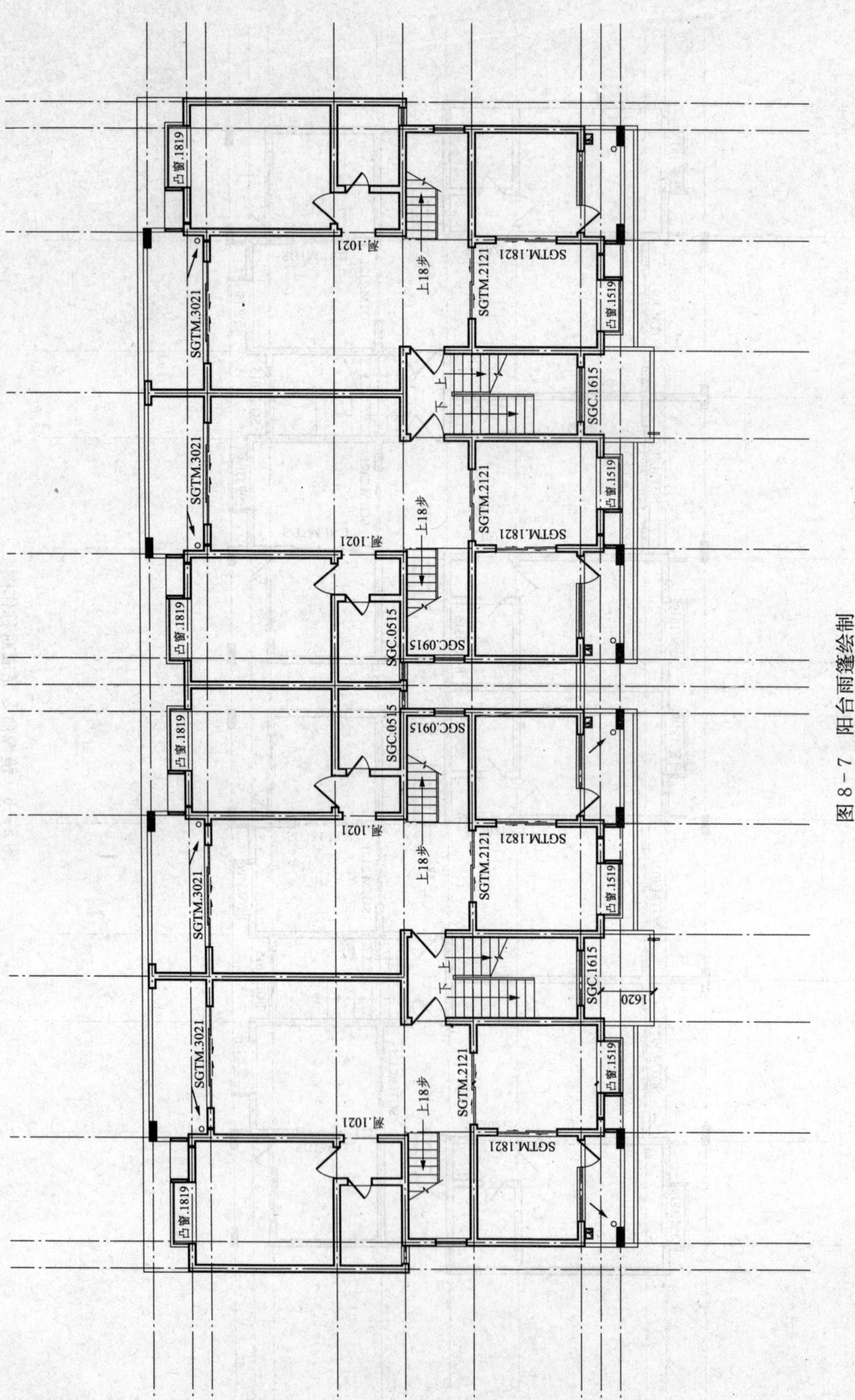

图 8-7 阳台雨篷绘制

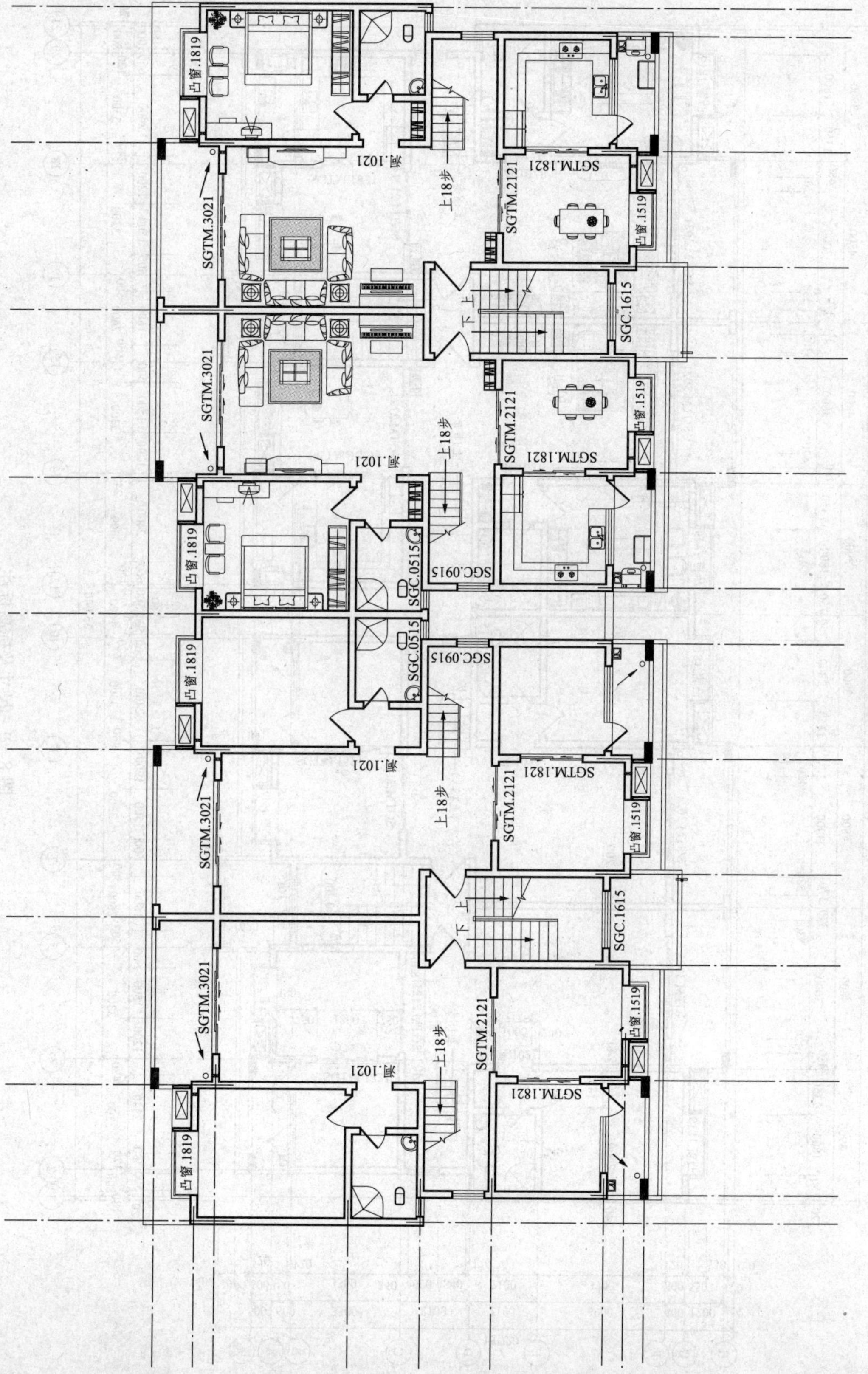

图 8－8　家具及厨卫用具绘制

SGTM.3021
SGTM.2121
SGTM.1821
SGC.1615
SGC.0915
SGC.0515
凸窗.1819
凸窗.1519
洞.1021
上18步
下
上
2.200
0.700
35 040
15 720

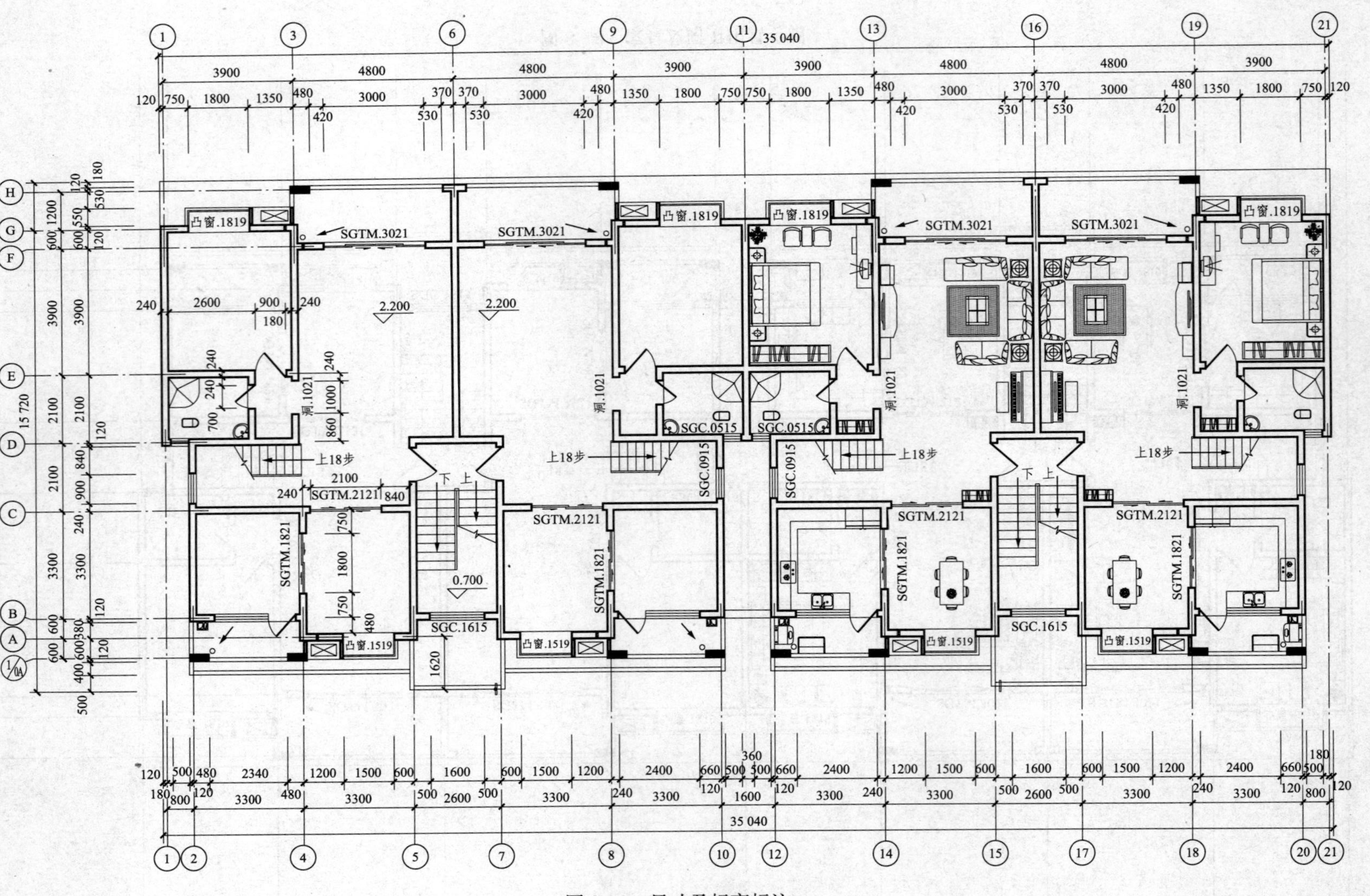

图 8-9 尺寸及标高标注

卧室
客厅
空中花园
玄关
餐厅
厨房
服务阳台
凸窗.1819
凸窗.1519
SGTM.3021
SGTM.2121
SGTM.1821
SGMC.2424
SGC.0515
SGC.0915
SGC.1615
YJ.0721
J.0921
FDM.1021
上18步
φ50PVC泄水管
L=500mm
35 040
15 720

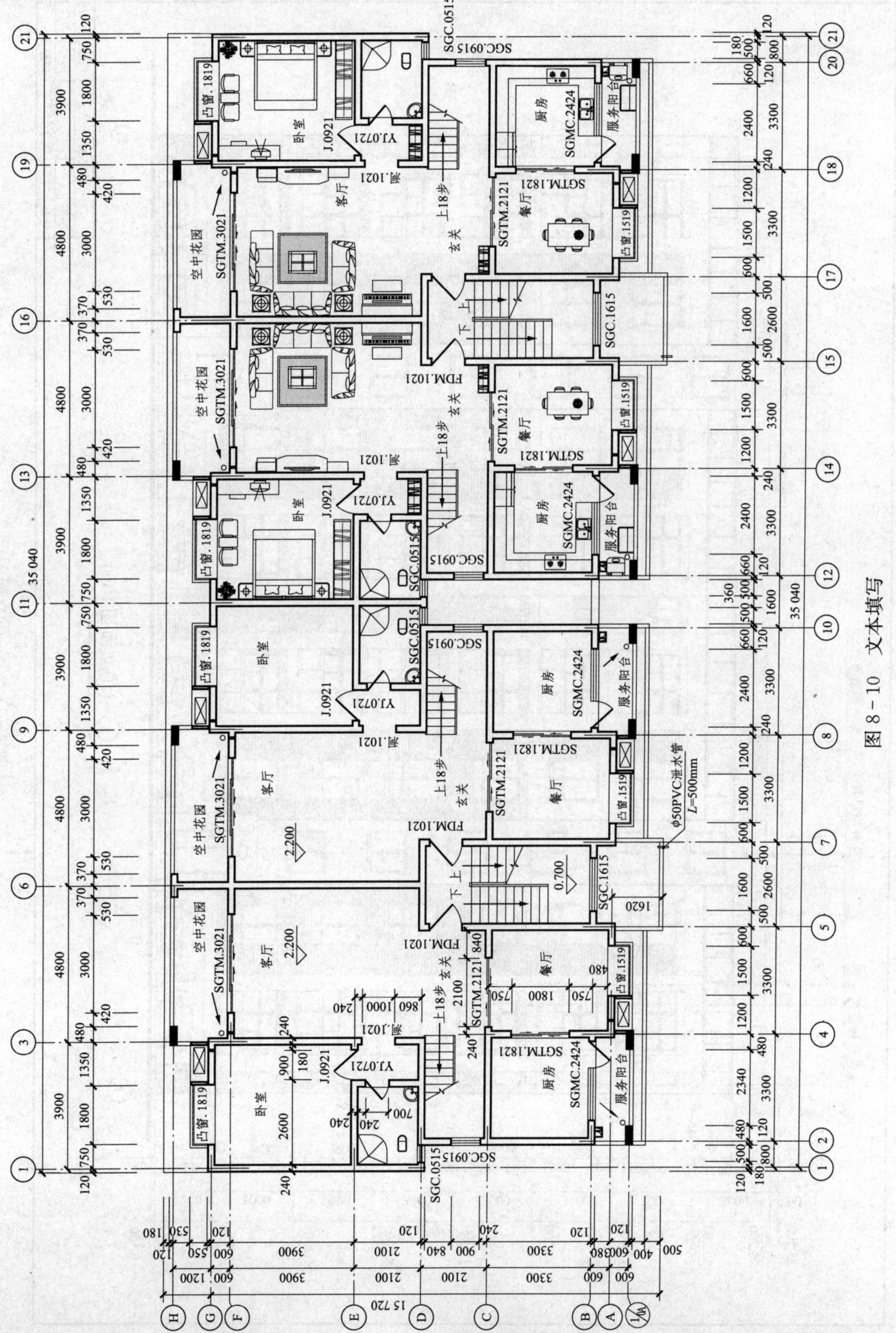

图 8－10　文本填写

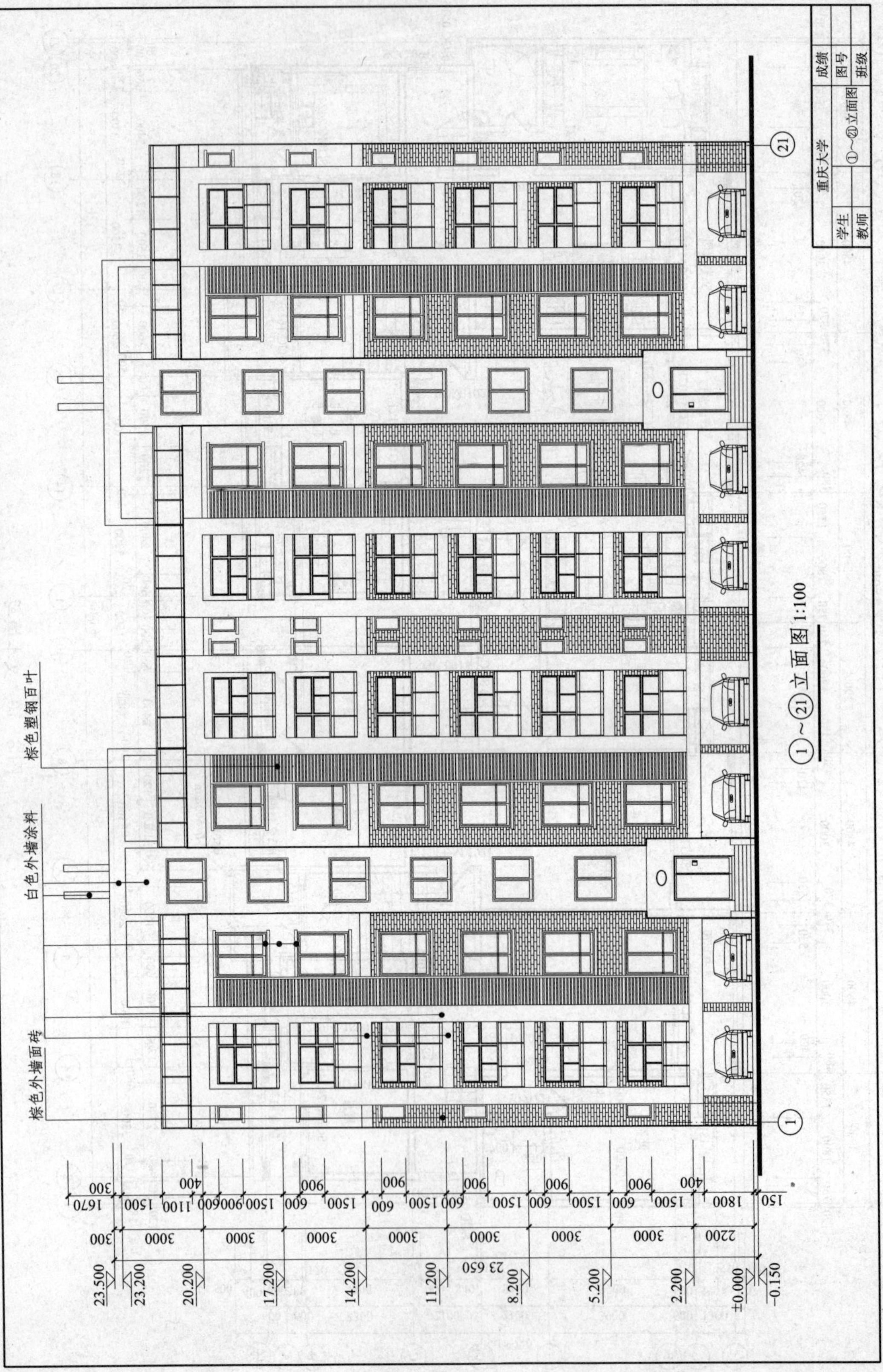
棕色外墙面砖
白色外墙涂料
棕色塑钢百叶
①~㉑立面图 1:100
重庆大学
成绩
图号
班级
学生
教师
①~㉑立面图
23.500
23.200
20.200
17.200
14.200
11.200
8.200
5.200
2.200
±0.000
-0.150
23 650

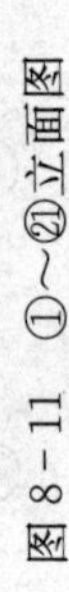

图 8-11 ①~㉑立面图

绘制标高符号，注写本层的标高。

以上操作均在 PUB_DIM 层进行，绘制的图样如图 8－9 所示。

10. 文本填写

图纸中的文本填写主要有门窗标注和房间名称等文字填写。

(1) 门窗标注：建筑施工图中的门窗必须进行编号，为了让对应状态更加清楚，可以在使用 WBLOCK 指令自行制作门窗的图块时，将门窗标注的字样直接写进该门窗块中，在插入门窗块的时候自带标注；也可以在绘制时根据需要逐一填写，后者的好处是可以随时自由移动编号位置，以避免与其他标注相互遮挡，发生冲突。

(2) 文字填写：图中汉字使用 TEXT 指令，在 PUB_TEXT 层注写（图 8－10）。

(3) 文本编辑：建筑图纸在绘制过程中经常需要对已经填写的文本进行修改，此时应该区分已有文字的属性。从属于块的文字，例如在门窗块中定义的门窗编号，必须对该图块重新定义方可修改；其他普通的文字不从属于块的就可以使用“DDEDIT”指令进行修改和编辑。如果文字位置发生偏差，可以使用 MOVE 命令将目标汉字移至所需位置。

11. 图框插入及布图调整

图纸绘制基本完成以后就必须插入图框了，由于在 AutoCAD 中的图形是按实际大小绘制的，因此出图比例实际上是由不同大小的图框插入来实现的。而前面所进行的尺寸标注等也都是根据设定的出图比例自动调整大小以满足出图后尺寸比例正常。

本例中采用比例是 1∶100，采用图幅是 A2，故应该将图框绘制为长 59 400mm，宽 42 000mm的长方形。进入 PUB_TITLE 层，使用 RECTANG 指令画出，然后使用 LINE 和 PLINE 指令绘制图标。

接下来需要完成的工作是对整张图纸的完善修整，包括使用文字标注指令填写图标各项，注写图名，根据需要添加详图索引，如果是底层平面图则需要画出剖切符号和指北针等。

所有调整完成，检查无误后即完成整张平面图的绘制（图 8－1）。

8.2.2　绘制建筑立面图

现以 8.1 节所绘建筑物的①～㉑立面图（图 8－11）为例，介绍使用 AutoCAD 绘制建筑立面图的基本步骤。

1. 图层设定

图层设定见表 8－2。

表 8－2　　　　图 层 设 定

构件名	图层名	颜色	线型
外墙轮廓	WALL	255	CONTINUOUS
门窗轮廓、立面装饰	D&W	YELLOW	CONTINUOUS
楼梯	STAIR	YELLOW	CONTINUOUS
尺寸	PUB_DIM	GREEN	CONTINUOUS
文本	PUB_TEXT	WHITE	CONTINUOUS
轴线	AXIS	RED	ACAD_IS004W100
填充	HATCH	BLUE	CONTINUOUS

2. 制作门窗及阳台图块

门窗和阳台的形式常常是建筑设计的亮点，几乎每个建筑的立面图中门窗和阳台的形式都有所不同。个性化的门窗和阳台设计，应该使用 WBLOCK 指令制作独立的图块存放入指定的目录里。

3. 画立面外形轮廓线

设置轴线图层 AXIS 为当前层，用 LINE 命令画出定位轴线和立面图的左右对称线（镜像操作之后对称线将擦除）。

设置外墙轮廓层 WALL 为当前层，根据立面方案图和已完成的平面图，用 PLINE 命令画较粗的地坪线，用 LINE 命令画出对称立面图的左半个外形轮廓线（图 8－12）。

设置轴线 AXIS 为当前层，用 LINE、OFFSET 命令画出窗块插入的基准线等（全部基准线用后将擦除）。

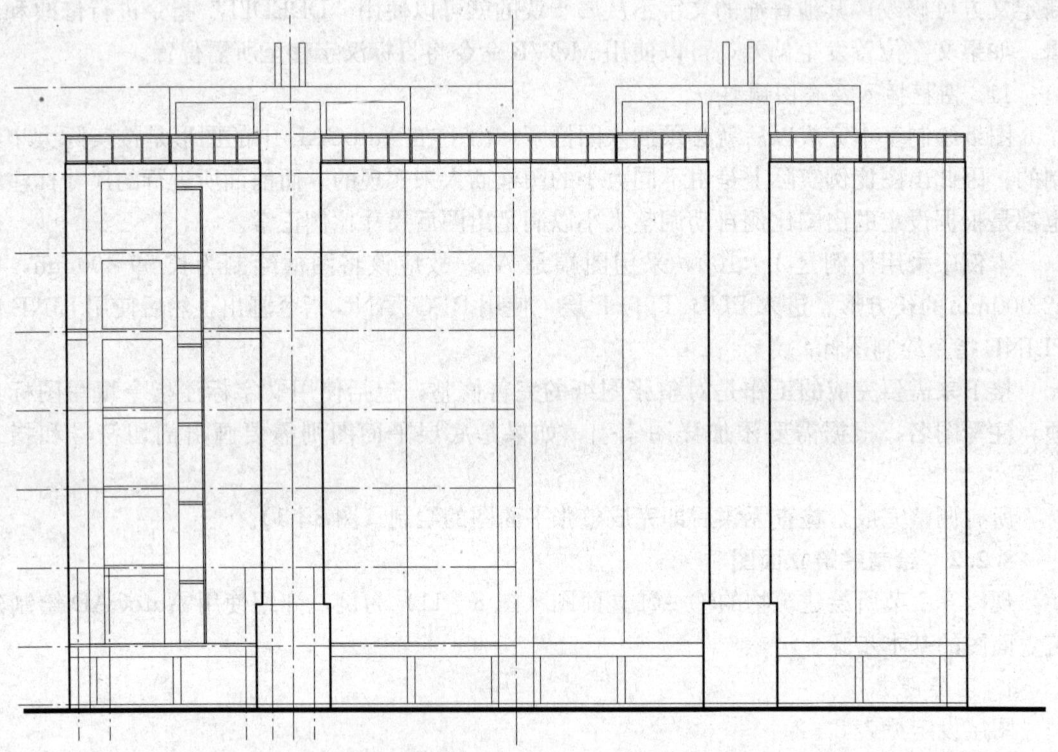

图 8－12 画立面外形轮廓线、窗块插入的基准线

4. 插入窗块、阳台，画台阶和屋顶构架等建筑细部

设置 STAIR 为当前层，使用 LINE 和 ARRAY 等命令完成台阶绘制。

设置门窗层 D&W 为当前层，根据先前作出的窗插入基准线，用 INSERT 命令依次插入已定义的窗块。补入阳台的图块，用 ERASE 命令擦除所有的基准线。接下来使用 LINE 等指令绘制出立面各种细部和其他所缺部分，必要时采用 TRIM、OFFSET 等指令编辑和修改图形（图 8－13）。

对于有多层窗户且位置、形式都完全一致的立面，可以先画出其中一层，然后使用 ARRAY 指令完成相同部分，以提高作图效率。

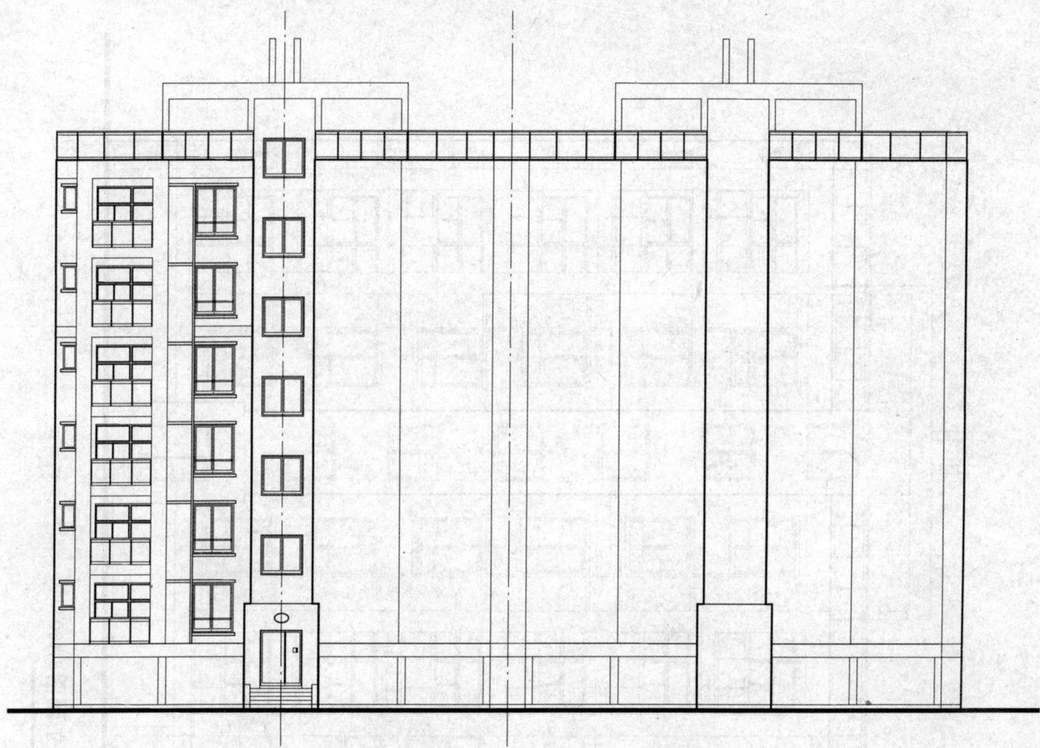

图 8 - 13　插入窗块、画建筑细部

5. 作对称图形

使用 MIRROR 指令作出镜像对称图形（图 8 - 14），使用 ERASE 指令擦除对称轴线。

图 8 - 14　作镜像对称图形

棕色外墙面砖
白色外墙涂料
棕色塑钢百叶
23.500
23.200
20.200
17.200
14.200
11.200
8.200
5.200
2.200
±0.000
-0.150
23 650
①~㉑立面图 1:100

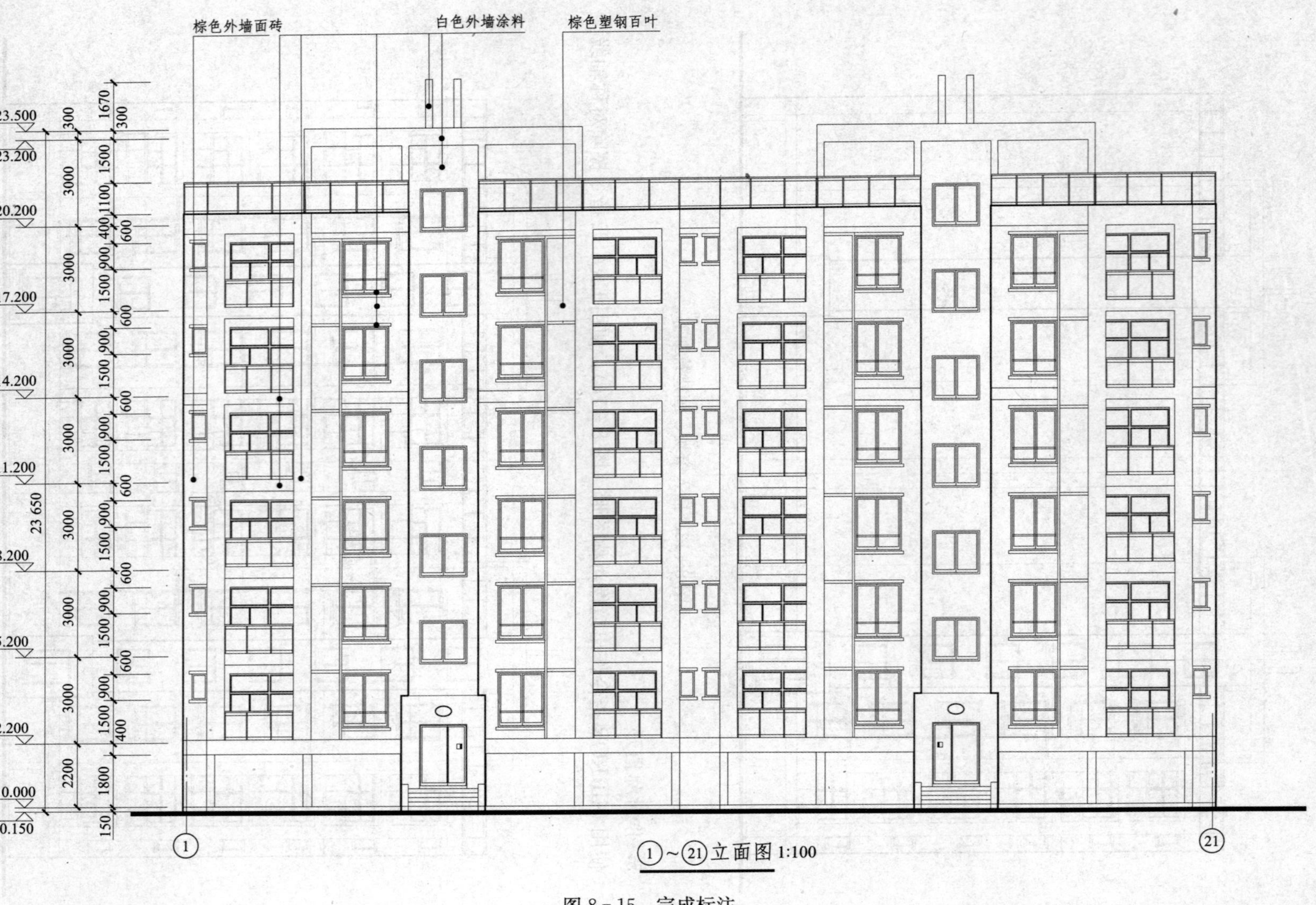

图 8-15 完成标注

6. 标注尺寸、标高、定位轴线、填写文字

此部分与平面图操作类似，使用菜单提供的按钮或者 AutoCAD 的指令都可以依次完成（图 8-15）。

7. 填充图形、完善图纸

本例中墙面砖块图案及百叶需要使用 HATCH 命令填充完成。由于图案的填充会自动亮出填充范围内的文字和尺寸等内容以使图面清晰，因此填充工作常常放在文字标高等注写完毕之后再进行。同时，为了使填充的图线在出图的时候方便使用更细的线型以体现层次，通常将图形填充单独设置一层，选用和其他各层不同的颜色。

键入 HATCH 指令后会出现对话框，在此对话框中选择填充的式样、范围、比例等。填充范围有两种选取方式：一种是选择所需要填充部分的所有轮廓线；另一种是点取，在点取的时候只需要将鼠标左键在填充的范围内单击，系统会自动选择此点最靠内的一圈围合线作为填充范围，如果线条没有闭合则会报错。

填充完成，检查全图，插入配景车辆、图框，确认无误后即完成整张立面图的绘制（图 8-11）。

8.2.3　绘制建筑剖面图及详图

建筑剖面图的作图过程与立面图类似，均以 LINE（直线）、OFFSET（偏移）、TRIM（修剪）、HATCH（填充）等命令为主进行绘图与编辑。

现以上述建筑物的墙身局部剖视图（详图）（图 8-16）为例，简要地说明建筑剖视图的计算机绘图。

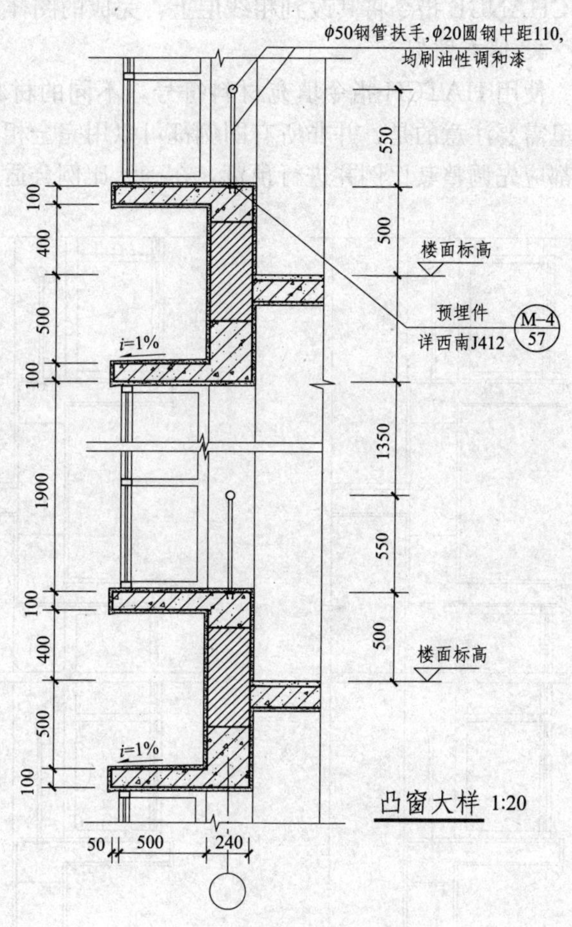

图 8-16　凸窗局部剖视图（详图）

1. 建立图层

根据剖面图的特征建立图层及其属性关系，见表 8-3。

表 8-3　　剖视图的图层及其属性关系

构件名	图层名	颜色	线型
墙身及其他剖线（粗线）	THICK	255	CONTINUOUS
可视细线	THIN	YELLOW	CONTINUOUS
材料填充	HATCH	GREEN	CONTINUOUS

2. 绘制形状

设置细线层 THIN 为当前层，使用 LINE 等基本作图指令绘制出剖面的基本形状，并完成剖断线作图（图 8－17）。

3. 加绘粗线

进入粗线层 THICK，用多段线 PLINE 命令按照剖切到的线条位置作出各构件断面图的组合，也可以直接用编辑多段线 PEDIT 命令将需要加粗的线编辑成分别的连续折线，并用 CHANGE 指令将其改到粗线层上，完成的图样如图 8－18 所示。

4. 填充图例

使用 HATCH 指令填充材料符号，不同的材料符号选择相应的不同图例来予以填充。这里需要注意的是，并非所有图例都可以用完全相同的比例进行填充，在每次选择填充的时候都应先调整其比例并进行预览，在确认比例合适之后再点击确定（图 8－19）。

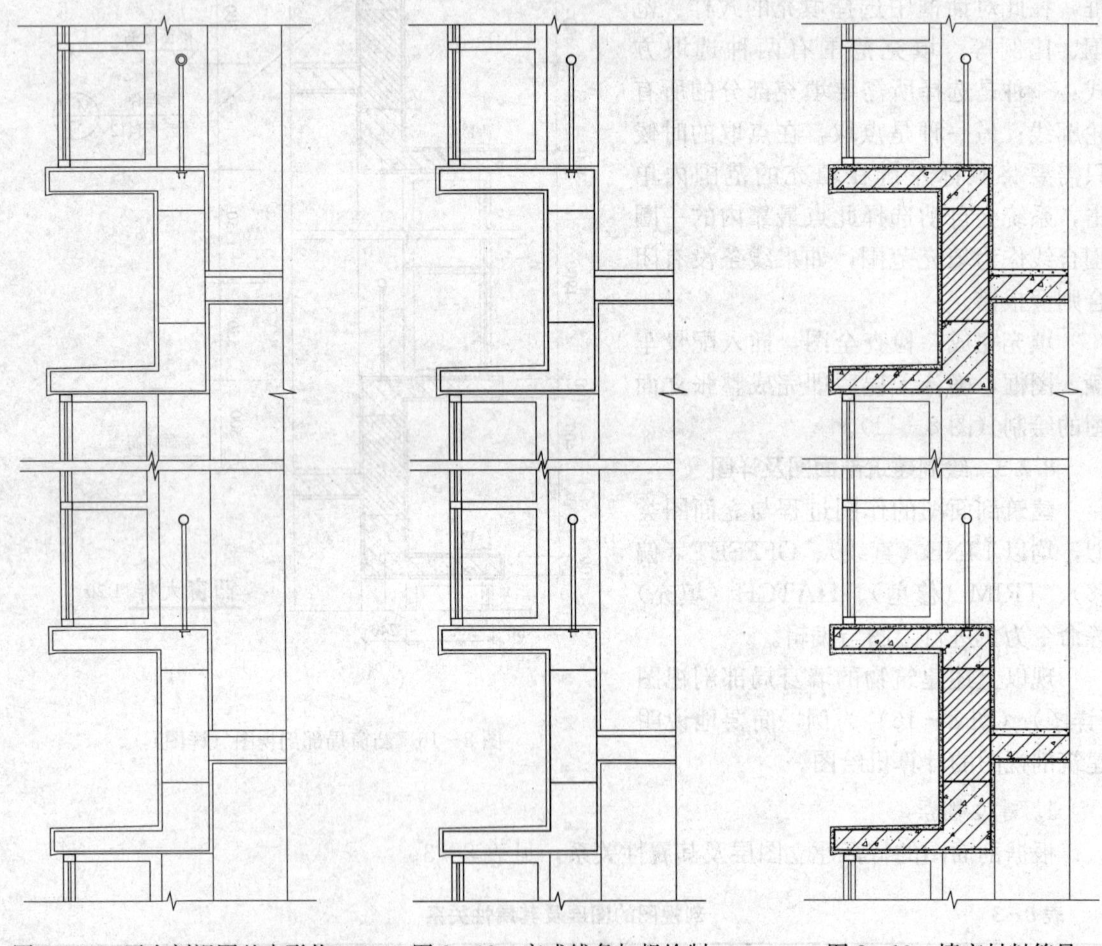

图 8－17 画出剖视图基本形状　　图 8－18 完成线条加粗绘制　　图 8－19 填充材料符号

5. 标注尺寸、标高、定位轴线、画出详图符号、填写文字，完成全图

剖面图与各类详图均需要进行相应的标注，必须严格按照国家制图规范的要求详细地分类予以标注，同时要考虑工程自己的特点，对需要详细说明的部分作引出注写。

在完成图面整理工作以后标明图名，完成作图（图 8－16）。

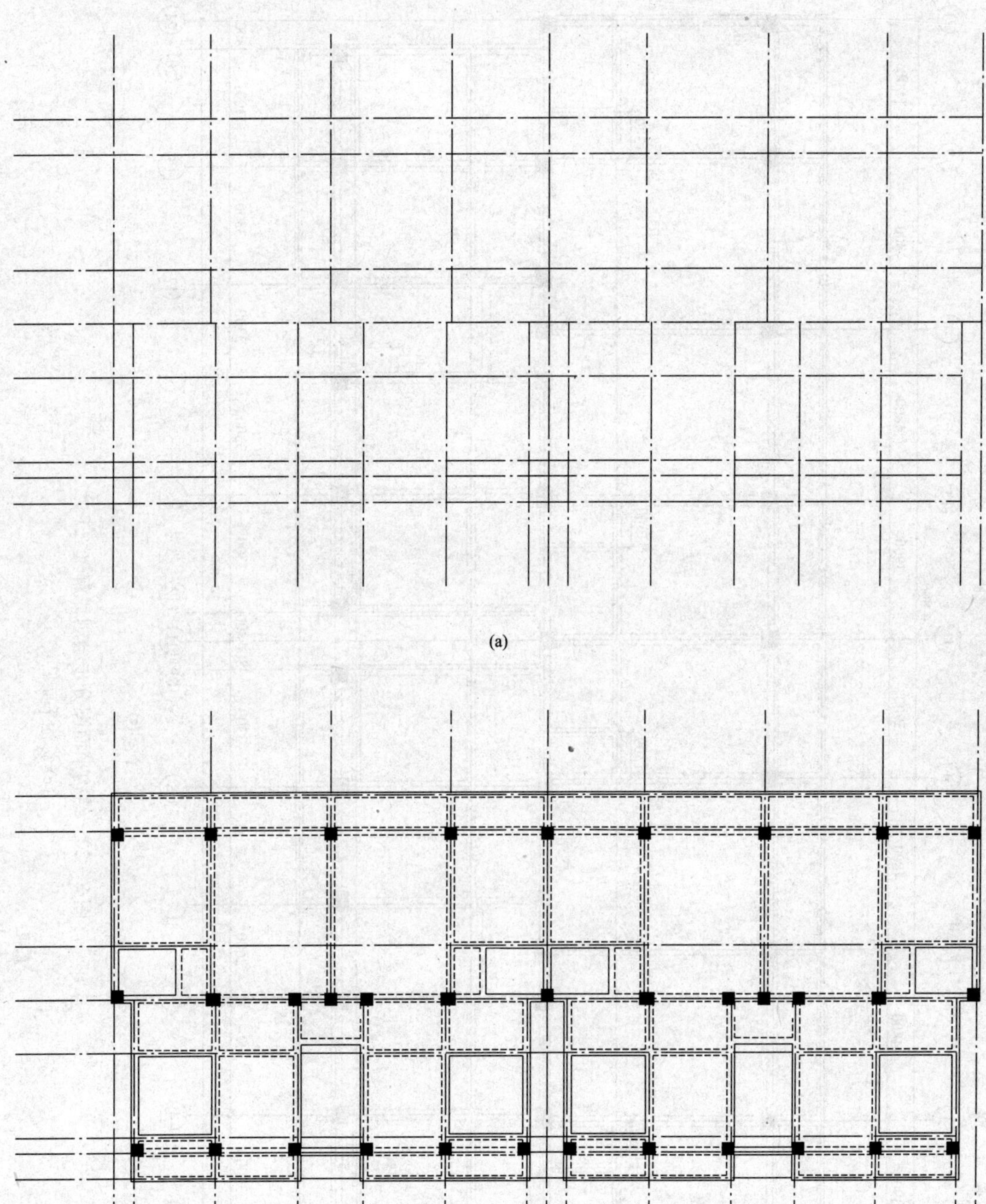

(a)

(b)

图 8－20　结构平面图分步绘制详解（一）

(a) 绘制轴网；(b) 绘制构件

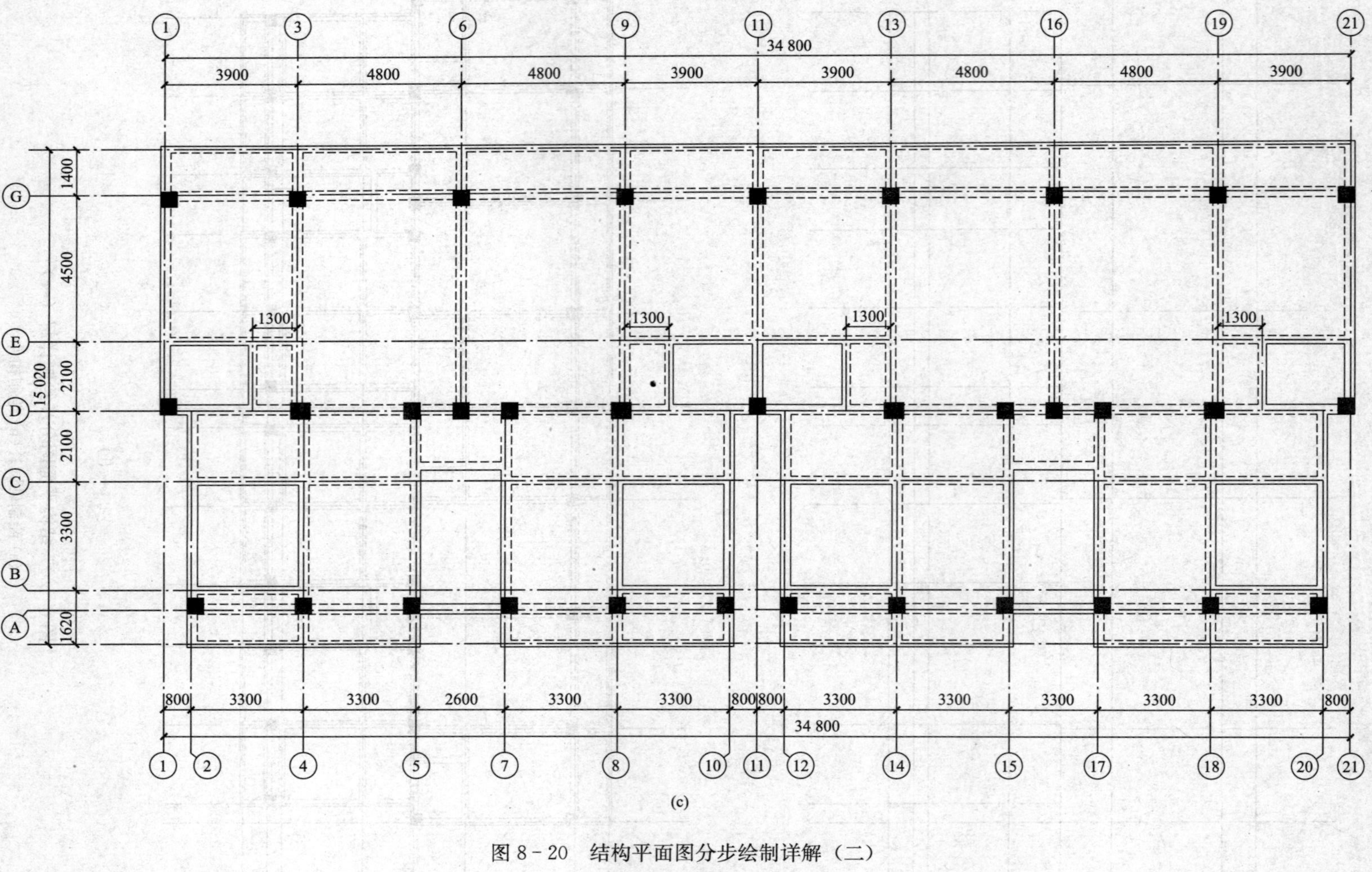

(c)

图 8-20 结构平面图分步绘制详解（二）

(c) 标注平面尺寸

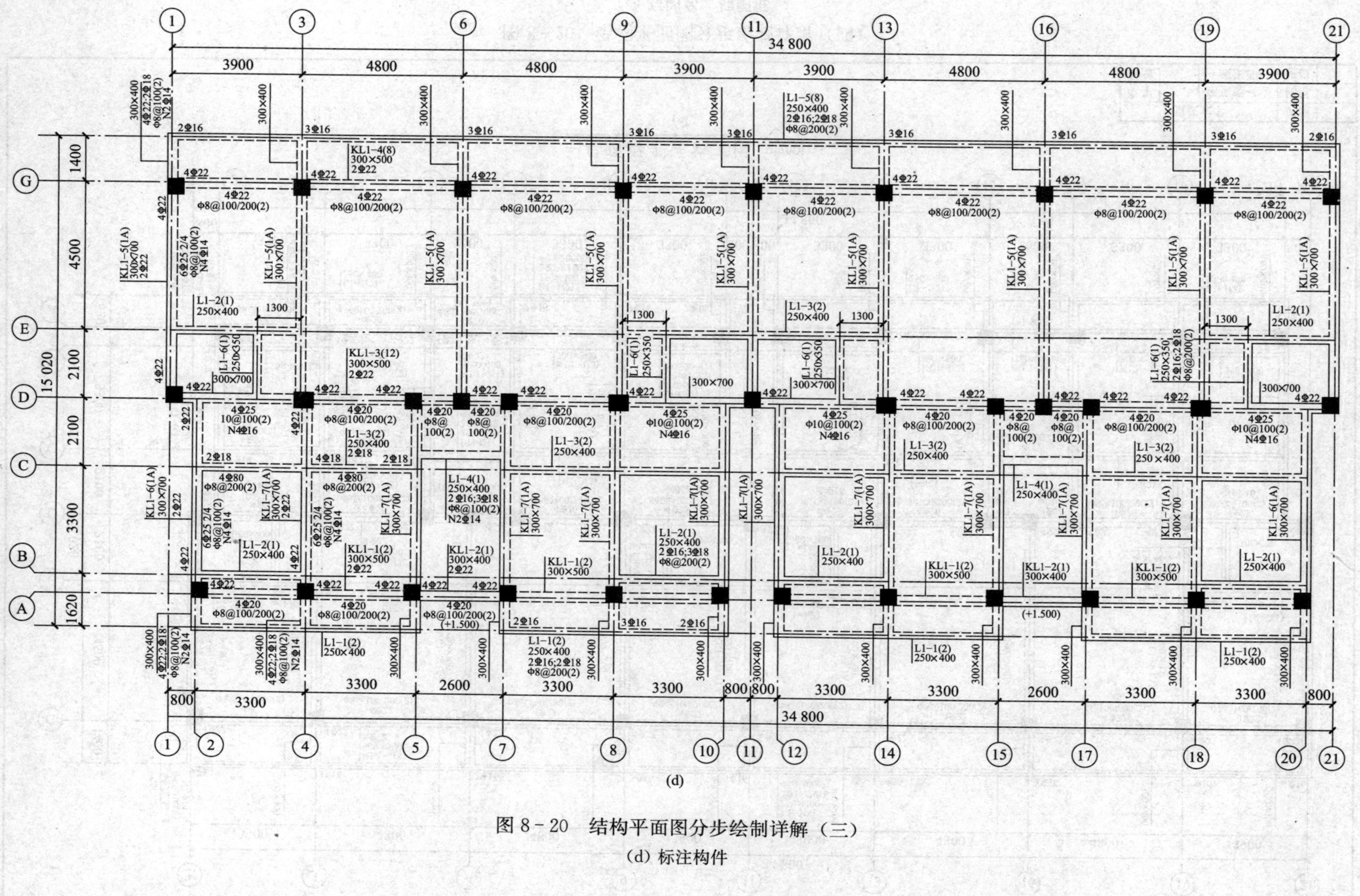

(d)

图 8-20　结构平面图分步绘制详解（三）

(d) 标注构件

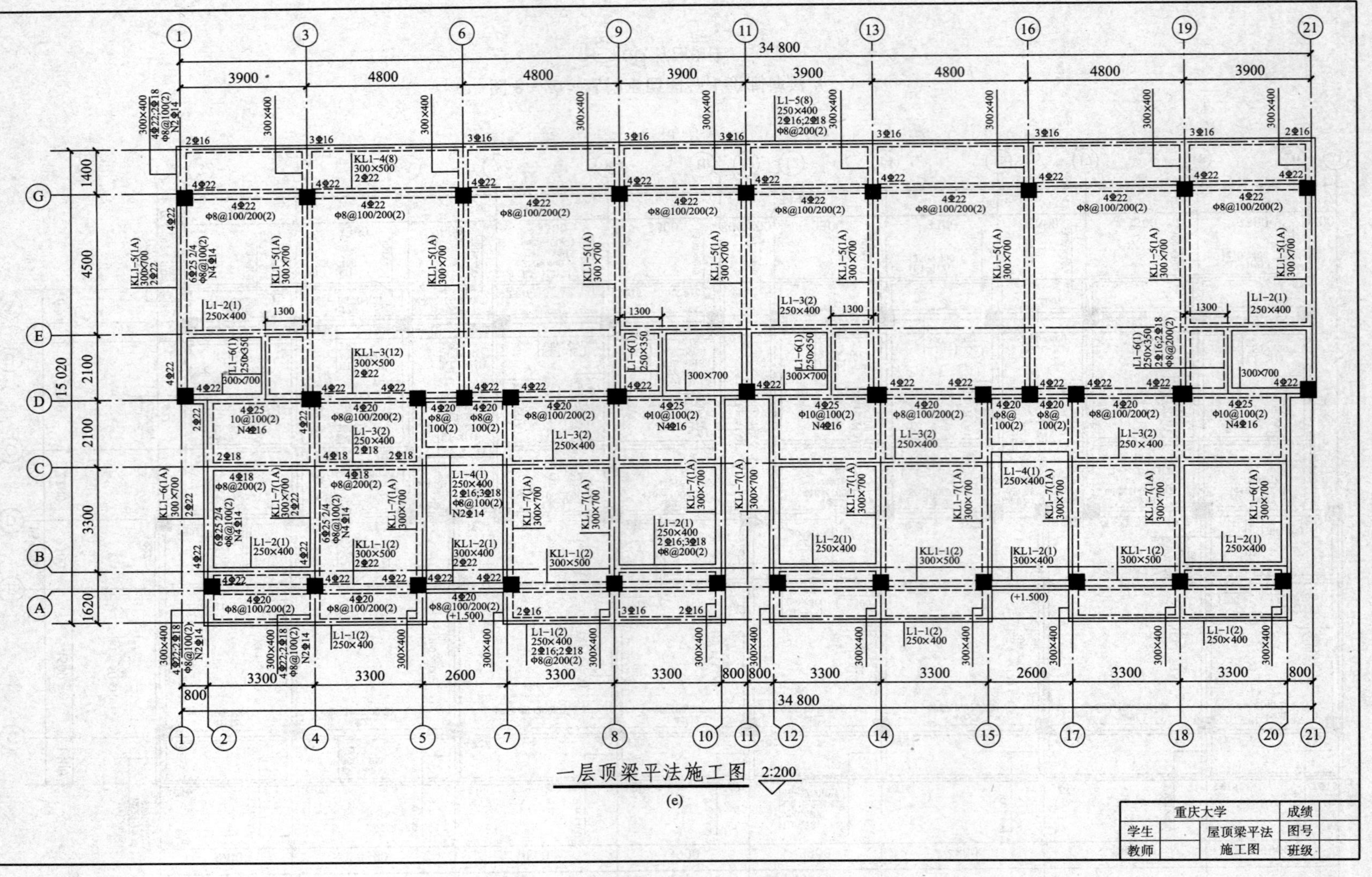

图 8-20 结构平面图分步绘制详解（四）

（e）写图名、插图框

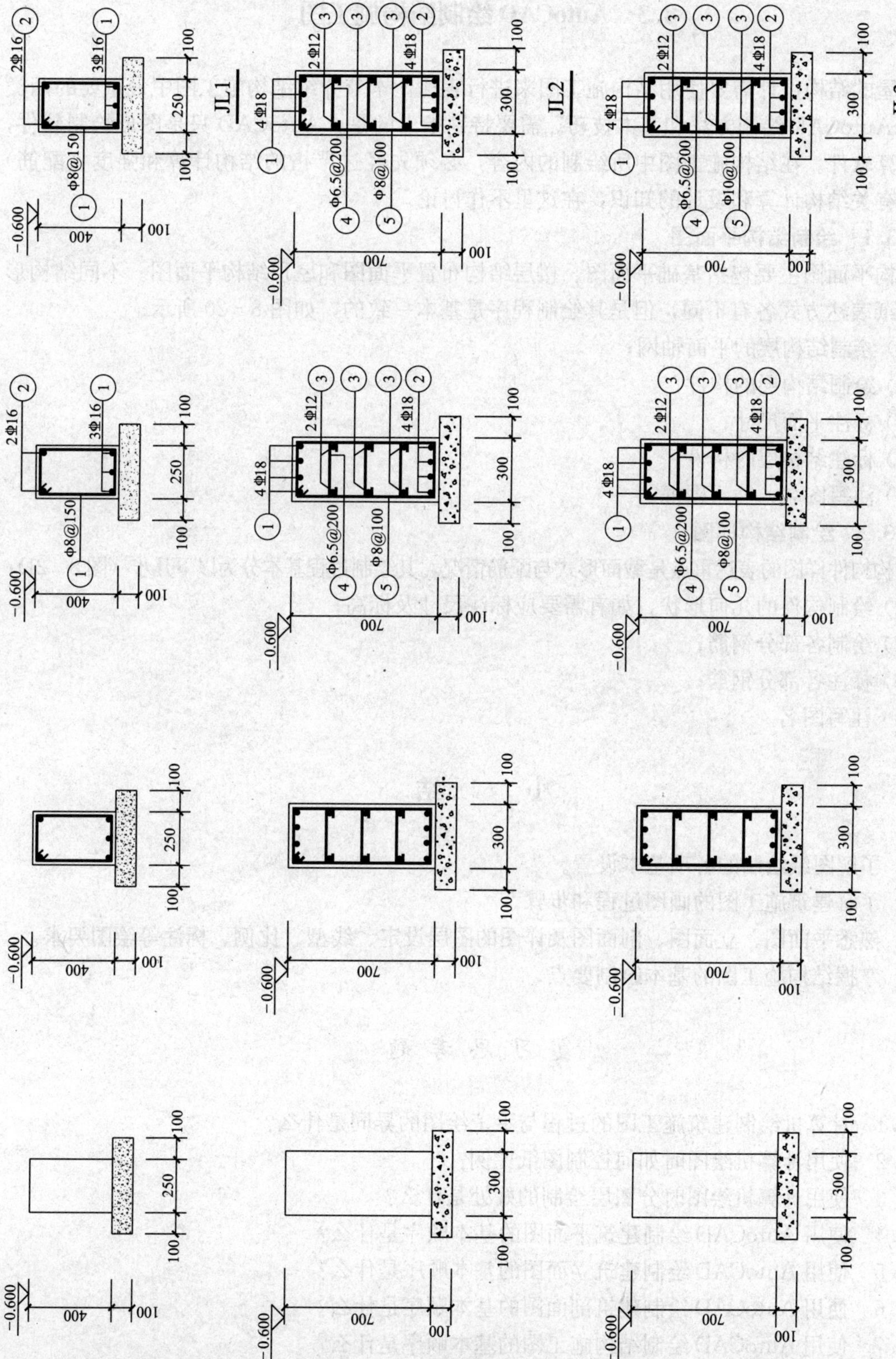

图 8-21　结构详图分步绘制详解

8.3 AutoCAD 绘制结构施工图

房屋的结构设计需要使用结构施工图来进行表达，本节介绍结构施工图中最重要的两类图纸的 AutoCAD 绘制方法和基本技巧。需要特别指出的是，AutoCAD 只是图形绘制软件，而非计算软件。在结构施工图中所绘制的内容，必须先经过严格的结构计算和强度（配筋）计算。有关结构计算和设计的知识，在这里不作讨论。

8.3.1 绘制结构平面图

结构平面图主要包括基础平面图、楼层结构布置平面图和屋顶结构平面图。不同结构形式的图纸表达方式各有不同，但是其绘制程序是基本一致的，如图 8-20 所示。

(1) 绘制结构层的平面轴网；

(2) 绘制结构层的构件；

(3) 标注平面尺寸；

(4) 标注结构层的构件；

(5) 注写图名，插入图框。

8.3.2 绘制结构详图

结构构件详图的表达重点是截面形式与配筋情况，其绘制过程基本分为以下几步（图 8-21)：

(1) 绘制构件的几何形状，如有需要应标注尺寸及标高；

(2) 绘制各部分钢筋；

(3) 标注各部分钢筋；

(4) 注写图名。

小　　结

1. 了解图纸绘制的各项基本设置。
2. 了解建筑施工图的画图过程和步骤。
3. 熟悉平面图、立面图、剖面图及详图的图层设定、线型、比例、标注等绘图要求。
4. 掌握结构施工图的基本绘制要点。

复 习 思 考 题

8.1 计算机绘制建筑施工图的过程与手工绘图的异同是什么?

8.2 使用计算机绘图时如何控制图纸比例?

8.3 使用计算机绘图时分图层绘制的好处是什么?

8.4 使用 AutoCAD 绘制建筑平面图的基本顺序是什么?

8.5 使用 AutoCAD 绘制建筑立面图的基本顺序是什么?

8.6 使用 AutoCAD 绘制建筑剖面图的基本顺序是什么?

8.7 使用 AutoCAD 绘制结构施工图的基本顺序是什么?

8.8 绘制结构施工图时，AutoCAD 能否替代其他软件进行结构计算?

参 考 文 献

［1］ 廖远明．建筑图学（上、下册）．北京：中国建筑工业出版社，1995.

［2］ 宋兆全．土木工程制图．北京：中国广播电视大学出版社，2003.

［3］ 何培斌，甘民，范幸义．建筑设计制图基础与实例．北京：化学工业出版社，2008.